因為簡單，所以經典！

AK-47
槍王之王
Автомат Калашникова 1947

如果說賈伯斯是美國享譽全球的產品代言人，
俄羅斯聞名世界的產品代言人就是卡拉希尼柯夫！

AK-47的全球產量已經超過1億支，世界第一！
死於AK-47槍口下的人數高達700萬，世界第一！
AK-47威力無比，它參與了第二次世界大戰以後至今發生的90%的戰爭！
它以構造簡單、性能優秀、價格低廉、操作方便、勤務性強聞名於世！

沈劍鋒 著

U0078880

前言

在當今世界上，如果說賈伯斯是美國享譽全球的產品代言人，那麼，毫無疑問，俄羅斯聞名世界的形象產品代言人便是卡拉什尼科夫。如果說賈伯斯的成功是科技界的一次飛躍，卡拉什尼科夫的成功就是武器界的一座里程碑。

卡拉什尼科夫是一個時代符號，是一個象徵，是一個締造了神話卻仍未被打破的傳奇。他出身農民家庭，是個實實在在的「窮二代」，但他卻夢想當一名機械設計師。馬斯洛心理學告訴我們，生存是發展的前提。可是，卡拉什尼科夫在吃不飽、穿不暖的環境中堅持夢想。就這樣，他在自己人生的軌道上和時代的軌道上幾經波折，最後成為20世紀最偉大的「世界槍王」。他一生做過機械師、當過兵、開過坦克、打過仗、受過傷、得過獎、造過武器、經過商……一生跌宕離奇、傳奇無比。

雖然他出身草根，但他創下的AK品牌風靡全球，不僅AK-47屢居輕武器第一的寶座，還衍化出AK-47文化，遍及文化界、餐飲界、時尚界、娛樂界、遊戲界……當然，在這些文化品牌中，最為出名的自然要數AK-47突擊步槍了。

AK-47突擊步槍是世界上最優秀的輕武器。它以構造簡單、性能優秀、價格低廉、操作方便、勤務性強聞名於世。與其他武器相比，它最大的特點便是適用於各種惡劣環境。這種特點在越南戰爭中表現得淋漓盡致。

AK-47是最受歡迎、產量位居世界第一的輕武器。從它誕生之日至

今，穩居最佳人氣槍、最佳武器寶座。它既是世界至少82個國家部隊的重要武器，又是恐怖份子、索馬利亞海盜手中的武器；它既是權威人物的「寵物」，又是普通士兵的最愛。截至目前為止，全球AK-47的產量已超過1億支。

AK-47威力無比，造成的傷害堪比原子彈。它參與了「二戰」後至今發生的90%的局部戰爭：越南戰爭、十日戰爭、格瑞那達戰爭、索馬利亞戰爭……都有它的身影。據統計，在這些局部戰爭中，死於AK-47槍口下的人數高達700萬，遠遠高於美軍使用原子彈轟炸日本廣島和長崎所殺傷的人數。

AK-47是一個品牌，仿冒品很多，遍布世界各地。自從誕生以來，它便迅速流傳到世界各地，成為眾多國家的重要裝備，並為眾多國家仿製。比如，前南斯拉夫的M70、伊拉克的「塔布克」系列、以色列的加利爾步槍、南非的R5、朝鮮的58式等等。作為步槍中的神器，它和今天的蘋果手機差不多，一直被仿冒卻從未被超越。

不過，AK-47也遭遇了尷尬的境地。2012年春，俄羅斯AK-47製造商——伊茲馬什公司宣告破產；而2013年冬，槍王之父卡拉什尼科夫去世。這兩大壞消息意味著AK-47面臨著危機。作為世界上最優秀的步槍，它會從歷史舞台上消失嗎？答案顯然是否定的。

首先，儘管伊茲馬什公司破產了，但AK-47依舊是世界上許多國家的武器裝備。如今，世界上依舊有50多個國家裝備AK-47。

其次，它參與了「二戰」以來的大多數戰爭，是歷史的「見證人」。不管是亞非拉民族獨立、解放戰爭，還是美蘇爭霸，或者是東歐劇變，都有它的身影。可以說，只要有戰爭的地方，就有AK-47。

再次，AK-47還是一大文化品牌。經過76年的發展，不管是時尚界、科技界，還是飲食界、文化界，AK-47都是最為閃耀的一部分。比

如，施華洛世奇水晶AK-47步槍、AK-47伏特加、好萊塢槍戰中的AK-47道具……

最後，AK-47依舊無可替代。世界著名雜誌《花花公子》將它與蘋果、避孕藥和索尼錄影機等一起評為「改變世界的50件產品」。美國軍事頻道曾經報導了英美軍事研究報告，該報告對世界優秀的輕武器進行實驗評估，結果AK-47再次奪魁，成為最優秀的武器。

簡而言之，AK-47既締造了輕武器的傳奇，又創造了AK-47獨特的亞文化。不過，在面對AK-47時，我們要更多地欣賞其背後的文化內涵。正如AK-47設計師卡拉什尼科夫所說：「當你們提起卡拉什尼科夫的時候，不要首先想到殺人武器AK-47系列，而要先想到聞名遐邇的伏特加。」

一句話，AK-47因為卡拉什尼科夫而馳名世界，卡拉什尼科夫則因為AK-47而譽滿全球。

現在，雖然「世界槍王」卡拉什尼科夫已經溘然長逝，但我們堅信，他留給人類的AK品牌及其文化將永存於人世間。

目錄

前言

第一章　AK-47之父：草根天才卡拉什尼科夫

第七章　AK-47：國際之槍

第八章　AK-47：人氣之槍

AK-47之父
草根天才卡拉什尼科夫

如果說賈伯斯是美國的形象代言人，卡拉什尼科夫則是俄羅斯的品牌代言人，他是當之無愧的槍王之父。

「窮二代」的理想——機械師

AK因為卡拉什尼科夫而享譽世界，而卡拉什尼科夫則因為AK舉世聞名。卡拉什尼科夫創造了AK，AK則締造了亙古未有的輕武器神話。這是舉世皆知的事實。

但是，我們的偉大英雄、AK-47之父卡拉什尼科夫是如何締造他的AK帝國與書寫他的傳奇故事呢？如果按部就班，我們就得從偉人呱呱落地那一刻開始說起，但如果我們這樣做，恐怕是不合情理的、效果可能也是不理想的。

熟悉偉人，我們多數是從其事蹟或者功勞上開始，而不是從其出生開始的。換句話說，我們是因為偉人做了些什麼事情，或者創造了什麼東西而認識偉人的。所以，要認識槍王之父—卡拉什尼科夫，我們最好從AK-47說起。

按照一般推測，AK-47應該是出自一位精通武器的行家或者是資深專家之手才合乎情理。但是，出乎意料的是，AK-47的設計者卡拉什尼科夫，也就是我們的主人翁是草根一枚。

他沒有高學歷、高職位、高知名度等「三高」，而是一個十足的技術「草根」。他既沒有高學歷，也沒有很強的專業技能，更不是武器界知名的人物，是武器界毫不起眼的小人物。

卡拉什尼科夫，1911年11月10日出生於蘇聯哈薩克斯坦東南部阿拉木圖的遠郊庫里亞的一個農民家庭。

阿拉木圖是享譽全球的。首先，它是中亞第一大城市，也是中亞地區的金融、科技和教育文化中心。其次，它還是風景獨特的旅遊城市，兩面環山，氣候宜人，沒有霧霾，環境優美，是全球綠化最好的「花園

城市」之一。最後，它是歷史性的城市，蘇聯解體宣言就是在該地發表的。

但是，一提庫利亞，就沒有多少人知道。這是遠離阿拉木圖的遠郊農村。據卡拉什尼科夫說，他的故鄉在阿爾泰草原深處，旁邊是洛克捷夫卡河，是一個偏僻閉塞的小地方。

在這裡，沒有阿拉木圖的繁華，有的只是早出晚歸的農民與現代化不搭配的矮小建築物。簡單地說，該地是一個環境原生態、民風樸實但貧窮的地方。卡拉什尼科夫就是出生在這裡的一個農民家庭。

雖然，蘇聯早已經是社會主義，雖然庫利亞小村莊也插上了蘇聯國旗，但該地民眾還是過著祖祖輩輩習慣過的生活，做農活的做農活，生孩子的繼續生孩子，絲毫沒有現代城市生活與計畫生育的概念。

在多子多福的自然生育思想之下，卡拉什尼科夫一家人口眾多。卡

▼ 既沒有高貴的出身，又沒有高學歷，但卡拉什尼科夫卻對科研感興趣，矢志不渝。圖為年輕的卡拉什尼科夫（右）在與同事溝通。

拉什尼科夫有18個兄弟姐妹。這儼然是一個大家庭,在這個家庭之中,卡拉什尼科夫排名第七。

孩子是父母的希望,但也是一種「負擔」。且不說孩子日後的前途問題,單說生存就是一件讓人頭疼的事情。由於卡拉什尼科夫一家世世代代務農,只能依靠幾畝田地來艱難地維持生活。現在要養育十多個孩子,卡拉什尼科夫的父母感覺壓力巨大。

人多,資源少,卡拉什尼科夫自然得不到最好的照顧與教育。不過,生存依舊在繼續。歲月如梭,在懵懵懂懂之中他告別了幼年時光,進入了童年時期。沒多久,他背著書包,蹦蹦跳跳地上學去了。

家境不好,吃不飽、穿不暖是家常便飯的事情。但是,這並不能掩

▼ 卡拉什尼科夫90歲生日時,俄羅斯時任總統梅德韋傑夫在克里姆林宮為他舉辦了隆重的生日招待會。梅德韋傑夫在為卡拉什尼科夫授勳時說:「你所創造的國家品牌令每個俄羅斯人自豪,激勵他們為未來奮鬥。」圖為梅德韋傑夫在為卡拉什尼科夫授勳時的情景。

蓋卡拉什尼科夫的聰明才智。憑藉自己的聰明好學，卡拉什尼科夫成功地進入十年制學校學習（這個十年制相當於我國的九年制義務教育）。

在學校裡，卡拉什尼科夫一邊學習，一邊做自己喜歡做的事情。在當時，由於沒有遊戲機，沒有電腦，甚至連像樣的科普讀物都沒有，加上要做農活，學生的業餘生活很單調。但卡拉什尼科夫卻迷上了技術。

小時候，他就喜歡拆卸東西、設計一些東西，並癡迷不已。所以，除了放學後要幫家裡做農活外，他一心撲在了學校技術小組裡。在這裡，他嘗試了各種小發明，「成果」不少。但也有失意的時候。據他回憶說，他們曾試圖製造一台永動機，但是花費了許多精力之後，卻沒有成功。

雖然實驗失敗了，但他卻徹底迷上了機械製造與發明。就在這個時候，一樣近代化的工業產物進入他的視線─蒸汽機車。

雖然蒸汽機車已經於1814年造出來了，到20世紀20年代，已有一百多年的歷史。但是，閉塞的庫利亞卻沒有蒸汽機車，自然，卡拉什尼科夫也就沒有機會目睹近代機器。

直到1936年，他才看見蒸汽機車，才知道蒸汽機車為何物。龐然大物蒸汽機車及其運行給他留下了深刻的印象。至此，卡拉什尼科夫決定了他的人生方向─機械設計。

不過，就在他讀九年級，並夢想著日後繼續深造學習，從事機械設計之際，他的人生發生了變化。由於各種原因，他輟學了。此後，他幾乎沒有再接受過專業化的教育，也就是說他最高的學歷是初中肄業。

夢想折翅，這對他的打擊是不言而喻的。面對命運的「捉弄」，處在人生的十字路口的他，該何去何從？他的境況跟當今大學畢業生一樣：是先就業再擇業，還是先擇業再就業？

棄技從軍戰納粹

人可以逃避很多事情，但是有些人生選擇是必須做的，無從逃避。卡拉什尼科夫也一樣。經過迷茫、思考之後，他做出了自己的選擇：擇業。所謂選擇決定人生，正因為他的這一選擇，才為世界槍枝製造史塗上了濃墨重彩的一筆。

在當時，他可能沒有意識到這個選擇的重要性，但事實上，若是他放棄了理想，那麼世界上最多也就是多了個凡人卡拉什尼科夫，而不會有AK品牌的誕生。

可是，我們都知道，夢想很豐滿，現實很骨感。卡拉什尼科夫的擇業也要遭到現實的「洗禮」。幸運的是，經過一番努力，他適應了現實，實現了擇業理想，成為土耳其斯坦—西伯利亞鐵路阿拉木圖基地的一員。

在這裡，他成為基地馬泰倉庫中的一名學員與技術員。他的人生發生了變化。但距離機械設計師，他還有一段很長的路要走。不過，有興趣為工作原動力，他猶如一台快速運轉的機器般不停地「工作」。

付出就有回報。很快，他就因為勤奮刻苦、能力優秀而得到了上級領導的認可，沒過多久，他便被提拔為技術秘書，躋身領導層。此時，他還不到18歲。真可謂是年輕有為。

按照培養技師、領導的程序，只要按部就班，卡拉什尼科夫肯定能夠成為一名優秀的設計師。不幸的是，他到服役年齡了。1938年，他應徵入伍，參加蘇聯紅軍，在基輔服役。

理想是否能夠繼續？這是個問題。但事實上，這不是個問題，問題是夢想者能否堅持。入伍後，他沒有放棄研究器械問題，看到機槍，他便觀摩，一遇見不懂的地方，他就向戰友和連長請教。

就這樣，一來二去，卡拉什尼科夫對槍械發生了興趣。與此同時，

連長也發現他是一個軍械迷，於是便格外照顧他、培養他。一個是千里馬，一個是伯樂，很快兩人成了好友。在完成基本訓練後，1939年，連長向軍械技工技術訓練班推薦了他。

就這樣，他進了技術訓練班。有了專業學習的機會，他異常興奮。除了偶爾開小差之外，他把全部身心投入到了技術的學習和鑽研上。雖然他學歷低，但是濃厚的興趣加上刻苦的鑽研，使得他掌握了很多技術。

在技術比賽中，他的能力得到很好的發揮，贏得了領導的讚賞。當年夏天，他就到坦克駕駛學校學習坦克技術。眾所周知，坦克發源於「一戰」，1915年9月實驗成功，1916年投入戰場，為不少戰爭立下了赫赫戰功。

自此後，坦克變成了部隊武器裝備中的重要一員，也成了各國部隊研究的重點。「二戰」初期，德軍名將古德里安將坦克戰術發揮得淋漓盡致，取得了巨大成功，震撼了世界。

對此，蘇聯高度重視坦克研究，他們從全國各地搜羅人才，聚集精英對坦克進行研究。所以，卡拉什尼科夫能夠進入坦克駕駛學校證明了當局對他能力的認可與重視。

在這裡，卡拉什尼科夫不負眾望，屢有新發明，他的成果也「技壓全場」。他設計出了一種記錄坦克機槍射擊子彈數量的裝置、一種坦克油耗計和新履帶。雖然這幾項小發明不是很重要，但足以讓他成為坦克駕駛學校小有名氣的「發明家」。

沒多久，卡拉什尼科夫又有了一項發明，這項發明讓他在設計之路上邁進了一大步。那就是他發明了用來控制燃油消耗和功率的坦克發動機裝置。該發明能夠在較大程度上改善坦克的性能。

1939年冬天，他被派到列寧格勒工廠，指導生產他所設計的坦克新

▲ 蘇德戰爭爆發後，雙方展開了激烈的戰鬥。戰爭初期，雖然德軍憑藉閃電戰，長驅直入，勢如破竹，但在蘇軍拼死抵抗下陷入了困境。圖為蘇德戰爭慘烈的情景。

裝置。這對他來說，無疑是一大鼓勵。這一年，他才19歲。

可惜，個人的命運與國家的命運息息相關。1941年6月22日，德國對蘇聯發動了「巴巴羅薩」計畫，希特勒將320萬人遣至蘇德邊界，殺氣騰騰地攻打蘇聯。蘇德戰爭爆發。

戰爭改變了許多人的命運，也改變了卡拉什尼科夫的命運。由於德軍的閃電突襲及蘇聯方面的頻頻犯錯，致使戰爭初期德軍長驅直入。在這種情況下，蘇聯只能動員所有能夠投入前線戰鬥的人員進行衛國戰爭。

由於卡拉什尼科夫受過專業的訓練及對坦克有足夠的了解，於是，他被派往坦克部隊，擔任一名坦克指揮官，參與對德作戰。

1941年9月30日至10月23日，蘇德雙方展開了奧廖爾—布良斯克戰役。

德軍投入了近3000輛坦克，而蘇軍則出動了超過5000輛坦克。雙方在戰場上廝殺角逐。

卡拉什尼科夫乘坐的是T-34坦克。該類型坦克防護性好，攻擊性強，一進入戰場便橫掃德軍坦克，對德軍造成了「T-34危機」。德軍不得不進行坦克研發。

不過，雖然蘇軍坦克在質量和數量上明顯優於德軍，但蘇軍戰術落後，跟不上德軍的步伐，所以在戰場上，蘇軍屢屢吃虧。德軍坦克在古德里安等名將指揮下，屢創奇蹟，左迂迴，右包抄，打得蘇軍暈頭轉向。

當年秋天，卡拉什尼科夫參加了布良斯克大戰。雖然他報國心切，不怕犧牲，在戰場上勇猛殺敵，但在激戰之中，他身負重傷。他的坦克被一發炮彈擊中，左肩和胸部負了重傷，被送回後方治療，不得不退出了戰場。

▼ 卡拉什尼科夫乘坐的是T-34坦克。該類型坦克防護性好，攻擊性強，一進入戰場便橫掃德軍坦克，造成了「T-34危機」。圖為蘇聯製造的最好的坦克之一T-34。

此次戰役，蘇軍被俘67.3萬人，坦克損失超過3600輛。但德軍則因消耗過度而無力攻克戰略要地莫斯科。

自古以來，軍人以戰死沙場為榮，卡拉什尼科夫也不例外。雖然，這次戰役讓他的人生留下了遺憾，從此未能再上戰場。但是，這次戰役改變了他的一生，也改寫了整個世界輕武器的歷史。

療養生「機」

對卡拉什尼科夫來說，不能繼續為國效力、馳騁疆場是一件遺憾的事情，但是對世界輕武器的歷史來說，卡拉什尼科夫的負傷是一件幸事。甚至可以說，如果卡拉什尼科夫沒有受傷，歷史上可能就不會出現AK-47。因為，AK-47正是卡拉什尼科夫在受傷期間學習和思考的最大成果。

在醫院療養期間，卡拉什尼科夫便和其他傷員們探討前線問題。他們聊起了伏特加、女人、德軍等話題。不過，在聊天的過程中，他發現，所有的傷員都提出了一個尖銳的問題：德軍的武器比蘇軍厲害，那怎麼樣才能在武器方面追上德軍或者是超越德軍。

他們都很遺憾，他們不怕犧牲，不怕跟德軍拼刺刀，但是敵人猛烈的火力根本不給他們機會。要是蘇聯能研製出一種比德軍更為厲害的武器，那該有多好，他們就不用受德國人的氣了。

戰友們有感慨，卡拉什尼科夫則感觸更深。衛國戰爭爆發後，他便奉命出征。透過坦克的望遠鏡，他看到德國士兵手拿自動步槍，以密集的火力壓倒蘇軍，橫掃蘇軍。

看到戰友一個個喋血沙場，卡拉什尼科夫悲憤交加。他為自己的戰友陣亡而悲傷，為蘇軍沒有強有力的武器而無奈。由此他萌發了發明一

種比德軍衝鋒槍更厲害的自動步槍的想法。

在戰場上，他沒有時間考慮設計武器的事情，現在，負傷療養，他有足夠的時間研究。於是，他開始在病床上畫槍械草圖。就這樣，一個毫無武器製造經驗的年輕人，便靠著一腔熱血投入武器設計來。

可是，空想容易實施難。卡拉什尼科夫根本沒有製作槍械的經驗，他是個外行，或者說是業餘的。不過，這難不倒他。知識是創造的源泉。他決定從前輩們的書中補充知識、尋找經驗。

於是，卡拉什尼科夫請求醫院的圖書管理員借給他一些輕武器的書

▶ 圖為卡拉什尼科夫於1943年3月12日獲得的製造原型槍的許可證書。

▶ 圖為1944年6月26日卡拉什尼科夫獲得的從事特種項目研究的許可證明。

▲ 卡拉什尼科夫在作戰中身先士卒、奮勇殺敵，負傷療養。1942年，卡拉什尼科夫被蘇聯紅軍授予紅星勳章。圖為蘇聯紅星勳章。

籍。看到年輕的卡拉什尼科夫如此認真，圖書管理員欣然答應，她將圖書館有關輕武器的書都搬到了卡拉什尼科夫的病房。

在閱讀過程中，費德洛夫所寫的《輕武器的演進》引起了卡拉什尼科夫的注意。後來，卡拉什尼科夫回憶說，這本書讓他大受啟發。他拿著鉛筆和橡皮擦在草稿紙上畫圖，設計各種各樣的武器。當然，由於他沒有受過專門的訓練，他只能畫些簡單的草圖。

1942年，卡拉什尼科夫被蘇聯紅軍授予紅星勳章。授予儀式結束後，卡拉什尼科夫因為受過重傷獲得了休息半年的假期。這對一個在戰場上飽受敵軍戰火襲擊的士兵來說，是天賜的修養機會。

但是，卡拉什尼科夫卻要求上前線殺敵，不過，上級考慮到他重傷未癒不適合上戰場，命令他回家休養。眼見請纓無望，他只好收拾行李回家。上戰場是不可能的，那總得做點什麼。於是，他決定繼續做武器研究。

經過一段時間的思考和摸索，他的處女作衝鋒槍誕生了。他請來好友加工生產自己研製的衝鋒槍。隨後，他便拿著自己研製的衝鋒槍前往哈薩克斯坦黨中央書記辦公室。哈薩克斯坦黨中央書記接見了他。

　　在聽完卡拉什尼科夫的陳述後，書記大受感動。他認為這個年輕的軍人很有想法，於是便邀請他進入莫斯科航空學院參加武器研製工作。

　　到達航空學院後，學院領導召集相關武器專家開會探討、修改卡拉什尼科夫研製的衝鋒槍。經過一番改造後，航空學院便將武器送到捷爾仁斯基炮兵學院進行評審和檢驗。

　　雖然他的衝鋒槍設計得很不錯，但是跟經驗豐富的設計師相比，差距太大。評審團說，卡拉什尼科夫的衝鋒槍性能沒有超過最近裝備的衝鋒槍（PPS-43）。所以，在評比中，他的槍落選了。

　　不過，他這種敢於創新、挑戰的做法引起了軍事部門的注意，尤其是捷爾仁斯基軍事學院。它是蘇聯培養高素質軍官的高等軍事院校，也是研究軍事和技術問題的科研中心。該學校以炮兵為主，培養了一大批人才。比如蘇聯元帥戈沃羅夫、炮兵主帥奧金佐夫等。

　　時任院長的勃拉貢拉沃夫對卡拉什尼科夫的表現十分滿意。他說：「雖然這支衝鋒槍沒有達到符合軍方所需要的戰術要求，但是它所蘊含的創造性卻不容忽視。只要讓卡拉什尼科夫參加一定的訓練，那麼他一定會成為一名優秀的設計師。」

　　當然，卡拉什尼科夫也並沒有因為這次失敗而灰心喪氣，相反地，他認真總結分析，進而萌生了研製一種使用中距離子彈的突擊步槍的想法。

AK-47橫空出世

如果說，入伍那年，連長是他生命中的第一個伯樂，那麼勃拉貢拉沃夫則是他人生中的第二個伯樂。在勃拉貢拉沃夫的強烈推薦下，僅有初中文憑的卡拉什尼科夫進入了設立在恩斯克的紅軍軍械理事會工作，成為一名技術員。

在這裡，他見到了許多資深軍械專家，增長了見識，學到了許多一般技術員難以學到的東西。卡拉什尼科夫暗下決心，決定要做出點成績。但是，天馬行空的想像與絕對原創在槍枝研發過程中基本上是很困難的。

原創源於對過去的繼承與發展。於是，卡拉什尼科夫從改造開始。他改造了當時蘇聯著名軍械專家郭留諾夫的衝鋒槍，獲得了成功。但是，這僅僅是改造，並不是原創。

經過一段時間的摸索，卡拉什尼科夫決定要原創。就在這個時候，機會來了。當時，政府發給他們一些新研製出來的M43子彈，要求他們製造出合適的步槍。該任務激起了包括蘇達耶夫等資深專家的興趣。

當時，蘇聯許多著名武器專家都專注於突擊步槍的研製。在眾多專家權威研究領域裡進行研究，其壓力自然是不用說了。什麼自不量力、好高鶩遠一類的話不絕於耳，但是卡拉什尼科夫卻堅定地走著自己的路，隨便別人怎麼說都毫不動搖。

他全身心投入到突擊步槍的研製上。1944年，他成功設計了一款自動裝彈的卡賓槍。該槍是一種氣塞位於槍管下的氣動式步槍。在研究過程中，他沒有採用一貫的「自由機槍後座式」設計方法。

他認為「自由機槍後座式」雖然簡單，用於發射手槍彈的衝鋒槍很合適，但是用於中距離子彈的突擊槍卻不適合，它會導致機槍笨重而不便於士兵使用。於是，他便採取了導氣式自動原理和機槍回轉閉鎖方

式。可以說，他背離了「主流」而另闢蹊徑。不過，他的這一創新是至關重要的。後來，這一方式成為卡拉什尼科夫系列槍械的核心。

只是，他的這一創造在當時並沒有換來榮譽與掌聲。相反地，跟西蒙諾夫的SKS相比，他的衝鋒槍黯然失色。很顯然，卡拉什尼科夫失敗了。這次的打擊對他來說是比較大的。

他曾經懷疑自己，他在日記中質疑自己：資深的專家、設計師已經投入到這項工作中了，我還能提出更好的辦法嗎？

但是，經過一番思考之後，他又再次鼓勵自己：一些競爭對手肯定認為我設計不出更好的武器，那就讓我走自己的路，隨別人怎麼說去吧。此後，卡拉什尼科夫又開始自信地畫起了草圖。的確，如果連自己都不相信自己能研製出新的武器，別人怎麼會相信呢！

1946年，卡拉什尼科夫在這種半自動卡賓槍的基礎上設計出一種全自動步槍，名叫AK-46（A、K是卡拉什尼科夫名字的首寫字母，46則代

▼ 西蒙諾夫製造的SKS半自動步槍性能優越，擊敗了卡拉什尼科夫設計的半自動步槍，隨後大量裝備部隊。圖為蘇聯士兵扛著SKS半自動步槍。

▲ 半路出家的卡拉什尼科夫憑藉AK-47的勝出一舉成名。圖為1947年還只是士官軍銜的卡拉什尼科夫正在為紅軍高級軍官講解自己的設計。

表1946年）。當時，全國正在舉辦武器比賽，他便將這種AK-46步槍送去參賽。此次參賽，許多名家都參與其中，比如什帕金、布爾金、捷格加廖夫等。

不過，在實驗過程中，什帕金設計的槍因為設計老套被淘汰，而捷格加廖夫卻因為設計不合理而落選，布爾金設計的槍因為跟突擊步槍不沾邊而被淘汰。第一輪比賽下來，只有三款槍進入第二輪比賽，其中包括卡拉什尼科夫設計的AK-46。

第二關比賽便是改造設計。在工廠總工程師開會過程中，幾名專家不同意讓卡拉什尼科夫設計的AK-46投產。他們認為，卡拉什尼科夫太年輕，年僅26歲，而且還是無名之輩，他們覺得生產AK-46是對蘇聯武器界的侮辱。

但是，軍械部代表傑伊金中校則破口大罵道：「你們既然研製不出新武器，就不要對別人的設計指手畫腳，阻礙別人研製武器。」最後，他們只好同意生產AK-46。

得知消息後，卡拉什尼科夫異常興奮。隨後，他便與工廠相關專家對AK-46進行修改設計。在未經請示的情況下，卡拉什尼科夫私自將槍管截短，從原來的500毫米減至420毫米，在第二次實驗過程中，該槍設計精準度優於其他槍。

後來，評委會發現了截短槍管的事情。在當時，私自將槍管截短屬於違規行為，是要受到懲罰的。嚴重者，將會被取消比賽資格。不過，幸運的是，評委會因為惜才沒有取消他的比賽資格，而是要他「下不為例」。

後來一個士兵說，AK-46連續射擊所產生的聲音太大，耳朵受不了。卡拉什尼科夫聽後，便要求技師將膛口制退器截掉。經此變動後，AK-46連續發射時噪聲大大減小。

再後來，有一項汙水測試實驗，即將裝滿子彈的樣槍浸泡在沼澤裡面，過一段時間後，再拿出來進行射擊實驗。一般來說，槍彈經受過汙水影響，在發射過程中會發生卡殼等問題，然而AK-46從汙水中拿出來發射完所有子彈，卻一點問題都沒有。

汙水測試後，AK-46面臨著更加嚴峻的沙浴實驗，即樣槍上的每一個縫隙、溝槽、孔眼上都要裝滿沙子。在射擊過程中，沙子往下掉會影響武器的正常使用。在這次比賽中，其他兩款槍在打了幾下後便「啞火」了，而AK-46卻憑藉新設計的機匣蓋和快慢機而成功通過實驗。

經過層層考核，最高委員會最後宣布，卡拉什尼科夫設計的7.62毫米口徑步槍勝出。1947年，卡拉什尼科夫第一支突擊步槍實驗成功，被蘇聯紅軍列為制式武器，型號定為AK-47。

▲ 卡拉什尼科夫一心忙於武器研究，很少回家，對自己的家庭情況知道得比較少。圖為卡拉什尼科夫與自己親人在一起的照片。

史上最強「槍族」

AK-47成為制式武器，卡拉什尼科夫也由默默無聞的小人物變身為舉國皆知、世界知名的槍械設計師。

沒過多久，AK-47替換西蒙諾夫的突擊步槍全面裝備蘇聯部隊，而卡拉什尼科夫則因此調到生產AK-47步槍的伊熱夫斯克軍工廠，繼續武器研究。1949年，蘇聯政府因為他製造了AK-47，而頒發給他15萬盧布的史達林獎金。

名利兼收，這是大多數人的夢想。但是，對於卡拉什尼科夫來說，名利不過是自己興趣愛好的附屬品。他是成功的，鮮花掌聲，各種讚譽

▶ 構造簡單、性能良好是AK系列的外在特徵,而卡拉什尼科夫潔身自好、無視名利的高貴品格則賦予了AK系列永遠不滅的精神,兩者結合起來,締造了歷史上最強的「槍族」。圖為卡拉什尼科夫手持的AK-47依舊是經典突擊步槍。

之詞紛遝而來,但是成功的背後往往是汗水甚至是淚水。

　　首先,他付出了青春與家庭。從年輕時候開始,他便視工作如生命,一心在工作上,很少回家。其回家次數可能都少於到他家做客的客人。由此,他對家庭很陌生。

　　他經常會問,女兒今年幾歲了,上幾年級了。不過,陌生的家庭也是家庭,他還是能接受的,最讓他難以接受的是親人的離去。20世紀50年代末,他的第一任妻子喪身於火車車輪之下,當時,他正在實驗室裡。

　　他的第二任妻子也因為全身風濕症而在他57歲那年撒手人寰。伴侶的離去使他大受打擊。不過,這還不算是最大的打擊,最大的打擊來自於他的孩子。他有一個兒子,三個女兒。但三女兒在16歲時,正值青春之際卻因車禍死亡。

其次，由於他設計的武器影響深遠，因此他自由活動的空間受到了壓縮。在當時，AK-47屬於國家機密，受重點保護，為了防止機密外洩，不僅士兵們需要嚴格遵守保密條約，卡拉什尼科夫也被限制不許出國訪問。

對此，卡拉什尼科夫毫無怨言，因為他創造AK-47的本意就是為了保衛祖國。他怎麼可能出賣AK-47機密而賣國呢？俗話說，科學無國界，科學家有國界，這點，他做得問心無愧。

雖然AK-47很快就成了蘇聯的制式武器，雖然它也很快流傳到世界各國，成為世界上產量、銷量第一的武器。雖然武器有了市場，即意味著財源滾滾而來。但由於卡拉什尼科夫沒有申請專利，以至於雖然AK-47產量超過1.5億，但是他卻沒有拿到一分錢的專利費。

理由是他沒有申請專利，而AK-47構造簡單容易模仿。所以，儘管AK-47產量穩居世界第一，但他卻一分錢也沒能拿到。但是，正因為卡拉什尼科夫，AK-47聲名大噪，而因為AK-47，卡拉什尼科夫也享譽全球。在當時，卡拉什尼科夫就是一個時代的符號，一個品牌。出名了，還怕沒錢嗎？

沒多久，世界各地的軍火商、武器專家、軍事院校、學術界、娛樂界、餐飲界都紛紛拋來橄欖枝……在這背後都是數不完的金錢與榮譽。但是，卡拉什尼科夫都一一拒絕了。他不想讓他的品牌沾上銅臭味。

他拒絕出售卡拉什尼科夫的名字，也拒絕參加各種學術會議。他所做的便是待在伊熱夫斯克，繼續研究武器。而這一做就是幾十年。到了20世紀90年代，他在武器研究方面取得了前所未有的成功。

他先是改進了AK-47，創造了AKM。該武器在1959年裝備蘇軍部隊。緊接著，他又在AKM基礎上研製了一系列班排用機槍，其中尤為著名的是RPK。後來，他還在AK-47基礎上設計了PK通用機槍。

▲ 在冷戰時期，AK-47是東方陣營的武器代表，M16是西方陣營的制式武器。圖為卡拉什尼科夫與「M16之父」斯通納在靶場交流槍械經驗。

從20世紀50年代到90年代，卡拉什尼科夫創造了超過100種武器。他所創造的武器已經形成了一個完整的「槍族」。而這個槍族是歷史上罕見的、最為完整的、作戰能力最好的槍族之一。

但是，到了90年代，一向深居簡出的卡拉什尼科夫開始改變過去的生活方式，開始與外界聯繫。他不再製造武器，而是製造獵槍，不再埋頭研究，而是出國考察，參與學術活動。

之所以如此，是因為自從AK系列面世以來，其造成的傷亡已達到700萬。AK系列成為西方人眼中的殺人凶器，西方人認為卡拉什尼科夫要為死亡負責。對此，卡拉什尼科夫不能接受，他要澄清事實，宣傳和平。對於尖銳的批評，卡拉什尼科夫說道：「罪孽不在於槍，而在於扣動扳機的人。」的確，正如金錢一樣，有人說金錢是罪惡的根源，事實

上，金錢沒有正義與邪惡之分，而在於看誰在使用。

　　武器說到底，不過是工具，它不具備善惡。它可以是正義的、獨立的使者，也可以是犯罪份子的利器。卡拉什尼科夫沒有必要也毫無義務對傷亡負責。

　　1990年春，他應美國國家博物館軍史館長伊澤爾邀請，到美國做交流訪問。

　　在這裡，他與西方陣營制式武器M16製造者斯通納會面。這兩個老人雖然互相聽不懂對方的語言，但是都經歷過戰爭洗禮的他們交流起來並不困難。兩人居然在一起待了一個星期，專門研究對方的槍械。

　　據說，在訪美期間，兩位武器大師用對方的武器比賽。比賽完後，雙方都高度評價對方的槍械，斯通納說，卡拉什尼科夫有著無可比擬的成就。這兩位分屬世界兩大陣營的、有著世界兩大槍王美譽的老人在一起研究對方的武器，這在當時的確是一大新聞焦點。

▼　AK-47實驗成功後，馬上投入生產，自此AK-47開始登上了槍械歷史的舞台。圖為1948—1951年機匣採用壓削方法生產的AK-47最早期版本。

▶ 儘管卡拉什尼科夫名滿天下，但卻過著低調的生活，不慕名利，不出售「卡拉什尼科夫」專利。不過，卡拉什尼科夫品牌還是席捲全球，圖為卡拉什尼科夫與卡拉什尼科夫酒。

簡單地講，構造簡單、性能良好是AK系列的外在特徵，而卡拉什尼科夫潔身自好、無視名利的高貴品格則賦予了AK系列永遠不滅的精神，兩者結合起來，締造了歷史上最強的「槍族」。

AK品牌風靡全球

卡拉什尼科夫成為俄羅斯的品牌、時代的符號，是毋庸置疑的。按照當代經濟學理念，品牌不用，過期就作廢了。但卡拉什尼科夫似乎沒有將其品牌效益最大化。

20世紀90年代以來，他改變觀念，奔走於世界各地，呼籲和平。但他依舊不願意讓銅臭味玷汙AK品牌。不過，儘管如此，AK品牌還是不

脛而走。

　　1995年，俄羅斯政府便以卡拉什尼科夫為名出產了伏特加酒。這種酒很快就因俄羅斯風味而席捲全球，並成為俄羅斯的國酒。不久後，英國也效仿俄羅斯生產了一款「卡拉什尼科夫酒」。

　　看見政府因為自己的品牌而日進斗金，卡拉什尼科夫毫不心動，他依舊堅持自己的想法，絕不輕易出售品牌。他依舊領著微薄的收入過日子，依舊為各軍區的槍械維修和設計人員講授槍械原理。

　　很顯然，面對外在的誘惑，老人的決心是堅定的。但是在2002年，卡拉什尼科夫做出了驚人舉動—與德國MMI公司簽約，授權該公司使用「卡拉什尼科夫」這個名字作為商標生產系列產品。

　　之所以如此，不是因為他抵擋不住現實的誘惑，而是因為他必須為後代子孫考慮。雖然他是國際名人，槍王之王，但是他的收入低微，AK-47大賣，跟他沒關係，退休後的月俸，加起來一共不到1.5萬盧布（合台幣不到15000元）。

　　對此，卡拉什尼科夫也承認自己過得「名不副實」，他曾經自嘲道：「斯通納富可敵國，他有豪宅、轎車，我很羨慕他。但我沒有因為AK-47賺到1分錢，所有的收入都歸國家，燈紅酒綠、豪華座駕的生活與我無緣。」

　　儘管如此，但他卻又說道：「假如我在西方，現在肯定是一個大富翁。但生活還有其他價值。因為生活的價值不僅以財富衡量，難道你能見到本人還活著就給自己建造銅像的設計師嗎？你能在其他國家見到總統和總理親自給一名設計師慶祝生日嗎？」

　　1980年，卡拉什尼科夫的家鄉為他建造了一座青銅半身像；1994年，葉爾欽總統為他慶祝生日，梅德韋傑夫總統則頒獎給他，授予他國家最高榮譽—「俄羅斯英雄」獎章。

這些是金錢買不到的，而卡拉什尼科夫也是滿足的。不過，現實擺在眼前。微薄的收入自然不能照顧後代子孫。後來有一家公司要跟他簽約，條件非常豐厚，如果他簽約的話，他就能為後代子孫留下足夠多的生活資本。根據合同，卡拉什尼科夫將在該公司出售的商品利潤中收取30％。據德國媒體報導，這家公司年銷售額大約700萬歐元。按照合約規定，卡拉什尼科夫每年就能拿到約213萬歐元（7400多萬台幣），很快就能步入富人階層。

但是，得知卡拉什尼科夫簽約德國MMI公司後，俄羅斯政府立即研究應對方案，討論是否將卡拉什尼科夫作為國有資產。如果這個方案通過，那麼卡拉什尼科夫一家就只能空歡喜一場了。

此外，卡拉什尼科夫還進軍文化界。事實上，卡拉什尼科夫出名後，美國方面就曾花費大量精力與金錢準備與卡拉什尼科夫一起出自傳。但是，卡拉什尼科夫一口拒絕。而在2003年，他卻與法國女作家若麗舍合作寫成《我的槍中人生》。

對此，有人問他，為什麼放著美元不拿而跟法國一個女作家合作？結果，他說道：「我願意和漂亮的女人一起寫書，我常說，我的衝鋒槍也應該像女人一樣美麗！」

2004年，他參與俄羅斯政府建造了卡拉什尼科夫博物館，並在博物館兼職工作。在這裡，他擔任講解員，為從世界各地前來參觀的遊客講解AK歷史，而每天來參觀的人數高達萬人。

其實，除了武器業、酒業、文化業之外，AK品牌還涉及其他許多行業。比如時尚界，世界上著名的施華洛世奇就製造了璀璨奪目的AK-47水晶槍，它不再是殺人武器，而是藝術品。比如遊戲界，幾乎任何一款軍事網路遊戲都有AK-47的身影，幾乎所有的玩家都對AK-47充滿敬意……

AK-47不僅是武器，也是一種文化，席捲全世界。這種榮譽在武器史上可以說是前無古人的。不過，面對這樣的偉大成就，卡拉什尼科夫卻謙虛道：「我做得還很少。」

「絕世槍王」絕世

「老當益壯」放在卡拉什尼科夫身上是最恰當不過了。

在90歲生日宴會上，精神矍鑠的他告訴記者：「90年是多還是少？這很難說。我自己覺得活了很久，可是做得還很少。幸運的是，我還有機會去做，我繼續在軍工廠裡上班，盡自己的力量培養年輕一代。」

事實上，他不僅已經研發了大約150種武器，而且締造了武器文化，給世界文化「添磚加瓦」。偉人就是偉人，從不停止學習的腳步。儘管已經退休，但是他卻依舊在軍工廠研製武器，並時常有新品面世。

2010年春，俄羅斯副總理謝爾蓋・伊萬諾夫宣布，俄羅斯內務部和聯邦安全局已經著手採購由AK改進的AK-200。2011年，在伊熱夫斯克機器製造廠實驗。

毫無疑問，這款槍無疑是當時AK槍族中的最新款。它也是由卡拉什尼科夫主持設計的。該槍是在AK-100基礎上改進而成的。它基本保留了AK系列的特色，但是也有新特點。那便是採用了「西式」皮卡汀尼導軌。

其實，在AK-100身上，就有過使用皮卡汀尼導軌的先例。而2009年，該製造廠又製造出有皮卡汀尼導軌的AK槍。加上皮卡汀尼導軌，可以加固機匣蓋。

94歲高齡依舊在武器研究前沿奔波，不得不令人佩服。但遺憾的是，他的研究工作並沒有持續多久。

2013年12月23日，正當西方家家戶戶忙著準備過聖誕節的時候，正當聖誕節美妙的音樂即將奏響之際，正當人們沉浸在喜悅之中時，俄羅斯方面傳來了噩耗：AK-47之父卡拉什尼科夫病逝了。

在這個假新聞滿天飛的21世紀，人們多麼希望這個新聞是假的，人們期望這個新聞是個謊言。但是，烏德穆爾特共和國總統發言人23日證實了這個消息。

這個消息是個徹徹底底的壞消息。其實，有些人已知道卡拉什尼科夫病情嚴重。

2013年5月，他就因為發病而住院兩週，6月轉往莫斯科一家醫院治療，植入一個心律調節器。此後，他淡出了人們的視野。這是好事，淡出視野說明這位偉人還健康地活著。

不幸的是，2013年11月17日，卡拉什尼科夫被送入伊熱夫斯克市一家醫院的重症監護室，生命再度遭遇危險。就在大家心懸一刻的時候，俄羅斯傳來了好消息，這位偉人情況穩定。於是，大家繃緊的神經舒緩了。

但沒有想到，一個多月後，這位偉人還是溘然長逝。對於活著的人而言，2013年似乎就是一個偉人告別年。委內瑞拉總統查維茲、英國鐵娘子、南非總統曼德拉一個接一個地與世長辭。

就在2013年剩下不到10天的日子，世界上最偉大的武器專家卡拉什尼科夫與世長辭。偉人走了，他留給了我們什麼？愛因斯坦說：一個人的價值應該看他做了什麼而不是看他取得了什麼。

這話的確是評價偉人最好的標準。AK-47之父貢獻了什麼，就多言了，我們且看看他取得了哪些榮譽。

首先，名譽方面。蘇聯時期，他獲得1次史達林獎金，2次社會主義勞動英雄稱號、3枚列寧獎章、「祖國功勳」二級勳章和少將軍銜、中

將軍銜、1枚「軍事功勳」勳章、圖拉設計院技術博士學位、「俄羅斯英雄」稱號、最高蘇維埃代表、伊熱夫斯克榮譽市民稱號、俄美中等國科學院及眾多高等院校名譽院士⋯⋯其中,「世界槍王」是對他在武器方面取得卓越成績最恰當的讚譽。

其次,評價方面。在卡拉什尼科夫90大壽之際,克里姆林宮給他舉辦了生日招待會,俄羅斯總統梅德韋傑夫出席。除了頒獎之外,還說卡拉什尼科夫創造了「令所有俄羅斯人自豪的品牌」,卡拉什尼科夫步槍設計使俄羅斯武器成為「世界上最優秀的品牌之一」,「卡拉什尼科夫」已經成為俄羅斯語匯中最為典型的詞語。

俄羅斯廣播電視台則為卡拉什尼科夫播放了專門的節目,並且邀

請國際空間站太空人蘇雷耶夫獻上祝福。這位宇航員聲情並茂地說道：「你的名字，就像第一位太空人加加林一樣，是20世紀我們國家的一個象徵。」

在卡拉什尼科夫去世後，烏德穆爾特共和國總統沃爾科夫則說道：「俄羅斯最具智慧和才華的愛國者之一，一個畢生奉獻給祖國的人去世了。」而總統普丁則對其家人表示深切慰問。

卡拉什尼科夫的一生是充滿曲折的，充滿榮譽的，但同時也是充滿遺憾的。比如尖銳的批評不絕於耳。如果人生可以重新來過，卡拉什尼科夫會如何選擇？對此，卡拉什尼科夫生前說道：「和世界上的任何人一樣，我的人生也有缺憾。但是，我堅信，如果還有機會重新來過，我將依然選擇如此度過我的人生。」

的確，沒有遺憾的人生不是完美的人生。現在卡拉什尼科夫去世了，我們只能深深地祝福他：一路走好。我們也堅信，雖然他與世長辭了，但他創造的AK品牌一定會續寫他的傳奇、名留青史。

第二章

AK-47：戰爭之槍

美國專家愛德華・柯林頓曾說：「AK-47突擊步槍及其系列，是第二次世界大戰後出現的一種最普及和最著名的射擊武器。」

蘇軍失敗的反思：必須要有新武器

「二戰」後至今，短短六十多年，AK-47成為槍王之王，創造了武器神話，這是眾所周知的事情，然而有關AK-47出世的故事卻鮮為人知。它的發明創造還要從一場戰爭說起。

1941年6月22日，希特勒簽署「巴巴羅薩」計畫，出動190個師、3700輛坦克、4900架飛機、47000門大炮和190艘戰艦，兵分三路，以閃電戰的方式突襲蘇聯。同年7月3日，史達林發表演說，號召全蘇聯人民團結起來一致對外，反抗法西斯侵略，蘇德戰爭全面爆發。紅色社會主義頭號強國加入了反法西斯戰爭。

1942年年底，德國部隊中一支名為「大剪刀」的突擊隊前往蘇軍後方偵察。這支部隊是德軍最為著名的突擊隊之一，訓練有素，裝備精良，屢立戰功，是德軍的楷模，與後來奉希特勒命令救援墨索里尼的特種部隊一樣赫赫有名。

此次，它奉上級命令，繞過蘇軍陣地，深入敵後偵察，尋找進攻蘇軍的突破口。然而，當他們在白俄羅斯普里皮亞特沼澤中執行偵察任務的時候卻被巡邏的蘇軍發現。

仇人相見分外眼紅，雙方隨即交火。由於「大剪刀」突擊隊作戰經驗豐富，蘇軍巡邏隊不是德軍的對手，無法將這股德軍殲滅。不過，蘇軍隨即又調來了更多的部隊，採取了圍堵戰術。後來，能征善戰的「大剪刀」突擊隊被蘇軍團團包圍，他們只能憑藉沼澤地形，節節敗退。從戰場形勢上來看，不管是人數還是武器，「大剪刀」突擊隊都沒有優勢，看起來他們的下場除了投降之外便只有戰死報國。

不過，「大剪刀」突擊隊並沒有投降。隊長一邊組織隊員抵抗蘇軍

的進攻，一邊呼叫德軍總部，報告了具體情況，並請求武器支援。德軍總部得到突擊隊被圍的消息後，馬上派遣運輸機前往突擊隊被圍地點，空投了一批武器。對於德軍的這一舉動，蘇軍絲毫不放在心上。在蘇軍看來，被圍得水洩不通的這支德軍部隊，最終也只有被消滅的命運。

　　可是，誰也沒有想到，戰局會因為德軍空投武器而發生變化。「大剪刀」突擊隊在得到武器後迅速扭轉了局勢。他們不再被動防守，而是對人多勢眾的蘇軍發起了進攻。德軍的這一舉動讓蘇軍大吃一驚。他們沒有想到「大剪刀」突擊隊會反攻，不過，他們還是奮力反擊。戰鬥開始後，蘇軍都懵了。他們發現，「大剪刀」突擊隊的武器像是得到了「興奮劑」，火力猛烈，時刻壓制著他們，他們每次發動進攻都遭到德軍猛烈的抵抗。經過短短幾小時的交鋒，「大剪刀」突擊隊撕裂了蘇軍

▶ StG44突擊步槍是現代步兵史上劃時代的成就之一，它是首先使用了短藥筒的中間型威力槍彈並大規模裝備的自動步槍。StG44是德軍繼MP40衝鋒槍、MG42通用機槍以外，又一款劃時代的經典之作。但StG44在「二戰」中沒有發揮多大作用，「二戰」結束以後，StG44由於自身性能的局限，很快退出了歷史舞台。

重重防線，順利突圍出去。

德軍突擊隊從包圍圈中突圍，這對蘇軍來說，是一個重大打擊。然而，這僅僅是開始，不久之後，蘇軍在戰場上屢屢遭受德軍猛烈火力壓制，受盡了苦頭。蘇軍指揮部勃然大怒，命令前線蘇軍指揮官盡快找出根源。

後來，蘇軍終於弄清楚了德軍突圍的根本原因。原來，一直壓制蘇軍火力，屢屢扭轉戰局的德軍武器便是德國新研製的MP43（StG44）突擊步槍，即後來我們常說的德國44型突擊步槍。當然，它也是世界上第一支突擊步槍，被譽為「突擊步槍之父」。

突擊步槍是「二戰」的新產品。事實上，突擊步槍的問世並非偶然，可以說它是戰爭催生的產物。

「一戰」後，世界軍事強國都對「一戰」進行分析總結。許多國家認識到，衝鋒槍和現有步槍都不適應未來戰場的需求。

衝鋒槍雖然具有較高的射速，但它的缺點是威力不足、射程較短（有效射程200公尺），無法阻擋敵軍重武器和輕機槍的威力；而步槍雖然威力大，射程遠（最佳射程1000公尺以上），但是卻不適用於近距離作戰。因此，他們認為未來的戰場必須要生產出更適合中距離作戰的武器。

在這些國家中，德國研究成果最為卓著。經過分析，德國軍事專家發現，90％的戰鬥都在400公尺以內進行，即武器最佳有效射程最好在500公尺以內。一旦超過500公尺，士兵將不能看清目標，無法進行準確射擊，除非他們使用狙擊步槍。所以，他們便開始研究一種介於手槍彈和大威力彈之間的中距離子彈及其新型槍械，以便填補戰場中的這一個空白。隨後，德軍開始秘密研製新武器。1942年，德軍終於成功研製出了7.92毫米×33毫米子彈和相應的自動步槍。

不過，剛研製出來的自動步槍並沒有得到德軍司令部的讚賞。因為它並沒有投入戰場，具體威力如何誰也不知道。後來，「大剪刀」突擊隊被圍，希特勒雷霆震怒，要求德軍總部援救這支精英部隊。德軍總部便制定了作戰方案，希望能支援該部隊。可是他們發現這支突擊隊已深入敵後，遭到蘇軍層層圍堵，德軍想要救援這支部隊，則要突破蘇軍主陣地，付出巨大代價。最後，他們決定派出運輸機運送一批自動步槍前往支援。

　　後來，突擊隊憑藉自動步槍的威力成功突圍。成功突圍之後，希特勒笑容滿面，他到部隊檢閱這種新型槍械。見識到這種步槍的威力後，他才意識到德軍軍部專家的心血。隨後，希特勒欣然用自己最喜歡的「突擊」一詞來命名這種新型自動步槍。於是，槍械家族從此又多了一個新成員—突擊步槍。緊接著，突擊步槍迅速裝備了德軍各個部隊，投入到戰場之中。

　　這種突擊步槍結合了衝鋒槍和步槍的優點。它射程大約500公尺，能自動連發子彈，威力猛，火力密集，能夠在短時間內對敵軍造成較強的殺傷力。當時，圍困「大剪刀」突擊隊的蘇軍使用的武器卻是非自動步槍和衝鋒槍。眾所周知，非自動步槍雖然射程遠但是卻沒有連發功能，威力不大；而衝鋒槍雖然威力大，但是射程近（有效射程200公尺），對中遠距離的目標威脅小。所以，當「大剪刀」突擊隊隊員手持突擊步槍在400公尺左右的位置開火的時候，蘇軍也只有被動挨打的份了。

　　這次戰役的失利讓蘇聯人清楚地意識到，想要打敗德國就必須也擁有威力巨大的新武器—突擊步槍。為了戰爭的勝利，蘇聯加快了研製突擊步槍的步伐。歷經波折，享譽至今的蘇聯突擊步槍—AK-47問世。

AK-47的抄襲風波

如今，武器界公認，StG44式突擊步槍是「二戰」中最早的突擊步槍，它對「二戰」後突擊步槍的發展具有突出貢獻。可以說，在突擊步槍史上，它作為「步槍之父」是當之無愧的。

德國有突擊步槍，蘇聯在不久後也研發成功。不過，據傳言，蘇聯1943年製造的7.62毫米×39毫米M43中間型子彈是模仿德國製造的，更有傳言，享譽世界的AK-47是仿製德軍突擊步槍而造的。

我們都知道，槍與彈出現的先後順序關係是一大問題。是先有槍後有彈，還是先有彈後有槍呢？這一問題正如雞與蛋的問題一樣困擾了許多人。不過，對突擊步槍來說，則是先有彈再有槍，德國和蘇聯研製的突擊步槍就是典型的例子。

1943年，也就是德國研製突擊步槍成功後的一年，蘇聯也研製了7.62毫米×39毫米的M43中距離子彈，並先後研製出CKC-45半自動步槍和AK-47自動步槍。然而，對於蘇聯的研究成果，人們卻抱著懷疑的態度。

很多人都認為蘇軍研製的中距離子彈是抄襲德軍的7.62毫米×39毫米中距離子彈。人們認為，蘇軍研製的中距離子彈時間比德軍晚，就說蘇軍抄襲德軍，這種說法持續了近三十年。的確，從時間上看，蘇軍中距離子彈研製成功的確要比德軍晚一些。但，這就能說明蘇軍抄襲德軍的武器嗎？可是，如果蘇軍沒有抄襲德軍，那麼真相又是什麼呢？

20世紀70年代，蘇聯權威的武器彈藥雜誌公開了蘇軍研製自動步槍和中距離子彈的真實情況，澄清了「蘇軍武器抄襲德軍武器」的事實。根據檔案資料，「一戰」後，蘇聯也根據「一戰」戰場實際情況，對步槍大威力彈進行研究分析，並且提出了中距離子彈可行性的理論研究。

1939年，蘇聯著名軍事專家葉利札羅夫和肖明開始研製中距離子

▲ 或許AK-47曾經借鑑過德製的StG44突擊步槍，但是AK-47的獨特性卻是StG44突擊步槍不可比擬的。圖為生產最早一批AK-47的軍工廠照片。

彈。蘇聯軍事專家研究中距離子彈的時間與德軍研究中距離子彈的時間其實相差不多，不過，研製成功的時間卻有先後。1942年德國成功研製出中距離子彈，然而蘇聯經過4年的辛苦研究，才在1943年成功研製出7.62毫米×39毫米的M43中距離子彈。

眾所周知，在武器界，研究成功時間的滯後並不能說明研製武器是抄襲這一說法。比如後來AK-74槍族專用的5.45毫米槍子彈並非在20世紀70年代才開始研製，相反，在20世紀50年代蘇聯專家就已經著手研究這種子彈了。所以，單從研製時間上說蘇軍研製的中距離子彈是抄襲德軍中距離子彈的說法顯然是難以服人的。蘇聯報導這一事實後，有關蘇軍中距離子彈抄襲德軍中距離子彈的質疑聲音便銷聲匿跡了。

但真相又是什麼呢？

「一戰」爆發前，蘇聯著名自動武器研製專家費德洛夫成功研製6.5

毫米×50毫米半底緣槍彈的半自動步槍的時候，就曾經說過：「在未來戰爭中，單兵槍械演化可能出現兩種武器：一種是衝鋒槍和卡賓槍的合二為一，使用新子彈（短型突擊步槍概念），一種是輕型自動步槍，使用威力較大的子彈（突擊步槍概念）。」

當時，他的這番話並沒有引起多數人的注意，但是他卻成功預言了半個世紀後武器發展的狀況。20世紀40到50年代，突擊步槍迅猛發展，德國、美國、蘇聯紛紛發展突擊步槍，一時間突擊步槍成為戰場的新寵，大量裝備部隊，成為士兵手中最重要的武器之一。舉世聞名的AK-47也是在這一階段發明研製的。

7.62毫米×39毫米M43中距離子彈研製成功後，蘇聯便著手研製相應的槍械。西蒙諾夫經過精心研製，最終在20世紀40年代初製造出了CKC-41半自動步槍。西蒙諾夫是蘇聯著名武器專家，他跟槍械設計師費德洛夫學習，1926年研製了一款毛瑟槍，但是因為不適應戰場需求而失敗。不過，他並不氣餒，經過認真學習，他終於在1941年研製出了被蘇聯稱為「勝利武器」的TRS14.5毫米反坦克步槍，聲名大噪。

後來，他根據中距離子彈設計了兩種槍械：一種是14.5毫米反坦克步槍，一種是7.62毫米CKC-41式半自動步槍。很快，7.62毫米CKC-41式

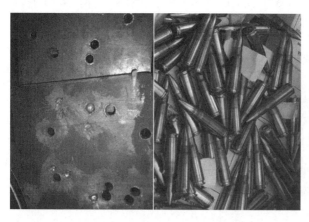

◀ AK-47突擊步槍的專用子彈威力十足，殺傷性強，加上AK-47突擊步槍操作簡單，便於使用，使AK-47突擊步槍成為眾多士兵的最愛。圖為AK-47突擊步槍射擊鐵板後留下的痕跡。

半自動步槍得到了軍方的認可，被允許送到軍工廠生產。可惜的是，德軍初期進攻猛烈，蘇聯雖然頑強抵抗，但還是丟失了許多領土，許多軍工廠被德軍炸毀或者佔領。沒有足夠的軍工廠，便生產不了武器，於是生產CKC-41半自動步槍的方案便被擱置，而這一擱置就是3年。

3年之後，西蒙諾夫經過改造，研製出了CKC-45。該半自動步槍使用M43中距離子彈，是新型槍械。CKC-45投產後，深受士兵喜歡，它以節省彈藥、精確度有保證而聞名。然而，由於時間緊迫，CKC-45沒有經過認真改造，製造粗糙，後座力強。此外該槍一扣一發，不是自動步槍，不能實施猛烈的火力壓制，對德軍形成不了威脅。因此，它很快因為不適應戰場需求而被歷史淘汰。

於是，蘇聯軍事專家便潛心研製半自動步槍。其中托卡列夫設計了ABT-38、40式半自動步槍，西蒙諾夫設計了ABC-36半自動步槍。不過，這些名家之作此時卻不適應戰場需求，這些半自動步槍因為後座力強、操作複雜而導致蘇軍士兵傷亡慘重。所以，這些武器最終也被戰場淘汰。

眼見蘇軍士兵在戰場上傷亡增加，蘇軍指揮部非常著急，便下令全軍上下研製新型自動步槍。而AK-47就在這時應運而生。

AK-47：因為簡單，所以經典

俗話說，無風不起浪，凡事有緣由，AK-47到底為何物？它的名字有什麼來歷？作為時代的符號，輕武器的傳奇，它又是怎樣「鶴立雞群」，締造神話的呢？

如果我們按照一般思維去看AK-47，那麼很自然我們會認為AK這兩個字母是英文字母。這種誤解是西化過度造成的，不僅英文字母表中有

AK這兩個字母，俄文也有。其實，AK-47中的「AK」並不是英文字母中的「AK」。

它們是俄語字母，有著不一樣的意義。其AK-47俄語全稱為Автомат Калашникова образца 1947 года。

A是俄語裡自動步槍的第一個字母，K則是AK-47設計者卡拉什尼科夫名字的第一個字母，「47」是出廠年份，因此，AK-47的意思便是「卡拉什尼科夫1947年定型的自動步槍」。

當今科技發展日新月異，槍枝更新換代頻繁，按理說這種20世紀中期製造的武器早就應該被淘汰，至少也應被超越。可是，它卻一直被複製，從未被超越，這使它成為輕武器的經典武器。這是為什麼呢？這得從AK-47的構造和性能說起了。

AK-47得天獨厚的地方在於各種元件的獨特組合，AK-47能夠經歷灰塵、泥土、汙水等考驗，都源自於這些元件的組合。AK-47由槍管、機匣、機匣蓋、槍機、擊發機構、扳機、扳機護圈、機框、槍托、上護木、下護木、小握把、活塞、活塞連桿、活塞筒、瞄準裝置、彈匣等組成。

從這些元件上看，AK-47很普通，但是組裝起來的AK-47卻可靠性高，勤務性好，堅實耐用，故障率低，尤其在風沙泥水中使用，性能可靠，結構簡單，分解容易。該槍投產後，主要有兩種型號，一種是固定式木質槍托，一種是折疊式金屬槍托。兩種型號都使用M43式7.62毫米中間型子彈。

AK-47槍管與機匣螺接在一起，其膛線部分長369毫米，槍管鍍鉻。不管是在高溫的沙漠還是在寒冷的北極，它的射擊性能都很好。機匣由鍛件機加工而成，彈匣用鋼或輕金屬製成，這就保證了AK-47可以在任

何氣候條件下正常工作。AK-47擊發機構是擊錘回轉式，即發射機構直接控制擊錘，可以實現單發和連發射擊。其發射機構主要由機框、不到位保險、阻鐵、扳機、快慢機、單發槓桿、擊錘、不到位保險阻鐵等組成。

在AK-47右側則是快慢機。在快慢機裝定處於自動位置時，單發阻鐵的後突出部被快慢機下突出部壓住，不能轉動，扣不住擊錘。因此，AK-47處於待擊狀態。

當使用者扣壓扳機後，阻鐵便解脫擊錘，擊錘透過回轉擊發。此時，如果扣住扳機不放，那麼擊發阻鐵和單發阻鐵都扣不住擊錘，此時只有不到位保險阻鐵卡榫能抵住擊錘卡槽。當機框復進到位壓下不到位保險阻鐵傳動桿時，卡榫即脫離擊錘卡槽，擊錘回轉擊發。此後，只要重複上述動作，突擊步槍便可以實現連發射擊。

如果快慢機處於半自動位置時，那麼它的效果就不一樣。首發彈發射前，阻鐵扣住擊錘而成待擊狀態。當使用者扣壓扳機後，阻鐵便解脫擊錘，與此同時單發阻鐵也向前回轉。如果扣住扳機不放，那麼擊發後擊錘被機框壓倒的同時將被單發阻鐵扣住。這個時候，由於機框未復進到位，不到位保險阻鐵傳動桿向上抬起，卡榫和擊錘卡槽之間有少許間隙。

當機框復進到位再次解脫不到位保險阻鐵時，擊錘將被單發阻鐵扣住。如果想要再次發射，那麼必須先鬆開扳機，等到單發阻鐵解脫擊錘，擊錘被擊發阻鐵扣住形成待發狀態。

假如機框復進不到位，那麼機槍無法完全閉鎖。在這個時候，機框的解脫突榫不能壓下不到位保險，保險阻鐵卡榫將不能夠脫離擊錘卡槽。所以，在這個時候，即使使用者扣壓扳機，擊錘也不會向前回轉，相反地，它形成了不到位保險。

▲ 除了蘇聯以外，其他一些國家也對AK-47自動步槍進行了大量的仿製。可以這樣說，AK-47自動步槍是社會主義陣營眾多國家的槍械鼻祖，成為槍械世界的兩大流派之一。圖為AK-47基本零件示意圖。

當快慢機柄處於AK-47最上方位置時，它下突出部將頂住單發阻鐵後突出部和扳機後端突出部的右側，故扣不動扳機，實現保險。如果這個時候，擊錘處於待擊位置，那麼即使彈膛內有槍彈，也會因為扣不動扳機，擊錘無法解脫而形成後方保險。

當然，如果此時擊錘處於擊發位置卻因為扣不動扳機，致使阻鐵不能回轉，擊錘後倒時即被阻鐵擋住，機框只能後座很短的距離，不能將彈匣內的槍彈推進彈膛，就形成前方保險。

AK-47還配有瞄準準具。它採用的是機械瞄準具，並配有夜視瞄準具。該準星是典型的圓柱形，標尺上有U形缺口照門。照門和準星都有可翻轉附件，內裝螢光材料鐳221。表尺分為100到800公尺，戰鬥表尺一般裝定300公尺左右。不過，AK-47瞄具比較特殊，在使用瞄具瞄準的時候，使用者只能夠上下擰動準星做高低校正，無法修正風偏問題。

AK-47還配有刺刀。刀的外形呈劍形，有血槽、鈍刀、單邊開刃，刀身上還經過磷化處理，橫檔護手則在手刃的一側伸出。刀柄是銅製

的，在刀柄上裝有塑膠夾板，刀柄靠槍口環一側開槽，能夠用來容納通條，槽內有兩個尖爪，尖爪卡住準星座和通條，使得刺刀能夠牢固固定在槍上。此外，兩個尖爪由卡扣控制，卡扣兩端則有網紋，以便使用者用手操作。刀柄後端向槍口環一側彎曲，切分開形成兩個突耳。這兩個突耳從槍口沿著槍管後滑卡在其兩側，能夠使刺刀更為牢固可靠。黑色的刀鞘則由金屬製成、在刀鞘下面還有兩個掛件，這兩個掛件是用金屬圈製作而成，它們與刀鞘緊密連接。在掛件上還有搭扣，這也是用來固定刺刀之用。

簡而言之，AK-47不僅集當時各種突擊步槍的優點於一身，還因構造簡單，容易操作而享譽世界。

AK-74槍族：世界上最優秀的槍族

AK-47研製成功後，於1949年開始大規模裝備部隊，成為蘇聯陸軍的制式武器。與此同時，卡拉什尼科夫也率領他的研究小組對AK-47進行改進。

1953年至1954年，卡拉什尼科夫與他的研究小組在製作工藝上對AK-47進行改進，從而設計了AKM突擊步槍。AKM整體架構與AK-47相差無幾，但是它與AK-47有些不同。在機匣上，AKM採用鍛件機加機匣，從而使得槍的重量變輕，由原來的4.3公斤減少到3.15公斤。在機匣上，AKM還焊有槍管節套和尾座點。在槍機上，AKM的槍擊閉鎖在槍管的節套中，跟AK-47槍機直接閉鎖在機匣裡不同。在機框—機槍導軌上，AKM採用價格低廉的衝壓件製作，並焊在機匣內壁，減少製作成本。

另外，AKM突擊步槍還裝有一個新設計的減速器。該減速器位於

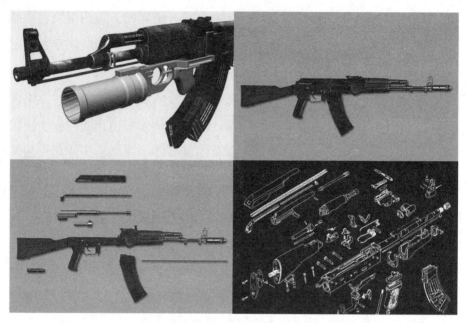

▲ 隨著槍械歷史的不斷發展，不同國家和地域的人們根據自己的需要，對AK-47做了大量的改進和更新。圖為AK-47的改進模型及其結構示意圖。

扳機附近，取代了AK-47的兩鉤形阻鐵中的一個。一旦槍擊框下壓不到保險阻鐵後，減速器就扣住擊錘向後，透過其慣性來實現減速效果。對此，美國曾對AK-47和AKM突擊步槍進行無數次射擊實驗，結果發現AK-47機框在實現閉鎖附近到位後會出現輕微回跳。這種回跳往往導致AK-47偶爾出現「啞火」現象，而這種狀況在AKM上絲毫不會出現。

在外形上，它還有一些特點。比如，機匣兩邊各有一個很小的彈匣定為槽；機匣蓋上加有強筋；槍的前托上設有手指槽，方便使用者在自動射擊時控制武器等。

經過一番改進後，AKM更加適合戰場。它攜帶方便，射擊故障更少，保養時間短，射擊精度較高。如今，AKM有兩個型號，一個是AKM固定木質槍托，一個是AKMC金屬折疊槍托。此外，它還有一個型號—AKMH。該型號是帶夜視瞄準具的折疊槍托型。

該槍改進後便大規模生產，裝備到蘇聯各個部隊及世界上許多國家的部隊中，成為部隊中非常重要的輕武器。

不久之後，卡拉什尼科夫又研製了RPK輕機槍。RPK是在AK-47和AKM基礎上設計而成的。它的基本結構與AK-47和AKM基本相同，其製作零件多數能夠與AK-47和AKM互換，除了機匣、前托、槍托和表尺之外。它發射7.62毫米×39毫米M74槍彈。RPK機槍能與步槍互換零件，這在戰場上是很有優勢的。

不過，RPK與AK-47/AKM也有所不同。RPK機槍槍管加長了一些（槍管為590毫米）、重量增加了一些（5.0公斤），它還帶有折疊兩腳架。此外，它採用RPK輕機槍的前托、槍托和表尺，並對機匣進行改進。

RPK輕機槍的出現是其對世界輕武器史的一大貢獻，它讓步槍和輕機槍統一起來，形成了一個槍族，即AK-47/AKM/RPK槍族。

20世紀60年代中期，輕武器有了進一步發展。世界上出現了小口徑步槍，如美製M16。因此，卡拉什尼科夫便率領其研究小組進行小口徑武器設計工作。經過7年的努力，即1974年，卡拉什尼科夫成功研製出了口徑為5.45毫米的AK-74小口徑突擊步槍，並且將其發展為包括突擊步槍、短突擊槍、輕機槍在內的AK-74槍族。

AK-74突擊步槍是在AK-47改進版AKM基礎上研製的。

它的構造與AKM基本相同，只是由於彈藥改變，口徑及其相應的運動部件有了稍微的變化而已。這些變化主要表現在以下幾個方面：

第一，重量減少，精準度更高。由於槍彈底的直徑變小，機槍的彈窩面也相應減少，機槍體的直徑減少，這意味著機槍框、機槍的重量發生了變化。AK-74機槍框較大，槍擊輕，兩者的比重為6：1，相比於AKM的5：2，AK-74射擊更為穩定，命中率更高。

▲ AK-74突擊步槍是AK-47系列的5.45毫米×39毫米小口徑改進型，是蘇聯裝備的第一種小口徑步槍，也是世界上大規模裝備部隊的第二種小口徑步槍（第一種是美國的M16）。它於1974年11月7日在莫斯科紅場閱兵儀式上首次露面。圖為AK-74突擊步槍展示圖。

第二，槍管不同。AK-74槍管鍍鉻，且槍管纏距較短，僅為195毫米。所以，它能夠提高彈丸的初速，增強彈丸飛行的穩定性。

第三，彈匣不同。跟AKM不同，AK-74彈匣是新設計的。它由金玻璃鋼製造而成，其強度遠比用金屬材料製作的AKM彈匣要堅固耐用。該彈匣容量有兩種：30發容量的彈匣與15發容量的彈匣。

第四，多加了圓柱形槍口制退器。AKM沒有槍口制退器，而AK-74則增加了制退器。它全長82毫米，直徑為26毫米，前端有2個較大的孔，後端上方有3個直徑為2.5毫米的散布孔。該制退器能夠降低後座力，減少衝擊波對射手的影響。

此外，AK-74還增加了護木固定片，重新設計槍托，配有雙刺刀卡榫。

AK-74研製成功後立即被蘇聯作為部隊制式武器，直至今天，它依舊是俄羅斯及世界許多國家部隊的制式武器。經過幾十年的發展，AK-74擁有許多變體，如AKH-74，裝有木質固定槍托，且在機匣左側增加了光學瞄準鏡座；AKC-74，帶有向左側折疊的金屬槍托型，堅固耐用；AK-74M，AK-74最新型改進版。其槍托與護木都是塑膠製成的，衝擊強度與耐磨性比AK-74強，其膛口和機匣也做了改進，提高了射擊

精度。

AKC-74Y型短突擊步槍。該槍是AK-74的縮短版。它槍管較短，配有金屬折疊式槍托，重量較輕，外型小巧，適合特種兵使用。此外，由於它的槍管短，槍管內的導氣孔位置臨近槍口，所以，其槍口部配有消焰，能夠使充分燃燒的火藥得到足夠的膨脹，減少槍口的火焰。

RPK-74輕機槍與AK-74同時裝備蘇聯軍隊，可以說，它是AK-74放大槍型。它與AK-74不同之處在於：

首先，槍管不同。它配有重型槍管，槍管是固定的，長度約為590毫米，比AK-47槍管長。

其次，折疊兩腳架不同。AK-74是突擊步槍，一般沒有折疊兩腳架，而RPK-74則是輕機槍，所以，它配置了兩腳架。

再次，彈匣容量不同。AK-74彈匣容量為60發，而RPK-74標準彈匣容量為45發。不過，它也可以使用30發的彈匣。

不久後，RPK-74輕機槍也有了變型槍，主要有兩種：PNKC-74型和PNKH型。其中PNKC-74型是使用折疊式槍托的輕機槍，而PNKH型則是裝有光學瞄準鏡座的輕機槍。

AK-74槍族面世後，既受到蘇聯紅軍將士的喜愛，又得到世界各國部隊的青睞，是世界上最優秀的槍族。

俄羅斯爆出驚雷：AK-47生產公司宣告破產

2012年4月下旬，俄羅斯AK-47生產商—伊茲馬什公司宣布破產。據報導，伊茲馬什公司在輕武器方面連年虧損，旗下最大的伊熱夫斯克工廠也一直處於停工狀態。這個消息一出，震驚了全世界。

眾所皆知，AK-47是當之無愧的槍王之王。AK-47是由蘇聯年輕武

器研究員卡拉什尼科夫研製，它口徑為7.62毫米×39毫米，彈匣容量為30發子彈，槍口速度每秒鐘大約710公尺，射速每分鐘達600發。

有歐洲評論家認為：「卡拉什尼科夫壟斷了蘇聯輕武器領域，世界上有82個國家的軍隊裝備或部分裝備的都是AK系列。在輕武器發展史上恐怕只有馬克沁、毛瑟和勃朗寧可以和它比比高低。」

到目前為止，全世界AK-47的數量超過了1億支。從「二戰」到現在發生的局部戰爭中，它參加了其中90％的戰爭，據統計，死於AK-47槍下的人數遠比美國往日本投下的兩顆原子彈造成的傷亡還多。

不過，在世界上現存的1億多支AK-47中，僅有一成是蘇聯製造的，其他的都是「仿冒品」。但這些仿冒品卻取得了空前的成功，一度風靡全球。然而，這種「仿冒」行為也使得AK-47生產商伊茲馬什公司日子很不好過。

伊茲馬什公司總部位於烏德穆爾特共和國首府伊熱夫斯克。它是俄國沙皇時代創立的兵工廠。1807年，該兵工廠奉亞歷山大一世命令，改名為伊茲馬什公司。蘇聯時期，它名叫伊熱夫斯克機械製造廠，一直靠政府訂單生存。在政府訂單中，最主要的便是AK系列步槍，而伊熱夫斯克也被稱為「AK-47的故鄉」。

當然，雖然AK-47是該公司的主要產品，但是該公司也生產其他武器。在生產AK-47的同時，伊茲馬什公司自主研製了AN-94型步槍。他們希望能夠代替AK-47系列步槍，裝備蘇聯軍隊，作為下一代步槍。然而20世紀90年代蘇聯的解體，造成俄羅斯經濟惡化，因為全面裝備新型步槍需要巨大的經費，因此俄羅斯只好放緩了全面替換AK系列的計畫。

隨著時間的推移，AN-94也出現了問題，它重量大，構造複雜，維護困難，生產價格昂貴，且操作不方便。因此，該武器僅僅裝備了俄羅

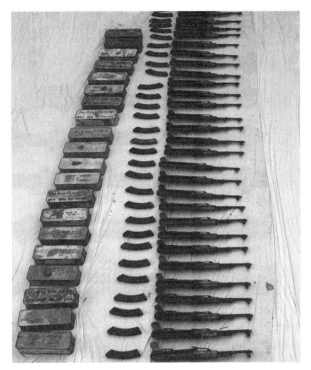

▶ 伊茲馬什公司,世界著名的輕武器生產商,以生產AK-47出名。目前,烏德穆爾特共和國仲裁法庭正在調查該公司的資產狀況,核實其是否真的出現債務危機。一旦宣布破產,該公司雖然將擺脫沉重的債務負擔,但也不得不面臨重組。圖為大批量的AK-47突擊步槍。

斯部分精銳部隊。由於俄羅斯軍方訂購AN-94型步槍數量少,伊茲馬什公司盈利也相應減少了。

與此同時,AK系列步槍的需求也變少了。要知道,戰爭時期是政府訂購武器最多的時期。然而,與之相反,在和平年代,只要政府擁有的AK-47系列步槍數量飽和,他們就不會訂購大量AK-47。這對伊茲馬什公司來說,無疑又是一大打擊。

眼見俄羅斯政府不需要大量的AK-47,伊茲馬什公司便試圖進軍國外市場。他們耗費心血,推出了AK-100系列作為出口型號賺取外匯。然而,該系列投放到市場後,銷量卻一般。許多國家使用後,都認為該系列步槍品質差勁,遠不如老AK。所以,該系列銷量不理想。為此,伊茲馬什公司又推出了其他型號槍枝,比如saiga系列霰彈槍、野牛衝鋒槍

▲ AK-47的價格低廉，目前國際市場上一枝AK-47的官方售價大約在300美元到800美元，而在一些戰火紛飛的地區，一枝AK-47僅賣15美元，和當地一隻母雞的價格差不多，甚至還有論公斤賣的。圖為2007年1月16日，烏克蘭的工人們正在把AK-47部件進行裝箱。

等，但是由於各種原因，銷量也不是很理想。

進入21世紀後，該公司生產的武器銷量在市場上一直處於低迷狀態，需求極少。2011年，其產量就下降了45.5％，虧損額達到了24億盧布。這種連年虧損的情況導致伊茲馬什公司陷入了困境，就連伊茲馬什公司旗下最大的工廠伊熱夫斯克也一直處於停工狀態。

更為要命的是，俄羅斯國防部也沒能出手挽救伊茲馬什公司。2012年，俄羅斯國防部依舊沒有向「伊熱夫斯克」提出購買武器的計畫。這對伊茲馬什公司來說，無疑是雪上加霜。

2012年4月底，伊茲馬什公司總經理馬克西姆庫久克只好宣布公司破產。作為世界上產量最高，數量最多的武器—AK-47，其生產廠卻倒閉了，這不得不說是世界一大奇聞。

一個生產AK-47這種產量極高且最受歡迎的武器的公司為何會倒閉

呢？

　　伊茲馬什公司稱，自己落到如此田地，其最主要原因在於俄羅斯國防部訂單少，2011年，俄羅斯甚至宣布停止採購升級版的AK-74。

　　伊茲馬什公司的分析似乎有一定的道理。然而，如果細究一下，便可以清楚知道，伊茲馬什公司的破產還與以下幾個因素相關：

　　其一，受世界輕武器市場競爭日益激烈的影響。除了俄羅斯生產輕武器外，世界許多國家也生產輕武器，比如美國的M4自動步槍、奧地利的aug步槍等，這些國家生產的輕武器在國際市場上與AK-47競爭，AK-47的銷售量自然受到了影響。另外，仿製品太多，這或許是伊茲馬什公司倒閉的最主要原因。自從AK-47系列面世以來，它便迅速得到了市場的認可，傳遍了整個世界。幾乎世界各地都在仿製AK-47。這樣，無疑會給生產AK-47的伊茲馬什公司帶來衝擊。據估計，在全球各地流通的AK-47仿製品與伊茲馬什公司原版AK-47的比例是10：1。《AK-47：改變戰爭面貌的武器》的作者卡納爾曾經這樣說道：「目前這種狀況的出現，是因為AK-47太易於製造，以至於任何人都能製造它。」

　　其二，沒能跟上市場經濟的變化。蘇聯時期，該公司一直依靠蘇聯政府的大量訂單發展，但是蘇聯解體之後，來自俄羅斯國防部的訂單減少了大半。面對市場經濟，它沒有盡快調整經營模式，反而僅僅依靠計畫經濟吃飯，依靠政府訂單，結果在新的市場環境中無法適應，最終走向破產倒閉之路。

　　其三，受俄羅斯國防部的策略影響。俄羅斯雖然從計畫經濟中擺脫出來，經濟慢慢恢復，但是它的經濟結構不平衡。一直以來，俄羅斯經濟來源是自然資源的出口和重工業產品的出口。可是，經濟危機發生後，俄羅斯經濟陷入低迷，俄羅斯財政收入明顯減少。為此，俄羅斯國防部必然要將有限的資金用於高科技產業，比如，洲際導彈、核潛艇等

▲ 伊茲馬什公司雖然破產了，但是AK-47帶給這個世界的意義並不會因此而消失。俄羅斯人為了紀念這一偉大的發明，建立了卡拉什尼科夫武器博物館。圖為卡拉什尼科夫武器博物館裡陳列著各種AK-47槍文化相關的物品。

研發領域。所以，俄羅斯國防部沒有足夠的金錢來扶持軍工業。

　　伊茲馬什公司倒閉了，但是AK-47依舊存在。有人說：「AK-47是堪稱完美的突擊步槍，待我們大家都成為歷史以後它還會存在很久，只要還有彈藥存在，它就會一直使用下去。」

　　此外，從AK-47誕生到現在六十多年的時間裡，它廣受歡迎，並衍化出獨特的AK-47文化。在眾多遊戲中都有它的身影，比如《反恐精英》，在遊戲中，它是公認的遊戲神器。在電影藝術中，AK-47無處不在，比如電影《軍火之王》，尼可拉斯‧凱吉就拿著AK-47，比如《第一滴血3》中史特龍拿著AK-47作戰，盡顯風采，比如有人將AK-47製作成電吉他，有人將樂隊取名為AK-47；在美酒文化中，AK-47伏特加銷量一直很不錯。很顯然，AK-47不僅是殺人武器，還是文化標誌。而文

化是會代代相傳的。

　　簡而言之，雖然伊茲馬什公司已經破產，但是AK-47以及它所產生的影響力和文化還會存在下去。

第三章

AK-47：民族之槍

「二戰」後，民族解放運動思潮席捲全球，世界各地的殖民地、半殖民地紛紛要求民族獨立，其中亞非拉民族獨立運動最引人注目。在民族獨立戰爭中，AK-47的內涵超出了武器範圍，成為民族獨立的象徵。現如今，有6個國家將AK-47畫到了國旗上。

越南統一戰爭：AK-47一戰成名

AK-47誕生後，很快被蘇聯裝備到軍隊中。隨著美蘇冷戰的進行，AK-47由蘇聯武器慢慢變成了社會主義陣營的武器，並代表了華約組織，與歐美北大西洋公約組織的美製M16相抗衡。然而，真正讓AK-47譽滿天下的卻是越南戰爭，正是越南戰爭讓AK-47一戰成名，成為槍王之王。

越南地處中南半島東部，北部和中國接壤，西部緊挨寮國、柬埔寨，東面和南面則面向南海，海岸線長約3260公里，是東南亞不可忽視的國家。它歷史悠久，文化繁榮。據考證，越南的歷史可以追溯到40萬年前的遠古時代，其中渡山文化、山圍文化較為出名。

「二戰」爆發後，法西斯聯盟在歐亞非發動全球侵略戰爭。其中日本在亞洲肆意妄為，他們採取了南下策略，侵略中國和東南亞國家，越南也沒能倖免。隨著日軍的逼近，法軍節節敗退，最後不得不與日本共同統治越南。這個時候，越南民眾也展開了游擊戰爭，其中最為有名的便是胡志明領導的游擊隊。這支游擊隊得到了蘇聯的強力支持，不僅擁有蘇製先進坦克，還獲得了蘇聯提供大量的AK-47武器，實力不斷壯大。

「二戰」結束後，胡志明領導的越南獨立聯盟在越南北部建立了越南民主共和國，而法國則扶植越南末代皇帝在西貢建國。之後雙方因為國家統一問題出現分歧，戰火再次燃起。這場戰爭持續了十幾年。1954年，胡志明在蘇聯等國的支援下取得了奠邊府大捷。

為了熄滅戰火，聯合國召開日內瓦會議商討越南問題。會議最終決定將越南一分為二，北緯17°以北地區由越南共產黨所建立的越南民

主共和國（北越）統治，北緯17°以南則由越南末代皇帝繼續統治。然而，胡志明領導的武裝力量堅持國家統一，而越南末代皇帝也不同意與越南民主共和國分治。於是，雙方再次展開火力角逐。

1955年，利慾薰心的吳廷琰發動政變推翻了末代皇帝的統治，建立越南共和國（南越）。吳廷琰建立越南共和國後，因為親美而未能與北越達成一致意見，雙方再次展開了激戰。

「二戰」結束後，美蘇由盟友關係變成了敵對關係，雙方展開冷戰，四處擠壓對方。經過幾年的爭奪，美蘇將注意力轉移到了亞洲地區。

20世紀50年代，美國總統艾森豪威爾認為亞洲是美蘇爭霸的關鍵戰場。他認為，如果蘇聯藉著民主的旗子進入越南，那麼將威脅到美國在亞洲的利益，所以，他強力支持吳廷琰。吳廷琰在美國的支持下，建立了美式民主政權，展開民主活動，企圖打垮胡志明領導的越南民主共和國。

胡志明領導的越南民主共和國則採取打土豪、分土地的社會主義模式。南北越南意識形態開始出現嚴重對抗。在艾森豪威爾政府時期，美

▼ 在越南戰爭中，AK-47發揮了極大的作用，它的猛烈火力多次阻擊了美國軍隊的進攻，創造了很多戰爭傳奇。圖為AK-47大型示意圖。

國扶植了吳廷琰，幫助吳廷琰發動了「控共」、「滅共」戰役，關押、屠殺越南共產黨份子。越南陷入了國家分裂的局面。

時間一年年的過去，越南局勢越來越緊張。北越在蘇聯的支援下，裝備了大量的蘇製坦克和AK-47突擊步槍，與南越發生了多次激戰。而南越雖然也有美國等西方國家的支持，卻屢戰屢敗，丟失了大片領土。

南越戰敗的消息傳到美國，美國國會和軍方十分不安。他們紛紛要求美軍直接介入戰爭，打垮蘇聯支持下的越南共產黨軍隊。美國總統甘迺迪也「順應時勢」，決定出兵越南。1961年，甘迺迪發動「特種戰爭」（美國根據北越游擊戰術制定的特種部隊作戰戰術）。

一開始，特種戰爭取得了一定的戰果，消滅了一些北越游擊隊，攻佔了北越的游擊隊基地。然而不久之後，北越游擊隊又發動了多次反擊，美軍陣亡人數急劇上升，「特種戰爭」宣告失敗。

眼見南越即將滅亡，美國憤怒了。繼任總統約翰遜直接升級戰爭，將「特種戰爭」升級為「局部戰爭」，擴大戰爭規模，派出最先進的B-2轟炸機對北越陣地輪番轟炸。不過，這種轟炸並沒有達到美軍的預

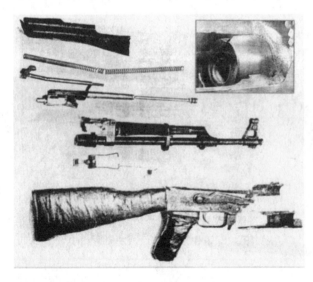

◀ 圖為越南戰爭中被陷阱彈炸毀的AK-47步槍，爆炸的巨大威力甚至使彈膛部分也發生了變形和損壞，可見AK-47步槍強大的爆發力。

定目標。

　　為了盡快結束戰爭，幫助南越建立親美政權。1965年，美國不顧世界各國的反對，悍然實施「雷聲隆隆」行動，調遣大軍進入越南作戰。此時，美軍裝備的是M16，是西方國家最為先進的突擊步槍。這次，M16碰上了AK-47，孰勝孰敗，只能拭目以待。約翰遜政府與南越政府發動了一系列戰役，想要一舉殲滅北越部隊，然而效果並不明顯。拿著美軍研製的M16的美軍士兵並沒有戰必勝，攻必克，相反地，他們卻因為M16複雜不易操作、容易生鏽、卡殼等原因而紛紛喪命。

　　北越的游擊戰讓美軍和南越部隊損失慘重。北越游擊隊採取了敵進我退、敵退我擾、化整為零的策略，在森林裡神出鬼沒，打得美軍暈頭轉向，一向只懂得全面戰爭、陣地戰的美軍吃了大虧。

　　由於美軍進軍越南屬於侵略戰爭，所以美國政府遭受到了國內外的譴責。迫於壓力，約翰遜最後只好下令停止轟炸北越，展開和談，「局部戰爭」結束。美國發動了系列攻勢，卻損失慘重。截止到1969年，美國投入536000人參戰，可是每星期死亡人數高達200人，費用高達30億美元，而戰爭進展卻毫無突破。

　　1968年，飽受國內外壓力折磨的美國總統約翰遜宣布不參與連任競選。在美國，競選連任總統幾乎是每一任總統的不二選擇，然而，約翰遜卻放棄了連任競選。由此可見，他對越南戰爭望而生畏。

　　約翰遜下台後，尼克森榮登美國總統寶座。面對越戰泥淖，他毅然任命季辛吉為總統助理，全權處理越南問題。季辛吉根據國際形勢和國內局勢的發展，採取了均衡外交策略，一方面武力威脅越南，另一方面主動示好談判。對於武力威脅，北越迅速反擊，致使美軍傷亡倍增；對於談判，他們則提出國家統一的口號。經過近四年的談判，雙方最終於1973年簽署了停戰條約。簽訂條約後，美軍大部隊紛紛撤出越南戰場。

可是，越南並沒有因為美國的「退出」而獲得統一，相反，南越政權依舊憑藉美國的援助負隅頑抗。協議簽訂後，雖然美軍絕大多數部隊慌忙從越南撤走，但是依舊有少部分人以「文職人員」的名義留在南越，而這一部分留駐人員人數高達2.4萬。這部分人依舊幫助南越政府訓練南越士兵，積極「抗戰」。

　　此外，美國還向南越政府提供了大量的軍事援助和經濟援助，並在南越附近保有了一支相當規模的海空力量。而北越也毫不示弱，他們開著蘇製坦克T-34，拿著AK-47，奮不顧身地與裝備著先進美製M16的南越軍隊展開激戰。

　　1975年4月29日上午9時，最後一架美軍飛機飛離西貢。

　　在美軍撤退的同時，北越軍隊從五路進攻西貢。他們在越南百姓的

▼　M16最初在越南戰場上頻頻出現故障，美國為了早點擺脫越南泥潭，還研製了幾個M16的衍生型，包括一種短命的狙擊步槍和XM177等。雖然美軍在越南戰場失利，但M16卻從越南戰場起步，開始暢銷，在這段時間內，僅柯爾特公司就生產了350萬支M16。圖為在越南戰場上使用M16的士兵。

支援下，發動了「春季攻勢」，實施西原戰役、順化—峴港戰役和西貢戰役。經過55天的奮戰，北越軍隊一共殲滅和瓦解敵軍100多萬人，最終推翻了南越政權，實現了越南南北的統一。

此次越南戰爭中，美國損失慘重，5.6萬軍人陣亡，30多萬軍人受傷，耗資4000多億美元。這是美軍歷史上公認最為失敗的一次戰爭。在這場戰爭中，AK-47發揮了其獨特的設備優勢，以其堅實耐用性在與美製M16突擊步槍的角逐中勝出，一戰成名，成為民族獨立的象徵。

古巴衛國戰爭：AK-47大顯神威

就在越南進行獨立統一戰爭的時候，處於拉美的古巴民眾也拿著AK-47進行獨立統一戰爭。

古巴地理位置特殊。它地處美國佛羅里達州以南，墨西哥猶佳敦半島以東，牙買加和開曼群島以北，以及海地、特克斯與凱科斯群島以西，有1600多個島嶼，是西印度群島最大的島國。

然而，這個美麗的島國卻多苦多難。15世紀末，它被哥倫布發現，隨即成為西班牙殖民地。由於西班牙殖民者實施暴政，引發了古巴人民的反抗，古巴人民先後進行了兩次獨立戰爭，卻由於裝備簡陋、力量不夠而被殘酷鎮壓。

後來，美國想要併吞古巴。美國國務卿阿丹姆斯曾說：「古巴地處墨西哥灣和安得列斯海所處的險要位置，它處於我國南海岸和聖多明哥島的中間，其生產和消費的特點利於我們貿易。總的來說，古巴對我們來說極為重要，差不多與我國其他州一樣。」

於是，美國試圖以1億美元的價格購買古巴，但是西班牙政府一口拒絕。被拒絕後，美國實施雙管政策，即一方面暗中操控製糖、菸草等

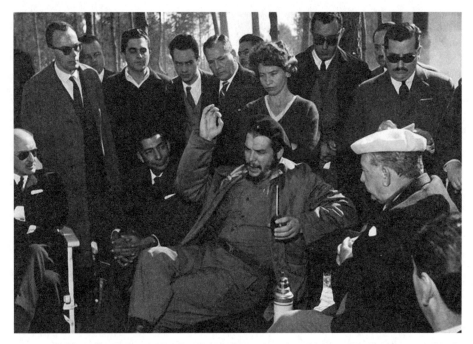

▲ 切‧格瓦拉是美洲的傳奇人物，他一生都在戰鬥，為了古巴的解放、世界的和平，一直被視為國際共產主義運動的英雄和左翼人士的象徵。圖為1961年8月，時任古巴工業部長的切‧格瓦拉會見烏拉圭總統維克托‧海多（右）時的場景。。

古巴重要工業部門，另一方面則武裝支持古巴獨立戰爭。

　　1892年4月，古巴民主主義者何塞‧馬蒂組織國內外力量，在美國成立革命黨。他發出了「美洲人的美洲」的口號，開始籌備獨立戰爭。1894年年底，他帶著武器和部隊返回古巴，不料半途被美軍「扣留」。

　　1895年年初，古巴國內的革命黨在沒有軍援的情況下依舊發動了革命。不久之後，何塞‧馬蒂回到古巴。回到古巴後，他也加入推翻西班牙殖民統治的戰鬥。可惜的是，當年5月，他中彈身亡，為國捐軀。不過，其他革命黨則繼續發動革命鬥爭，為民族獨立而奮鬥。經過三年的發展，革命黨兵力高達5萬人，解放了全國一半以上的國土。

　　然而，西班牙依舊負隅頑抗。對此，美國則直接對西班牙開戰。

1898年年初，美國出兵古巴，與古巴革命黨雙線夾擊西班牙軍隊，西班牙部隊潰不成軍。1898年12月，美、西在巴黎簽訂和約，美國代替西班牙「佔領」古巴。1902年，古巴正式獨立。

然而，古巴的「獨立」是表面的，因為美國掌控著古巴軍政大權。新成立的政府採取了親美政策，它不僅聘請美國人擔任政府各部門顧問，還將海港租讓給美軍。事實上，古巴成為了美國的殖民地。

20世紀20年代，美國在古巴的代理人馬查多・伊・莫拉萊斯發起了獨裁統治。他想要將古巴變成「美洲的瑞士」。他對新聞自由進行限制，下令逮捕和殺害共產主義人士。這些措施引發了社會動亂，而這種動亂威脅到美國的利益。美國便派出代表勸說馬查多・伊・莫拉萊斯不

▼ 有一種說法：黑市中槍械買賣的價格可以說是標誌某地區暴力衝突嚴重與否的風向球。在社會比較穩定的地區，AK-47的價格在230到400美元之間；如果價格低到100美元左右，這可能表示，該地區的衝突狀態突然停止了。如果AK-47的價錢高到1000美元以上，則標誌著該地區的衝突漫長而持續，而且正在進行。圖為備受古巴士兵喜愛的AK-47突擊步槍。

要專制，然而馬查多・伊・莫拉萊斯並不聽取美國人的意見。

勸說無效後，美國總統富蘭克林・德拉諾・羅斯福出手了。他支持軍人出身的巴蒂斯塔發動政變。巴蒂斯塔奪取了軍權，爾後以軍權控制古巴政府。控制古巴政府後，巴蒂斯塔也採取了親美的外交政策。1940年，他當選古巴總統。可是，當選總統後，他也採取獨裁統治。結果，民怨沸騰，他最終被迫下台，僑居美國。巴蒂斯塔下台後，古巴政府由革命黨人主政。

然而，革命黨人並沒有給古巴人民帶來希望。革命黨人上台後並沒有多大政績，拉蒙・格勞・聖馬丁、卡洛斯・普里奧斯・索卡拉斯先後執政，可是革命黨因為腐敗無能而大失民心。1952年大選，古巴革命黨等三大黨提出了總統候選人名單。這一次，巴蒂斯塔參加競選，當他得知古巴人民黨可能勝出後，便在美國支持下再次發動政變，奪取了古巴政權。

巴蒂斯塔再次上台後，繼續實行軍事獨裁統治。他宣布停止憲法，制定反勞工法，鎮壓殺害民主人士高達2萬人，流放十多萬人，數百萬人失業。此外，他還與美國簽訂了「軍事互助條約」，賣國求榮。

巴蒂斯塔的這些做法激怒了古巴人民，他們奮起反抗。1953年7月

◀ AK-47幾乎受到所有國家的青睞，即使是蘇聯的死對頭美國，也有很多士兵對AK-47崇拜不已。圖為正在試用AK-47的美軍。

6日，菲德爾·卡斯楚等愛國青年在聖地牙哥發動武裝起義，菲德爾·卡斯楚率領165人的武裝隊伍攻打蒙卡達兵營，希望能夠奪取武器武裝民眾，進行解放運動。然而由於武器簡陋，人員太少，起義最終失敗。許多起義者陣亡，倖存者菲德爾·卡斯楚被捕。而同一時間攻打巴亞莫城兵營的另外一支武裝力量也遭到政府軍的鎮壓。雖然兩場起義都失敗了，但是菲德爾·卡斯楚等起義力量則得到了古巴中下層的廣泛支持。

隨後，政府組織法庭審判菲德爾·卡斯楚。在法庭上，菲德爾·卡斯楚請求以律師身分答辯，並獲得了法院批準。在法庭上，他慷慨陳詞，發表了著名的演說《歷史將宣判我無罪》。不過，最後他還是被親美政權判處15年徒刑，被關進了監獄。得知菲德爾·卡斯楚被捕，全國民眾爆發了大規模遊行運動，要求政府特赦政治犯。迫於民眾的壓力，1954年11月，總統巴蒂斯塔下令釋放卡斯楚。

菲德爾·卡斯楚獲釋後，返回了家鄉哈瓦那。1955年，他與弟弟勞爾·卡斯楚遷居墨西哥。在墨西哥，他們兄弟倆組建了「7‧26運動」組織，並建立了一支革命隊伍準備推翻古巴政府。在這裡，他們認識了拉美游擊戰理論創始人—切‧格瓦拉。

切‧格瓦拉是阿根廷人，他出生於權貴家族。早年在布宜諾斯艾利斯大學學醫，後來因為愛好旅行而休學。休學期間，他遊遍南美洲各地，閱歷豐富。1954年他自願在瓜地馬拉的阿本斯政府中效力。不過，美帝國主義因為阿本斯進行土地改革而發動僱傭軍入侵瓜地馬拉，阿本斯政府很快被顛覆。此後，切‧格瓦拉便逃到了墨西哥。

有了切‧格瓦拉的加入，卡斯楚組織力量大增。他們一邊訓練戰士，一邊與古巴國內武裝組織聯繫。1956年11月25日，菲德爾·卡斯楚帶著82名戰士乘坐遊艇返回古巴，準備支持在古巴聖地牙哥發動戰爭的派斯游擊隊。根據計畫，兩軍會合之後再攻打聖地牙哥。然而卡斯楚因

為海浪問題晚了好幾天才到古巴奧連特省。

到達古巴後，他們紛紛下船，準備前往聖地牙哥支援友軍。可惜，他們一到岸上，就遭到了政府軍的伏擊，損失慘重。經過三天的激戰，只有12人成功突圍，進入了馬埃斯特臘山區繼續戰鬥。

他們在這裡建立游擊根據地，進行游擊戰。1957年5月，他們率軍進攻烏貝羅，取得大捷。隨後，他們發出了宣傳口號：推翻巴蒂斯塔反動統治，建立人民革命政權，進行土地改革，釋放政治犯等。這些口號和措施，深得民心，隊伍實力迅速增強。

1953年3月13日，哈瓦那大學學生聯合會率領一支青年隊伍攻打總統府，結果慘遭失敗。然而，這次起義卻得到了群眾的認可。隨後，該聯合會便組建了「3‧13革命指導委員會」。不久之後，哈瓦那工人舉行了總罷工，聲援武裝起義。在這些武裝鬥爭中，馬埃斯特臘山區游擊隊是反政府力量的核心。為了統一戰線，菲德爾‧卡斯楚號召「7‧26運動」與其他武裝力量、政黨如人民社會黨、「3‧13革命指導委員會」等聯合起來。經過整合，古巴形成了反帝、反資產階級腐敗政府的統一戰線。

為了推動革命的發展，卡斯楚還發布了土改政策。他在1957年7月12日宣布了《土改宣言》，要求解放區進行土改運動。1958年10月10日，他又宣布了《農民土地權》第三號法令。隨著法令的宣布，全國解放區進行了如火如荼的土地改革，游擊隊沒收了地主的土地，分給農民。農民、工人、學生便紛紛加入游擊隊，游擊隊社會基礎擴大了。到1957年年底，游擊隊人數高達2000人。

有了較強的武裝隊伍後，菲德爾‧卡斯楚則四處出擊，攻打政府軍。此外，他們還四處發展根據地。1958年年初，勞爾‧卡斯楚奉命深入敵後開戰游擊戰。勞爾‧卡斯楚率領小分隊通過敵佔區，在敵後成功

開闢了弗蘭克‧派斯第二東方戰線。不久後，游擊隊開闢了「聖地牙哥德古巴第三戰線」。與此同時，「3‧13革命指導委員會」小分隊則在埃斯坎布賴山區進行了游擊活動，起義之火，燃遍古巴。

不過，政府軍很快做出了決定：圍剿起義中心馬埃斯特臘山區。1958年5月，巴蒂斯塔調動了10000多人部隊，配備飛機、坦克和大炮，大規模進攻馬埃斯特臘山根據地。此外，駐守關塔那摩基地的美軍也出動戰機輔助政府軍圍剿起義軍。此時，守衛根據地的士兵僅有300餘人，武器裝備僅有步槍和衝鋒槍，可謂是人少、武器少。

面對強敵，起義軍毫不畏懼。他們利用複雜的地形，展開了靈活多變的游擊戰術，時不時襲擊敵軍，拖垮政府軍。對政府軍來說，陣地戰

▶ 卡斯楚是古巴的英雄，也是古巴的傳奇。據古巴安全部門統計，他被計畫暗殺多達638次，居各國領袖之首。對此，卡斯楚則幽默地說：今天我還活著，這完全是由於美國中情局的過錯。圖為1958年勞爾‧卡斯楚（前）、菲德爾‧卡斯楚（右二）和切‧格瓦拉（左二）等人展開游擊戰爭時的留念。

▲ 對古巴來說，蘇聯的幫助無異於雪中送炭，而AK-47的大量供應，則預示著古巴軍隊不再處處受落後武器的限制，走在了世界武器的前列。從某種程度上說，古巴的勝利得益於蘇聯，也得益於卡拉什尼科夫生產的AK-47。圖為裝備了AK-47的古巴軍隊。

有優勢，但是游擊戰，他們卻沒有優勢。經過兩個月的激戰，政府軍戰績平平，士氣低落。1958年8月，游擊隊展開了反攻，他們在當地群眾的幫助下，發動了一連串反攻，短短一個月時間，殲滅敵軍1000多人，巴蒂斯塔政府軍大敗而歸。

　　1958年下半年，起義軍勢如破竹，他們開始進攻大城市，並且取得了大勝利。如聖克拉拉一役，起義軍以400人的劣勢成功剿滅了擁有重武器的3000守軍。1959年1月1日，起義軍佔領聖地牙哥，大勢已去的巴蒂斯塔只好連夜逃往國外。第二天，起義軍進入首都哈瓦那，政府軍投降，古巴革命取得勝利。

　　勝利之後，卡斯楚著手建立新政權，頒布共和國法，進行社會改革。對此，美國極為關切，並且派出了代表團前去祝賀，希望卡斯楚建

立一個親美政權，保持美巴友誼。然而，卡斯楚強調民族主義立場，斷然拒絕建立親美的傀儡政府。美國不得不悻然而歸。

不過，美國並不甘心就此失敗，他們決定推翻古巴新政權。於是他們成立了一支僱傭軍，準備入侵古巴，顛覆卡斯楚政權。卡斯楚政權危在旦夕。在這個時候，切·格瓦拉建議卡斯楚請求蘇聯幫忙。

卡斯楚隨即派遣代表前往蘇聯尋求幫助。蘇聯聽後，立即大力支持古巴，不僅提供了大量的經濟援助，還提供了無數的武器援助，這些武器中就包括AK-47系列。

有了軍費、武器裝備後，卡斯楚政權便全力準備抵抗美國的僱傭軍侵略。他們將起義軍分散到沿海軍事要點，建立防禦陣線，同時發動民兵，隨時配合起義軍作戰。

1961年4月，美國僱傭軍登陸古巴作戰，而古巴起義軍則憑藉AK-47等新型武器和游擊戰術，愣是將作戰經驗豐富的僱傭軍擊潰在海岸邊。1964年5月，卡斯楚宣布古巴是社會主義國家。此後，AK-47被源源不斷運往古巴，成為古巴軍隊中主要的輕武器。

安哥拉解放戰爭：AK-47功不可沒

在很多人看來，非洲就是貧窮的代名詞，然而，事實並非如此。非洲東臨印度洋，西向大西洋，東北隔紅海和蘇伊士運河與亞洲分界，北部隔地中海和直布羅陀海峽與歐洲相望，是世界第二大洲，戰略地位重要。從印度洋經紅海、蘇伊士運河、地中海出直布羅陀海峽進入大西洋，扼守亞歐非交通咽喉。此外，非洲資源豐富，在面積為3029萬平方公里的土地上，森林覆蓋率達21％，草原佔27％，礦產資源豐富，蘊藏量佔世界的40％，素有「自然資源庫」之美稱。因此，獨特的地理位置

和豐富的自然資源讓非洲成為大國的必爭之地。

近代以來，西歐列強憑藉先進的槍炮控制非洲各國，無情掠奪、盤剝當地資源，致使非洲經濟和社會發展緩慢。

「二戰」後，民族獨立浪潮席捲非洲，非洲民族意識覺醒，許多國家紛紛要求獨立建國。安哥拉就是其中一個國家。安哥拉地處非洲西南部，它西臨大西洋，北鄰剛果民主共和國，南挨納米比亞，東南與尚比亞交界，國土面積為1246700平方公里，排在世界第22位，也算是一個大國。此外，安哥拉資源豐富，沿岸地區蘊藏了80億桶石油，並盛產鑽石，具有「非洲的巴西」之稱。

在1884到1885年的柏林會議上，安哥拉被劃為葡萄牙殖民地。此後，葡萄牙對安哥拉實行殖民統治，並於1922年佔領安哥拉全境。

「二戰」後，為了繼續統治安哥拉，掠奪安哥拉資源，葡萄牙將安哥拉改為「海外省」，委派總督統治。這個時期，舊的殖民體系土崩瓦

▼ AK-47不僅在古巴獨立運動中發揮了極其重要的作用，在非洲國家安哥拉也備受歡迎，並為安哥拉的解放運動立下了汗馬功勞。圖為AK-47改進版本。

解，民族獨立呼聲高漲，安哥拉的獨立呼聲不斷衝擊著葡萄牙的殖民統治。

20世紀50到60年代，安哥拉民族解放運動風起雲湧，先後成立了安哥拉解放人民運動（簡稱「安人運」：MPLA）、安哥拉民族解放陣線（簡稱「安解陣」）和爭取安哥拉徹底獨立全國聯盟（簡稱「安盟」），並且展開了民族解放鬥爭，在安哥拉人民的戰爭中，葡萄牙的統治政權搖搖欲墜。

安哥拉民族解放戰線，簡稱「安解陣」（FNLA）。這個組織是由霍爾登・羅伯托領導的，以北部剛果為基地，展開鬥爭。由於霍爾登・羅伯托精明能幹，八面玲瓏，很快得到了許多國家的支持，如羅馬尼亞、印度、阿爾及利亞等國。

安哥拉人民解放運動，簡稱「安人運」（MPLA）。該組織由安哥拉醫學博士、著名詩人阿戈什蒂紐・內圖等知識份子領導，以羅安達周邊的姆邦杜部落為基地，向四周展開鬥爭。該組織也得到了許多國家的支持，比如蘇聯、古巴等。該組織獲得了大量的武器，其中就包括AK-47、AKM等輕武器，在幾個組織中實力最強。

爭取安哥拉徹底獨立全國聯盟，簡稱「安盟」（UNITA）。該組織由富有作戰經驗的將領若納斯・薩文比領導，以南部奧文本杜人聚集區為基地，展開民族解放鬥爭。不過，該組織最為激進，不僅強烈抨擊美國政策，還採取激進的行動打擊美國。所以，雖然該組織到處尋求援助，但它僅得到少數國家的幫助，比如朝鮮。它從朝鮮那裡獲得了大量的武裝設備並得到了朝鮮富有經驗的教官培訓士兵訓練，其中得到的武器裝備就有不少58式衝鋒槍。

這些組織成立後便展開了武裝鬥爭。1961年2月，「安人運」首先行動，襲擊了羅安達的監獄及警察總部。一個月後，它在安哥拉北部發

▲ 非洲這個既貧困又富有的地域，似乎從來也沒有太平過，這個地域中的一些組織為了生存，不得不用昂貴的鑽石來換取武器，而易於操作的AK-47則是他們購買時的最愛。圖為裝備著AK-47的非洲軍事組織。

起了大規模武裝起義，襲擊葡軍據點。這些武裝起義行動引發了安哥拉西北部的民族大起義。

得知安哥拉起義爆發，葡萄牙當局立即調遣正規軍，出動坦克和裝甲車，鎮壓起義軍。他們炸毀了25個村莊，屠殺了3萬民眾。與此同時，葡萄牙當局宣布對安哥拉進行改革，撤銷《土著法》，承認安哥拉民眾為葡萄牙公民，增加民眾在國民議會中的席位，並允許當地發展教育、醫療等事業，企圖分解起義力量。

不過，起義組織並不買帳。1962年，「安解陣」成立了安哥拉流亡革命政府，組建民族解放軍，在安哥拉西北地區四處活動，襲擊葡軍。而安人運則在東部叢林展開了游擊戰，襲擊葡軍，「安盟」也在東部地區建立了游擊基地，打擊葡軍。1968年，三個組織都獲得了較大的勝利，「安人運」在東部地區時武裝力量達到了5個軍區，「安解陣」的

勢力也擴大到了10省，「安盟」則深入了3個省進行鬥爭。

　　見到起義軍實力大增，葡軍便採取了慘無人道的集中營式管理、生物戰等方式鎮壓起義軍，然而，這一切都是徒勞的。起義軍利用安哥拉境內的叢林展開游擊戰，他們設置路障、地雷等，殲滅了葡萄牙的主力部隊。1974年年初，起義軍人數增加到了15000人，解放了安哥拉一半的國土和100多萬人口。而葡萄牙則傷亡慘重，軍費緊張。1974年4月25日，葡軍中下級軍官發動政變，推翻了卡埃塔諾政府，組建了新政府。新政府宣布將透過談判方式解決安哥拉問題。

　　1975年，起義軍代表與葡萄牙政府進行談判，最後雙方簽署了關於

▶　在非洲，無論是安哥拉還是非洲原始部落，幾乎只要可能發生衝突的地方都可以看見AK-47的身影。圖為手拿AK-47步槍的非洲原始部落中的男子。

安哥拉獨立的《阿沃爾協議》，並且承認三個民族起義組織都是安哥拉的合法代表。三方經過會談，決定成立過渡的臨時政府。然而，在商討具體細節時，三方因為政見不同、利益分配不均而發生了爭吵，隨後發生了武裝衝突，三方只好分道揚鑣。

1975年11月11日，「安人運」單獨成立了安哥拉人民共和國，阿戈斯蒂紐·內圖任總統。而其他兩個組織也自立為王，安哥拉出現了三足鼎立的局勢。由於每一個組織都想征服另外兩個組織，安哥拉內戰爆發。

當時，美、蘇關係緩和，蘇聯承認美國在西歐的利益，而美國也承認蘇聯在東歐的利益，雙方基本保持克制。然而，這種克制是表面的，美、蘇雙方在背地裡依舊相互攻擊對方，企圖壓垮對方。其中，非洲政策就是一個例子。戰後，蘇聯進軍非洲，試圖將非洲作為抗衡美國的基地，而美國則不甘落後，也插手非洲，力圖尋找盟友，對抗蘇聯。

面對美、蘇遞過來的「橄欖枝」，安哥拉三個組織紛紛表態。其中，「安人運」得到了蘇聯和古巴的大力支持，獲得無數的武器彈藥、經濟援助，甚至是「志願軍」的支持。而「安解陣」則得到了超級大國美國的援助，獲得了數十萬資金支持。而「安盟」則得到了朝鮮的鼎力支持。

1975年3月，獲得美國支持的「安解陣」突襲「安人運」總部，重創了「安人運」部隊。然而，蘇聯和古巴隨即加大了對「安人運」的支持，蘇聯從水路和空中兩方面雙管齊下，源源不斷地運輸武器物資到「安人運」基地。古巴則接受「安人運」的邀請，派遣了一支訓練有素的精英部隊前往安哥拉。

有了蘇聯和古巴的支援，「安人運」展開了報復。1975年6月，它發動了大規模的系列反攻，「安人運」成員拿著AK-47掃射反對派武

裝，將北部的「安解陣」和南部的「安盟」逐一擊潰，幾乎掌控了安哥拉大局。

在這個時候，「安解陣」出問題了，背後支持它的美國撤出了安哥拉，並對其停止了一切經濟援助和軍事援助。沒有了美國的支持，「安解陣」很快潰不成軍，最終被迫解散，其首領霍爾登‧羅伯托逃往歐洲。

「安解陣」垮了，但是還有一個「安盟」。不過，由於「安盟」採取極端主義措施，既得不到廣泛群眾的支持，又得不到國外強有力的援

▶ 卡拉什尼科夫之所以能設計出這麼優秀的自動步槍，得益於他曾經是軍人。在設計槍械時，他首先考慮的是要使槍械結構簡單，無論在什麼情況下都能正常使用，而AK-47顯然達到了這樣的要求，即使是力氣較小的孩子也幾乎都能正常使用AK-47來保護自己。圖為手持AK-47的非洲娃娃兵。

助，很快就被「安人運」擊垮，被迫到叢林裡打游擊戰。

一家獨大的「安人運」則在蘇聯和古巴的支持下掌管安哥拉政局，搞起了蘇聯模式。不過，採用蘇聯模式的安哥拉並沒有走上強國富民的道路，剛好相反，它的經濟一直走下坡路。同時，「安盟」的游擊戰也讓安哥拉時刻處於內戰之中，直到2002年，雙方才達成協議，結束了長達27年的內戰。

在安哥拉獨立、統一戰爭中，AK-47作為「安人運」的重要武器，發揮了重大作用，在解放、統一戰爭中，立功無數。

莫三比克民族戰爭：AK-47戰績顯赫

莫三比克地處非洲東南部，南鄰南非、史瓦濟蘭，西靠辛巴威、尚比亞、馬拉威，北接坦尚尼亞，東瀕印度洋，隔莫三比克海峽與馬達加斯加相望。該國礦產資源豐富，地理位置非常重要。

17世紀初，葡萄牙藉助莫三比克內訌大舉入侵，最終建立了殖民統治。由於葡萄牙的侵佔政策損害到日不落帝國—英國的利益，英國提出了葡萄牙出讓一部分殖民地給英國的要求。為了避免與大英帝國起衝突，葡萄牙答應了英國的要求。此後，莫三比克便成了葡萄牙和英國的殖民地，成為葡萄牙和英國的資源礦產地。正所謂哪裡有壓迫，哪裡就有反抗。在西歐國家殖民侵略的過程中，當地民眾紛紛反抗，比如1895年的大起義，可惜的是這些起義最終都被無情鎮壓。

「二戰」後，葡萄牙為了向世界宣布莫三比克擁有自主權，便將其定位為「海外領地」。然而，明眼人都能看出，葡萄牙牢牢控制著莫三比克。葡萄牙依舊盤剝當地民眾，他們將大量的黃金等礦產運回葡萄牙，而不管當地經濟，致使當地經濟落後，民眾過著艱難的生活。

▲ AK-47本身並沒有善惡之分，但不同的戰爭卻賦予了它不同的意義。在莫三比克獨立戰爭中，AK-47發揮了重大作用。對莫三比克人民來說，它是正義的化身，是民族獨立的象徵。圖為AK-47主體及相關零件。

　　經濟上如此，政治上也是如此。葡萄牙政府從政治上壓迫當地民眾，不僅剝奪黑人工作權和受教育權，還不讓他們參政。此外，他們還採取高壓政策，壓制不同政見者。比如，1950年，在573萬莫三比克人中，僅有4353人獲得了選舉權。

　　20世紀50年代，民族解放思潮席捲全球，莫三比克也深受影響。莫三比克民眾要求民族獨立。然而，葡萄牙卻不答應。於是，各種爭取民族獨立的政治組織先後出現。

　　對此，葡萄牙則採取鎮壓手段壓制這些民族獨立組織，他們不允許民族主義組織在莫三比克註冊成立。於是，1962年，信奉馬列主義的莫三比克解放陣線只好在坦尚尼亞的達累斯薩拉姆成立，該組織的領導人是社會學家愛德華‧孟德蘭。

▲ 在莫三比克獨立戰爭中，許多葡軍士兵都配備有FN FAL或HK G3，而莫三比克士兵則配備了大量的AK-47。圖為莫三比克獨立戰爭中配備有FN FAL或HK G3的葡軍士兵。

▼ 圖為莫三比克獨立戰爭時期從飛機上空投下來的一幅葡萄牙宣傳畫，上面的文字意為「莫三比克解放陣線是騙子！你們是過不了好日子的！」

「二戰」後，美蘇冷戰隨即展開。莫三比克的民族獨立運動也受到了美蘇冷戰的影響。

莫三比克人民進行獨立運動，美國一開始是支持的。它支持莫三比克運動有兩方面原因：一是威爾遜政策的影響，威爾遜認為美國應當到世界舞台中心發揮民主，所以美國政府自然希望莫三比克建立民主國家；二是美國想在非洲對抗蘇聯。然而，美國的支持是不真誠的，是短暫的。儘管聯合國一度要求葡萄牙允許莫三比克獨立，但是葡萄牙以退出北約相威脅，迫使美國停止了援助莫三比克解放陣線。

莫三比克解放陣線看清了美國和葡萄牙穿一條褲子的事實之後，便轉而投靠東方集團，尋求蘇聯的支持。事實上，蘇聯在「二戰」結束初期就關注非洲。蘇聯認為非洲獨立運動的進行會成為西方國家的負擔，但對自己來說則是一個扶植親蘇政權的大好機會。因此，蘇聯自戰後便大力支持非洲國家的獨立運動，莫三比克也不例外。

由於莫三比克民族獨立運動組織極多，而蘇聯又無法判定哪個組織會最終獲

勝，所以，蘇聯採取了全部支持的策略，支持莫三比克境內所有的民族主義組織。蘇聯向這些組織提供了火箭炮、AK-47等武器，並且派遣了軍事專家。此外，其他社會主義國家，如東德、古巴也向莫三比克民族組織提供了軍事援助。

戰爭爆發時，解放陣線僅有7000人，擁有的武器多數是「二戰」時期的毛瑟槍。而葡萄牙政府軍則擁有一支規模龐大的軍隊，人數大約23000人，並有一支近千人的特種部隊。

該部隊擁有先進的武器，步槍如HK G3與FN FAL，重機槍如HK21，重武器如60毫米、81毫米和120毫米擲彈筒、榴彈炮與各種輕裝甲車。此外，葡萄牙還在莫三比克配備了空軍和海軍，為地面部隊提供強大的火力支援。

有了蘇聯和其他社會主義國家的支持，莫三比克解放陣線實力大增。解放陣線軍事領導人菲利普‧薩繆爾‧馬蓋亞說，感謝蘇聯等國的幫助，他的部隊受益匪淺。的確，該游擊隊從蘇聯、古巴等國獲得了大量武器，步槍有莫辛—納甘步槍、SKS、AK-47及蘇製PPSh-41衝鋒槍。常見的機槍有DP機槍、DShK和SG-43。此外，游擊隊還擁有迫擊炮、無後座力炮、火箭筒、高射炮及SA-7式便攜防空導彈。除了武器之外，游擊隊還得到了蘇聯軍事專家的訓練，學會了越南游擊戰術。

戰爭是政治的延伸。一開始，解放陣線最高領導人愛德華‧孟德蘭採取和平獨立解放運動，希望葡萄牙能夠讓莫三比克獨立，然而葡萄牙堅決不答應。雙方於1964年談判破裂。於是，孟德蘭只好下令組織在莫三比克境內進行游擊戰。

解放陣線採取了游擊戰術。他們在葡萄牙軍隊巡邏的路上設置埋伏，破壞鐵路和通信設施，襲擾敵人。他們通常以10～15人的小隊為作戰單位發起進攻，此外，游擊隊還充分利用雨季優勢襲擊敵人。葡萄牙

雖然裝備精良，部隊數量多，但是卻無所適從，他們只能追著游擊隊跑，可是又跟不上游擊隊。

　　游擊隊一完成任務立即消失在叢林裡，而葡萄牙軍隊卻往往因為戰線太長，補給困難而難以圍殲游擊隊。

　　經過多年的作戰，1967年，游擊隊控制了莫三比克五分之一的土地和七分之一的人口，取得了重大勝利。此刻游擊隊實力規模擴大，它擁有8000名士兵，擁有口徑機槍，防空步槍，75毫米無後座力炮與122毫米火箭炮等多種武器。

　　眼見解放陣線實力增強，葡萄牙政府便改變政策，開始重視莫三比克現代化建設，其中包括修建大壩、鐵路、公路、學校、醫院等，希望能夠爭取民心。然而，現代化建設並沒有讓葡萄牙獲得民心，反而惹怒了當地居民。比如，葡萄牙修建加赫拉‧巴薩大壩，這原本是一項惠民工程，但是葡萄牙為了修建工程，強迫居民搬遷，引發了民怨。大壩

◀　由於莫三比克獨立戰爭的勝利與AK-47息息相關，因此戰爭勝利後，莫三比克人民把AK-47的標誌展示在了國徽上。圖為莫三比克國徽。

建好之後，由於它攔住了水源，致使下游民眾不能夠享受水澇帶來的恩惠，因此他們也對葡萄牙政府不滿。

惠民工程不得民心，葡萄牙政府便派人行刺解放陣線領導人，企圖瓦解游擊隊。1969年2月3日，愛德華・孟德蘭在坦尚尼亞的辦公室被炸彈炸死。解放陣線最高領導人被炸死的消息一經傳出，解放陣線就軍心大亂，並開始展開了一輪清洗運動。不過，解放陣線很快就團結一致，堅決對外。他們使用地雷陣，殺傷葡萄牙軍隊。據調查顯示，傷亡的葡萄牙士兵中有三分之二是因為踩了游擊隊的地雷而喪命。游擊隊的地雷陣一時間聞名於世。的確，地雷陣不僅大力損傷了葡萄牙部隊，還嚴重打擊了葡萄牙軍隊的士氣。

收攏民心不可行，暗殺也沒有效果，葡萄牙政府只好動用特種部隊「弗雷查斯」和轟炸機。在當地，「弗雷查斯」非常有名，它是葡萄牙設立的特種部隊，其成員絕大多數是叛變的解放陣線成員。在經過一階段的特種訓練之後，他們具備了極強的作戰能力。

一開始，葡萄牙派出轟炸機輪番轟炸游擊隊根據地，然後出動特種部隊圍剿。一開始，這一策略很有成效，葡萄牙軍隊摧毀了一百多個游擊隊基地，繳獲了大量武器。但是隨著戰爭的發展，葡萄牙軍隊開始吃不消了，他們遭到來自四面八方的游擊隊攻擊，傷亡人數遠遠超過了游擊隊的傷亡人數。很顯然，這種作戰方式依舊沒有取得應有的戰果。

惱羞成怒的葡軍便屠殺手無寸鐵的老百姓。1972年年底，葡軍在一個名叫威里亞姆的村莊實施了大屠殺。他們聲稱該村莊的民眾通敵，於是便殺害了近400名村民。後經調查，該村近400名村民都是手無縛雞之力的老幼病殘。濫殺無辜的消息一經報導，葡軍便遭到了強烈的譴責。當地居民則紛紛加入了解放陣線，攻擊葡軍。葡萄牙的殘暴政策只能使莫三比克人更加團結一致。

▲ 莫三比克不僅在國徽上印下了AK-47的形象，在國旗上也有所彰顯。莫三比克國旗呈長方形，長與寬之比為3：2，靠旗桿一側為紅色等腰三角形，其中有一顆黃色五角星、一本打開的書和交叉著的步槍和鋤頭，而交叉著的步槍就是著名的AK-47。

　　圍剿失敗，葡萄牙國內也出現了問題。由於葡萄牙王朝腐敗無能，民怨四起，因此引起了反對派的抗議。

　　1974年4月25日葡萄牙共產黨發動政變，成功奪取政權。新建立的葡萄牙政府隨即宣布與莫三比克解放陣線進行談判，力圖透過政治談判解決爭端。1974年9月8日，葡萄牙政府與莫三比克解放陣線簽訂了停戰協議。1975年6月25日，莫三比克共和國宣布獨立。

　　從解放陣線成立，到莫三比克共和國成立，AK-47一直扮演著極為重要的角色。建國後，為了彰顯AK-47的重要性，莫三比克在國旗上畫上了AK-47的模型，AK-47的意義得到了進一步的升華。

幾內亞比索自由戰爭：AK-47立功無數

　　幾內亞比索地處非洲西岸，北鄰塞內加爾，東方、南方鄰幾內亞，西鄰大西洋，國土面積大約3.6萬平方公里。近代時期，它是葡萄牙的殖民地，名稱叫葡屬幾內亞。

　　1446年，葡萄牙人發現了幾內亞比索，便將該地稱為葡屬幾內亞。隨後，葡萄牙派軍入侵幾內亞比索。但是遭到當地居民的強烈反抗而進展不順。由於當時葡萄牙將目光放在美洲等地，因此它也就未對幾內亞比索進行大規模入侵。在1600年前，葡萄牙人僅僅在幾內亞比索進行奴隸貿易，它從幾內亞比索將奴隸販運到佛得角。在此階段，雖然葡萄牙人聲稱擁有幾內亞比索主權，然而實際上，它控制的區域十分有限。

▼　幾內亞比索獨立戰爭正式開始於1961年8月，幾乎在同時，在安哥拉也爆發了民族獨立戰爭。就在安哥拉戰士拿著AK-47反抗葡萄牙的殖民統治時，幾內亞比索的人民同樣拿著這種武器爭取著民族獨立。圖為AK-47盒裝的全部設備。

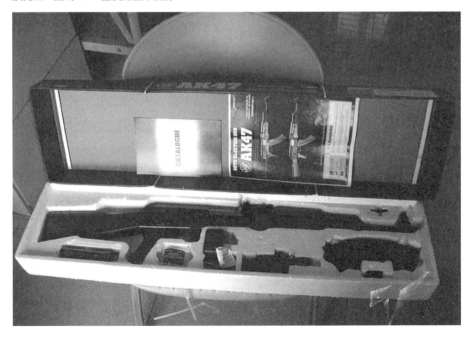

隨著大英帝國、美國等國的崛起，葡萄牙在全世界的利益受到嚴重「侵犯」，丟失了許多海外殖民地，為此，葡萄牙只好開始固守幾內亞比索等國家。可是，英、美、法、德等國對非洲虎視眈眈，尤其是幾內亞的佛得角備受各國青睞。

　　在蘇伊士運河開通前，佛得角是西歐國家海上必經之路，戰略位置極為重要。因此，西歐國家紛紛要求葡萄牙割讓佛得角。1879年，沒落的葡萄牙只好將幾內亞和佛得角分開。此後，葡萄牙對幾內亞比索開始了殖民統治，然而卻遭到當地居民的拼命反抗，經過三十多年的圍剿，葡萄牙才最終將起義鎮壓下去。

　　「二戰」後，葡萄牙對外宣布，葡萄牙將幾內亞殖民地改為葡萄

◀　「幾佛獨立黨」游擊隊主要採取小部隊作戰的方式，機動性強並且非常靈活，具有很大的彈性。游擊隊員的主要裝備是各種型號的卡賓槍、蘇製AK-47、義大利產布雷達6.5毫米輕機槍、美製湯普森衝鋒槍。圖為手持AK-47的「幾佛獨立黨」游擊隊成員。

牙「海外領地」，幾內亞看似擁有主權，事實上它依舊是葡萄牙的殖民地。為此，當地民眾展開了民族獨立解放運動。1956年，幾內亞和佛得角非洲獨立黨成立（簡稱「幾佛獨立黨」）。

該黨成立之後，積極宣傳，組織民眾遊行示威，希望葡萄牙能夠讓幾內亞比索和平獨立。然而，葡萄牙殖民當局則調來軍隊、警察驅趕遊行群眾、逮捕愛國人士，並且鎮壓「幾佛獨立黨」。1959年秋，葡萄牙殖民當局下令開槍鎮壓遊行示威群眾，打死50餘人，打傷無數人。

眼見和平獨立無望，「幾佛獨立黨」只好組織武裝游擊隊對抗葡萄牙。1961年，他們在蘇聯及其非洲鄰國的支援下，獲取了大量的經濟援助和武器援助，如衝鋒槍、步槍等，其中步槍大多數是AK-47系列。有了武器之後，該黨便武裝民眾，展開游擊戰爭。

1963年1月23日，「幾佛獨立黨」在熱巴河南岸的蒂特市率領一支游擊隊，大約250人，進攻葡萄牙殖民政府。而此時，葡萄牙政府早已經從本國調來訓練有素、武器精良的軍隊。葡萄牙當局在幾內亞比索有3到5萬名將士。相比於葡萄牙殖民軍，起義軍則力量弱小。

然而，仇人相見，分外眼紅，起義軍戰士一見到殖民軍立刻撲向敵軍，他們用血肉之軀換來了一次次勝利。當年3月，「幾佛獨立黨」武裝力量控制了幾內亞比索南部地區，在科莫島建立基地，並向幾內亞比索全境發展。

屢戰屢敗，葡萄牙當局氣急敗壞，隨即徵調部隊到幾內亞比索。它從國內調來了3000名精銳部隊作為主力。隨後，葡萄牙出動飛機、海軍對「幾佛獨立黨」領導的游擊根據地科莫島反覆轟炸。轟炸過後，精銳部隊則全速進攻游擊隊，企圖將這個島嶼作為進攻游擊隊其他根據地的跳板。

面對葡萄牙戰機的轟炸，以及葡萄牙海軍的封鎖與陸地部隊的猛烈

進攻，「幾佛獨立黨」游擊隊陷入了困境。不過，他們沒有投降，而是選擇了血戰到底，他們發揚不怕犧牲的精神，拿著AK-47等武器奮勇抵抗。雙方浴血奮戰75天，游擊隊最終取得了勝利。此次戰役，他們打死打傷了殖民軍將士650人，擊沉了葡萄牙海軍汽艇13艘，擊落了葡萄牙空軍飛機5架，取得了大勝。葡萄牙當局立即組織了反撲，調集了一支1000人的部隊圍剿游擊隊根據地，然而，這支部隊又被游擊隊打退了。

起義軍屢戰屢勝，殖民軍卻屢戰屢敗。為了繼續佔領幾內亞比索，替殖民軍反攻爭取時間，殖民當局開始改變對策，他們將武力圍剿政策改為緩和政策。1968年，新上任的葡屬幾內亞總督安東尼奧·斯皮諾拉將軍宣布改革幾內亞比索。他推行基礎經濟建設，修學校、建公路、立醫院、造住宅區，改善當地居民的生活水準。此外，他還派了3架SA.316B「雲雀III」直升機作為民用通信聯絡機。他的這些措施緩和了局勢，但是他這麼做並非要施行民主改革。相反地，他之所以改善當地民眾的生活，是想弱化游擊隊的群眾基礎，然後採取更加強硬的軍事手段來圍剿游擊隊。

1968年5月至1969年2月，斯皮諾拉調集兩個營的部隊圍剿南部邊境地區，企圖切斷游擊隊運輸線。然而，游擊隊奮起反擊。經過9個月的戰鬥，他們挫敗了殖民軍，保住了運輸線。

1970年，安東尼奧·斯皮諾拉將軍下令海陸空部隊圍剿游擊隊。葡萄牙空軍出動G91戰鬥轟炸機，使用凝固汽油彈、落葉劑、除草劑等非常規彈藥，對游擊隊經常出沒的區域進行猛烈轟炸。這些非常規彈很快就將轟炸區域內的植被「消滅」得一乾二淨。他這麼做有兩個目的：第一，摧毀植被。沒有了植被，游擊隊很難再利用當地植被來隱蔽，伏擊政府軍；第二，切斷游擊隊補給線。游擊隊經常靠著密林掩護運送補給物資。切斷了游擊隊補給線，那麼游擊隊就難以持久作戰。

1971年年底，殖民當局調動了近萬大軍圍剿莫雷斯解放區，不過，游擊隊則採取了靈活的游擊戰，如地雷戰、麻雀戰等，打死打傷了殖民軍數千人，迫使殖民軍指揮官自殺。

　　武力圍剿沒有效果，斯皮諾拉又採取了外交攻勢。他邀請支持愛國武裝的幾內亞共和國總統塞古·杜爾進行會談，討論兩國合作問題。然而，被杜爾嚴詞拒絕。

　　1972年11月，惱羞成怒的斯皮諾拉調集軍隊進攻幾內亞，然而，幾內亞游擊隊也不是好惹的，很快，葡萄牙殖民軍便大敗而歸。

　　葡萄牙殖民軍力量越來越弱小，而游擊隊力量卻不斷增強。游擊隊人數高達1萬人，游擊隊控制了幾內亞比索超過2/3的領土以及超過1/2的人口，而活動區域則直接擴展到殖民當局的統治中心周圍。葡萄牙當

▼ 無論是幾內亞比索獨立戰爭，還是安哥拉獨立運動，AK-47都得到了廣泛的使用。現在除了經由正規管道獲得AK-47以外，許多國家和地區也透過非法管道獲得大批AK-47來供應戰爭。圖為繳獲的非法AK-47步槍。

局處在了游擊隊的包圍圈中，成了「籠中之鳥」。在進行武裝鬥爭的同時，「幾佛獨立黨」特別重視群眾基礎。首先，獨立黨積極改造解放區，將解放區改造成「光明、和諧、團結、正義」的地方。他們積極耕種糧食，幫助當地百姓生產副食產品，滿足解放區百姓的生活需求。與此同時，獨立黨還特別重視解放區的教育和醫療事業。從武裝革命那年開始到1972年，他們已經創辦了164所學校，使1萬多名學生能夠上學，並建立了9家醫院117個診所，解決了解放區民眾的教育和醫療問題。

其次，獨立黨嚴格培訓幹部。1960年，獨立黨書記阿米爾卡·卡布拉爾創立了一所幹部培訓學校，專門講授游擊戰術和宣傳課程。學員經過培訓後便到農村去進行宣傳工作。短短幾年時間，該培訓學校培養了3000名宣傳幹部，發動了數萬人參與、支持游擊隊。

再次，建立一支軍紀嚴明、靈活作戰的武裝隊伍。建黨之初，「幾佛獨立黨」對游擊隊的政治問題就尤為看重。他們認為真正的「幾佛獨立黨」人要服從組織安排，嚴格執行黨的方針政策。1964年，「幾佛獨立黨」召開了第一次代表大會，該黨領導人批評了前線軍事幹部野心膨脹、不服管理的現象。在這次會上，獨立黨組建了軍事委員會，統一管理全國游擊隊，由卡布拉爾擔任主席。爾後，「幾佛獨立黨」確立了伏擊戰、打了就跑的靈活戰術。並將此戰術在全國游擊隊中推廣。

最後，重視國際援助。「幾佛獨立黨」除了接受非洲鄰國的援助外，還接受蘇聯、古巴提供的武器和技術人員援助。靠著國際援助，「幾佛獨立黨」武裝還建立了自己的空軍，這在民族獨立國家中是非常少見的。

在內部團結，外有援助的情況下，游擊隊勢如破竹。他們以一萬人左右的游擊隊將訓練有素、裝備精良的葡萄牙殖民軍困在各個據點裡，並控制了大片領土。

▲ 對幾內亞比索軍人來說，AK-47所具有的意義，不僅僅局限在戰爭時期，即使在和平時期，AK-47也是幾內亞比索軍人的最愛。圖為幾內亞比索總統貝爾納多·維埃拉遇刺後，幾內亞比索軍人手持AK-47守衛在靈柩前。

　　1973年9月下旬，幾內亞比索人民在馬迪納─博埃解放區舉行了第一次全國人民議會，宣布成立幾內亞比索共和國，「幾佛獨立黨」新任總書記路易斯·卡布拉爾就任國務委員會主席。

　　幾內亞比索共和國成立後，立刻得到了世界各國的承認。1973年11月，聯合國大會以93比7的投票結果，承認幾內亞比索獨立。不過，葡萄牙卡埃塔諾政府拒不承認。1974年，葡萄牙發生政變，卡埃塔諾政府垮台，新政府成立。新政府隨即與幾內亞比索進行談判。經過長時間的談判，1974年8月6日，雙方達成協議，葡萄牙承認幾內亞比索共和國，並承諾在當年10月31日前將它在幾內亞比索的軍隊全部撤出。

　　幾內亞比索人民經過艱苦奮鬥，終於迎來了民族獨立。

寮國民族戰爭：AK-47再創輝煌

就在幾內亞比索進行民族獨立戰爭之際，東南亞國家寮國也進行了抗美衛國戰爭。寮國解放部隊同樣使用了AK-47，與美國支持的反政府勢力展開了血戰。

寮國地處亞洲中南半島北部，是一個內陸國家。它北接中國，南鄰柬埔寨，東挨越南，西部則與緬甸和泰國相連，湄公河貫穿其國。寮國是一個歷史悠久的文明國家。14世紀中葉，寮國建立了瀾滄王國，鼎盛一時，曾是東南亞最繁榮發達的國家之一。不過，18世紀初，國家動亂，寮國成為法國的殖民地。1940年，日本實行南下策略，進攻東南亞國家，寮國被日軍佔領。

面對日軍的殘暴統治，寮國人民舉行武裝鬥爭，進行敵後游擊戰。

▼ AK-47不僅深受非洲民族民主獨立運動的青睞，在東南亞國家也備受歡迎。在越南戰爭中，它一舉成名，在寮國戰爭中也有不可替代的作用。圖為展示在櫥窗的AK-47模型及其紀念品。

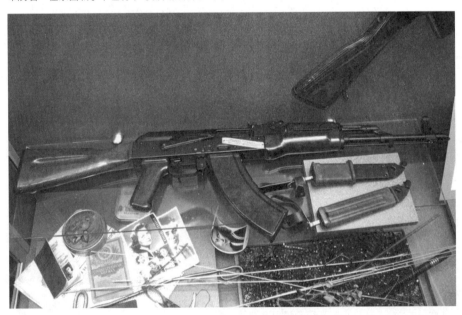

1945年10月12日，寮國宣布獨立，成立了伊沙拉陣線。第二年，西薩旺馮統一寮國，建立了寮王國。西薩旺馮擔任國王，實行君主制，統治寮國。

然而，不幸的是，法國殖民勢力不甘心就此從寮國退出，因此，日本戰敗後，法國立即出兵攻打寮王國。隨後，兩國部隊展開激戰。由於法國部隊是正規軍，訓練有素，裝備先進，而寮王國的部隊缺乏訓練，武器老化。因此，在戰爭初期，法軍節節勝利，而寮國部隊則傷亡慘重。經過幾年戰鬥，伊沙拉政府解體，法國部隊控制了寮國部分重要城市，寮國危在旦夕。

1949年印度支那共產黨寮國區黨組織建立了反法武裝部隊—寮國戰鬥部隊。1950年，寮國愛國力量重組了伊沙拉陣線，建立了新政府，他們選舉蘇發努馮親王為總理。

蘇發努馮，1909年出生於琅勃拉邦王族家庭，早年在法國巴黎大學留學，學習土木工程，畢業後，回到寮國工作。1938年前往越南工作。1945年回到寮國，組織抗戰，他參與組建過「寮國人的寮國」、「寮國自由民族統一戰線」（簡稱「伊沙拉」）等組織，並且擔任過寮國臨時獨立政府國防和外交部長兼「伊沙拉」武裝部隊總司令。法國入侵後，他組織抗法運動，組建了左翼民族主義集團—巴特寮（寮國愛國戰線黨），聯合越南抵抗法軍。

1950年，他擔任新政府總理，領導寮國人民繼續抗法。1953年，法國殖民軍做了最後一搏，制定了奠邊府作戰方案，企圖一舉消滅越南共產黨和寮國部隊。然而，1954年，在寮國和越南聯盟的共同努力下，奠邊府一役中法軍死傷累累，陣亡1.6萬人，傷無數。軍事行動失敗後，法國只好開啟政治談判。

1954年秋，法國與越南簽訂了恢復印度支那和平的《日內瓦協

議》。協議簽訂後，法國軍隊垂頭喪氣地離開寮國，寮國重獲自由。根據協議，寮國戰鬥部隊前往桑怒、豐沙里兩省集結，而寮王國則控制大部分地區。

不過，這種一分為二的格局並不能讓美國滿意。美國一直想要在亞洲建立基地抵抗蘇聯。所以，1954年，美國支持寮國反對派發動政變，推翻了寮王國政權，建立了親美的聯合政府，選舉富馬親王為首相，並在外交上參加東南亞條約組織的會議。至此，寮王國投入了美國的懷抱，加入了以美國為首的西方陣營。此後，寮王國接受美國的軍事援助和經濟援助，擴張軍事力量。

擁有美式裝備的寮王國部隊便開始對桑怒、豐沙裡兩省進行掃蕩，清除寮國戰鬥部隊。此外，寮王國在美國的支持下還宣布拒絕寮國戰鬥部隊參與即將在1955年12月舉行的國民議會議員普選。

1955年12月25日，全國舉行議員普選。由於寮國戰鬥部隊未能參與，因此，他們便組建「寮國愛國戰線」，選舉蘇發努馮親王為主席，準備與寮王國一爭高低。「寮國愛國戰線」成立後，得到了蘇聯、越南等社會主義國家的強力支持，它從這些國家中獲得了大量的物資、武器，其中就有大量的蘇製AK-47和仿製的AK-47。

戰爭在繼續。雙方在城市、郊區、森林展開了激戰。美製裝備與蘇製裝備在戰場上「怒吼」。然而，雙方不分勝負。1956年3月，中立派富馬親王決定透過重新組閣來解決問題。於是，雙方展開會談。1956年8月5日，雙方達成諒解，發表公報，宣稱達成和平統一國家的協議。

在這份協議中，寮國戰鬥部隊和其他抗法部隊獲得了競選資格，他們將根據能力大小到聯合政府各部門中任職；實行補充選舉，增加國民議會的席位，擴大民主。

隨後，富馬親王訪問中國，與周恩來進行會談。8月25日，中、寮

發表聯合公報，寮王國實行和平中立政策，不參與任何軍事同盟，也不允許任何國家在寮國建立軍事基地。聲明發表後，寮國雙方便商討建立聯合政府的具體方案。1955年12月28日，富馬和蘇發努馮發表聯合公報，宣布成立聯合新政府，致力建設一個和平、民主、統一、獨立和繁榮的寮國；「寮國愛國戰線」是合法組織；桑怒、豐沙里兩個省歸聯合政府管理。1957年，寮國聯合新政府成立，寮國第一次內戰結束。

1958年5月，寮國舉行國民議會補充選舉，這次選舉結果直接誘發了第二次內戰。在選舉中，「寮國愛國戰線」大獲全勝，而寮國右派政黨則大敗。這結果激怒了寮國右派勢力。於是，他們在7月份組建了「保衛國家利益委員會」，公然抵制聯合政府，並且推翻富馬聯合政府，而成立培・薩納尼空右派政府，並將「寮國愛國戰線」成員驅逐出政府。寮國左派與右派的關係急轉直下。

1959年2月，右派宣稱，寮國不受日內瓦協議內容的約束，準備以武力統一寮國全境。5月初，右派政府軍出其不意，派兵包圍寮國戰鬥部隊第一、第二營，強行將這兩營的1500人繳械，5月23日，右派政府軍調集部隊進攻解放區。與此同時，右派政府下令逮捕和監禁了「寮國愛國戰線」主要領導人蘇發努馮等。解放區戰鬥部隊立即反擊。

6月5日，第二營隊員乘機突圍，經過血戰，700人成功逃回解放區。回到解放區後，這支部隊積極發動群眾，組建了游擊戰根據地，繼續與政府軍展開鬥爭。至此，第二次內戰全面爆發。

戰爭爆發後，美國一邊支持右派政府軍，一邊干涉寮國內政，扶植親美的富米・諾薩萬掌握右派政府大權。1959年年底，在美國的支持下，富米・諾薩萬在沙灣拿吉成立了臨時政府，公然與左派和中立派對峙。

不久之後，寮王國政府軍發動政變，推翻了寮王國政府中的右派政

◀ 相對於寮國落後的武器裝備，蘇聯提供的AK-47簡直可以稱為戰爭神器。這種武器，不但操作簡單，易於保養，而且在水中依舊可以正常使用，對於寮國士兵來說，這樣堅固耐用的武器無疑給他們增添了巨大的信心和勇氣。圖為蘇製AK-47。

權，重新組建了富馬內閣。經過一番準備，內閣在永珍成立。雖然它深受愛國戰線等左派和中間派的支持，但是卻遭到沙灣拿吉臨時政府的敵視。

1960年10月底，寮國左派和中間派成立了「爭取和平中立、民族和睦和統一國家委員會」。不久之後，宣布重組聯合政府，奉行和平中立的外交政策。左派和中間派的和解扭轉了寮國內戰的局勢。

1960到1961年間，右派對中間派和左派部隊發動了兩次大規模進攻，然而卻遭到了聯軍的猛烈痛擊。失敗之後，美國指使右派接受第二次日內瓦會議。1961年5月16日，日內瓦會議召開。

會上，富馬政府發表宣言，全面停火，組建臨時政府，不締結軍事聯盟，不允許外國部隊在寮國建立軍事基地。隨後，左派發表聲明，支持富馬政府的宣言，第二次內戰結束。

可是，美國不甘心就此失敗，於是便加強了與寮國右派勢力勾結的力度，企圖發動政變，統一全國。1964年4月，右派對左派和中間派部隊發動空前規模的進攻，試圖消滅富馬政府。與此同時，美國則趁著寮國內亂，出兵寮國，直接進行軍事干涉。美國先後派出武裝部隊進入寮

國，訓練右派軍隊，並出動戰機轟炸寮國解放區。

　　不過，美軍的初期介入並沒有達到任何目的，解放區「完好無損」。為此，美國政府增兵寮國。當年5月底，美國對寮國發動了「特種戰爭」，派遣特種部隊進入寮國，執行圍剿任務。7月下旬，美軍指揮官指揮右派19個營的兵力，兵分三路，直奔沙拉富昆地區。而愛國戰線則領導武裝力量進行抵抗，頓時間，該地區炮火紛飛，硝煙彌漫。經過激戰，右派佔領該地，寮國愛國戰線開始了曠日持久的抗美衛國戰爭。

　　1969年，在美國部隊的支援下，右派軍隊大舉入侵寮國愛國陣線解放區。由於右派有美軍支援，游擊隊一度丟失陣地。不過，解放區游擊隊隨即發起反攻，最終奪回失地，此階段雙方互有勝負。

　　1971年2月初，右派發動了有史以來最大規模的進攻。此次右派除

▼　在寮國戰場上，愛國戰線游擊隊成員多採取游擊戰術，隱蔽在叢林和山地中，他們在這裡裝備坦克、機槍以及易於操作的蘇製AK–47，以隨時應對反對勢力的進攻。圖為隱藏在叢林中裝備武器的游擊隊成員。

了增加先進的武器之外，還得到了美軍和南越衛軍的支持，所以攻勢凌厲，咄咄逼人。他們在戰鬥機、大炮的掩護下，對解放區發動了總攻。然而，愛國戰線游擊隊並不屈服，他們在越南南方人民武裝力量的支持下，堅決抵抗。

經過44個晝夜的激戰，愛國戰線游擊隊獲得了前所未有的勝利。此戰，他們殲滅了敵人1.64萬，擊落、擊毀和繳獲敵機496架，繳獲運輸車586輛，基本上殲滅了敵軍主力。美國無可奈何，只好撤走部隊。

此戰之後，寮國愛國戰線代表與富馬政府簽署了《關於在寮國恢復和平和實現民族和睦的協定》，規定寮國一分為二，4/5的土地和1/2的人口歸愛國戰線管理，而其餘則歸富馬政府管理。此外，雙方開始組建臨時民族政府。1974年4月初，寮國臨時民族政府成立。不過，愛國統一戰線響應寮國民眾的要求，發動了統一戰爭。1974年5月，愛國戰線統一全國，建立了寮國人民民主共和國。

第四章

AK-47：自由之槍

AK-47突擊步槍從卡拉什尼科夫手中誕生後到現在，已經出現在全球至少82個國家，成為這些國家的主要武器。它見證了自「二戰」以來的民族獨立戰爭，親歷了民族自由戰爭，是當之無愧的自由之槍。

以巴戰爭：AK-47是民族利器

「二戰」後，世界上發生了數次大戰，其中，中東就佔了一半。在該地區，一共發生了5次大規模的中東戰爭。在這5次中東戰爭中，除了第一次中東戰爭外，AK-47在其他戰役中幾乎隨處可見。這些大戰的根源在於巴勒斯坦建國方案。

巴勒斯坦地處亞洲西北部，北接黎巴嫩，東鄰敘利亞、約旦，西南與埃及的西奈半島接界，南端的一角臨阿卡巴灣，西瀕地中海，總面積2萬多平方公里，是一個彈丸之地。然而它扼歐、亞、非三大洲交通要道，戰略地位重要。因此，它是世界強國的必爭之地。近代以來，巴勒斯坦一直是英、法等國的殖民地。「二戰」後，英、法衰落，無力管理巴勒斯坦，而美、蘇崛起，卻欲介入巴勒斯坦，四方展開了激烈的角逐。

1947年，聯合國大會通過決議，規定猶太人建立猶太國，擁有約1.52萬平方公里的土地，阿拉伯人建立阿拉伯國，擁有約1.15萬平方公里的土地，而耶路撒冷（大約176平方公里）則由國際接管。

然而，阿拉伯人不樂意。阿拉伯國家紛紛要求以色列撤出巴勒斯坦，交由巴勒斯坦阿拉伯人建立統一的巴勒斯坦國家。可是以色列在大國的支持下堅決反對，雙方展開了血戰，前後進行了5次中東戰爭。在這過程中，巴勒斯坦阿拉伯人也組織政治、軍事武裝，進行民族獨立運動。其中，最為著名的便是「巴勒斯坦解放組織」，簡稱「巴解組織」。

「二戰」後，西方殖民舊體系土崩瓦解，世界殖民地國家紛紛要求民族獨立，自主建國。巴勒斯坦也不例外，然而由於民族矛盾、宗教矛

▶ 無論人們做多少努力，以巴和平依舊像海市蜃樓一樣遙遙無期，在這塊上帝的應許之地，這個寓意為和平之城的城市，並沒有給以巴人民帶來和平，而是帶來了無休止的戰爭。圖為聖城耶路撒冷。

盾、大國介入等原因，巴勒斯坦阿拉伯人未能如願建國，相反，以色列在美蘇等大國的支持下單獨建國，並發動戰爭，佔領巴勒斯坦全境，驅趕巴勒斯坦阿拉伯人，數百萬阿拉伯人流浪中東各國無家可歸。於是，他們紛紛拿起武器，奮起反抗。

「巴解組織」於1964年5月在耶路撒冷成立。該組織實質上是統一民族陣線，有多個組織和黨派參加，其中最主要的便是「法塔赫」。組織成立後，艾哈邁德・舒凱里任主席。艾哈邁德・舒凱里是巴勒斯坦人，畢業於貝魯特美國大學，獲得文學碩士和法學博士學位，畢業後擔任耶路撒冷律師工會主席，巴勒斯坦出席聯合國代表團團長，阿拉伯國家聯盟副秘書長等職位。

上任之後，他與巴解骨幹阿拉法特等人，堅持反對以色列建國，並展開武裝鬥爭。1964年8月，「巴解組織」在「法塔赫」等軍事武裝基礎上組建了正規軍—巴勒斯坦解放軍。該軍有三個旅組成，兵力大約

6000人，分別駐扎在埃及、敘利亞、約旦等國家。此外，巴解組織還有分散於各地的游擊隊。

「巴解組織」一建立，就得到了阿拉伯國家的承認。1964年9月，第二屆阿拉伯國家首腦會議承認「巴解組織」為巴勒斯坦人民的代表。不過，以色列卻對該組織沒有好感。

成立後的「巴解」，四處出擊，襲擾以色列。他們有時候在約旦境內發射火箭彈襲擊以色列部隊，有時候則繞過約旦和以色列邊境深入以色列村莊製造爆炸案件，攪得以色列人寢食難安。以色列將該組織看作是「眼中釘」，想要除之而後快。以色列出動國防正規軍，不時圍剿「巴解組織」游擊隊，壓迫居住在巴勒斯坦地區的阿拉伯人，企圖威逼「巴解組織」屈服。然而，「巴解組織」並沒有因為以色列的圍剿和壓迫而停止反抗，相反地，他們團結一致，不斷騷擾以色列。以色列「深受其害」。

▼ 20世紀60年代，蘇聯開始向華約盟國和第三世界國家和地區大量提供AK-47，巴勒斯坦就是其中之一。在以巴戰爭中，巴勒斯坦裝備的突擊步槍大多都是AK-47。圖為AK-47局部圖。

1968年5月，「巴解組織」在約旦安曼召開會議，組建了巴勒斯坦全國委員會。它屬議會性質，任期3年，主要負責制定「巴解組織」的綱領、政策與計畫，並選舉產生組織執行委員會。

　　在「巴解組織」中，執行委員會是最高行政機構，主要負責執行全國委員會權力，處理組織日常工作。該機構下還設有軍事、文化和教育、政治和國際關係、巴勒斯坦全國基金、社會事務、被佔領國土事務、新聞和國家指導及群眾組織等8個部門。1969年，阿拉法特被選為執行委員，成為「巴解組織」最重要的領導人之一。

　　此時，參加「巴解組織」的組織和隊伍數量增加到7個，主要有「法塔赫」、解放巴勒斯坦民主陣線、阿拉伯解放陣線等。此外，巴解武裝力量也得到提升，游擊隊人數高達1萬人，也越來越受到國際社會的注意。

　　蘇聯開始重視該組織。一開始，蘇聯極力反對「巴解組織」。它認為「巴解組織」是「恐怖組織」，因此，它從政治、組織、軍事、經濟等各方面對「巴解組織」進行壓制和破壞，此外，它還宣稱「巴解」游擊隊是「民族主義的復仇者」，不僅不提供任何援助，還阻止敘利亞等阿拉伯國家援助「巴解」游擊隊。

　　然而，隨著局勢的發展，「巴解」的作用越來越明顯。在第三次中東戰爭和第四次中東戰爭中，「巴解組織」游擊隊四處出擊，騷擾以色列後勤部隊，從側面配合了埃及和敘利亞正規軍，建立了不少功勞。因此，蘇聯便開始重新審視「巴解組織」和游擊隊。經過一番權衡分析，蘇聯一改之前的壓制態度，轉而大力支持「巴解組織」。一方面，蘇聯免費提供各種武器，包括AK-47、AKM等武器，另一方面則從外交上大力聲援「巴解組織」。

　　「巴解組織」的強大引發了以色列的不安。以色列認為「巴解組

織」是強大的潛在對手，因此，做夢都想消滅該組織。以色列指責約旦為游擊隊提供基地，聲稱如果約旦不好好處理游擊隊，那麼以色列將直接出兵，解除游擊隊帶來的威脅。約旦政府便下令游擊隊撤離約旦境內，然而游擊隊卻不願意離開，雙方展開了激戰，史稱「約旦危機」。1971年7月，游擊隊不得不遷往黎巴嫩。

遷往黎巴嫩後，「巴解」繼續宣稱進行革命，他們的努力得到了回報。1974年11月聯合國大會通過決議，宣布巴勒斯坦人民享有自決、獨立、返回家園的權利，並給予「巴解組織」聯合國觀察員身分。1976年，「巴解」被吸納為阿拉伯聯盟的正式代表，並獲得了第三世界中許多國家的承認。同年秋，「巴解」又被不結盟運動接納為正式成員。「巴解」越來越受到國際的重視。

看著「巴解」茁壯成長，以色列心急如焚。他們派出「薩摩德特種

▼　「法塔赫」是「巴解組織」中的一個組織，該組織不僅大量裝備了AK-47，並在以巴戰爭中發揮了不可替代的作用。圖為使用AK-47的巴勒斯坦「法塔赫」武裝人員。

部隊」，採取暗殺、襲擊等方式，企圖壓制「巴解」，以色列先後刺殺了「巴解」多名高官，並對「巴解」游擊隊進行「清剿」。而「巴解」也以牙還牙，四處出擊，襲擊以色列。在以、嫩邊境到處是游擊戰，令以色列頭疼不已。

1982年，第五次中東戰爭爆發前，「巴解」組織力量高達2.5萬人（其中野戰部隊6000人），分為50個營，擁有坦克300輛，裝甲車300輛及各種火炮1100門。他們分散在貝魯特西區、黎巴嫩南部、貝卡谷地等地。

得知情報後，以色列悍然出兵剿除「巴解組織」。1982年6月4日，以色列發動閃電戰，出動海陸空10多萬部隊圍剿黎巴嫩境內的「巴解組織」武裝力量，第五次中東戰爭爆發。「巴解組織」武裝力量奮起反抗，相比以色列，「巴解」部隊少、資源少、武器少，因此「巴解組織」很快就被以色列團團包圍。

1982年8月中旬，「巴解組織」被迫離開貝魯特。「巴解」總部與游擊隊1.2萬人撤到約旦、伊拉克、突尼西亞、蘇丹、敘利亞、阿爾及利亞、南葉門和北葉門8個阿拉伯國家，「巴解」總部也遷到了突尼西亞。

此戰，「巴解」損失慘重。「巴解」人員傷亡3000餘人，坦克損失100餘輛，火炮損失500門，400多座秘密倉庫被以軍佔領。不過，以軍也付出了高昂的代價。以色列軍隊傷亡2000餘人，損失坦克140輛，武裝車輛135輛，飛機十餘架。

此戰後，「巴解」並不氣餒，他們在各地繼續進行游擊戰。1988年，阿拉法特宣布接受聯合國1947年分治議案，同意巴勒斯坦建國方案，成立巴勒斯坦人民軍，組建巴勒斯坦委員會。

其中，「巴解」人民軍建立於1994年5月，主要有國家安全部隊、

▲ 1995年9月，阿拉法特和拉賓同意擴大加薩和西約旦河地區的巴勒斯坦自治區面積，並舉行大選。1996年4月阿拉法特在大選中勝出。圖為檢閱巴勒斯坦部隊的阿拉法特。

情報部隊、國內警察部隊等，兵力高達4萬人，擁有大約50輛的裝甲車，近百門火炮，數千輕武器，包括AK-47、AKM、AKMS以及5.45毫米AK-74等攻擊武器。

　　巴勒斯坦建國得到了許多國家的同情與認可。經過多年的努力，1994年，「巴解組織」總部遷回巴勒斯坦自治區。回到巴勒斯坦後，「巴解」堅持軍事鬥爭的同時也採取了多方位的政治和外交鬥爭。如今，它已與100多個國家建立聯繫，在80多個國家或國際組織派駐了代表或觀察員。

克羅埃西亞獨立戰爭：AK-47締結了和平

　　克羅埃西亞地處中歐東南部，巴爾幹半島西北部，亞得里亞海東

岸。它與義大利隔亞得里亞海相望，北鄰斯洛維尼亞和匈牙利，東部和南部則緊挨塞爾維亞與波赫。

「一戰」後，克羅埃西亞與一些南斯拉夫民族聯合成立了塞爾維亞—克羅埃西亞—斯洛維尼亞王國，並於1929年改稱南斯拉夫王國。雖然合併後的南斯拉夫看起來很強大，但是南斯拉夫王國面臨著塞爾維亞人和克羅埃西亞人的民族問題。「二戰」爆發後，德軍入侵南斯拉夫王國，建立了「克羅埃西亞獨立國」。

後來，蘇聯對德軍發動大反攻，進入南斯拉夫，南斯拉夫共產黨迅速崛起。「二戰」後，南斯拉夫共產黨根據南斯拉夫王國的框架，將塞爾維亞、克羅埃西亞、斯洛維尼亞、馬其頓、蒙特內哥羅併入南斯拉夫，形成統一的國家，約瑟普・布羅茲・鐵托擔任國家領導人。

鐵托掌權後，憑藉巧妙的手腕和超凡魅力維持了南斯拉夫各個共和

▼ 緊隨著羅馬尼亞民主革命，克羅埃西亞也爆發了獨立戰爭，AK-47同樣在這場戰爭中發揮了重要的作用。圖為珍藏在俄羅斯的AK-47模型。

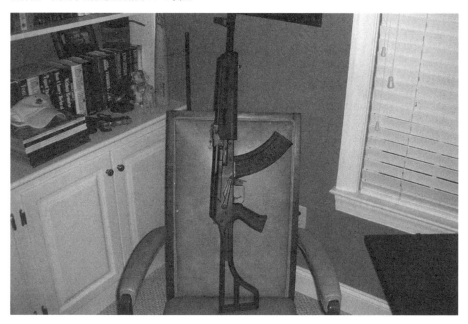

國的平衡。然而，鐵托也知道，六個共和國有著根深蒂固、難以化解的民族矛盾。他生前已預知他去世後南斯拉夫將會分裂。果然，1980年鐵托去世後，南斯拉夫各個共和國之間便因為民族問題而大動干戈。

在憲法中，六個共和國和兩個自治省之間擁有平等的發言權，然而，塞爾維亞認為這對人數佔有優勢的塞爾維亞不公平，塞爾維亞民族派代表米洛舍維奇強烈要求修改憲法，增加塞爾維亞人的權利。而克羅埃西亞則認為塞爾維亞民族主義過於強烈。雙方因為民族問題開始爭吵。

1989年，東歐獨立浪潮波及南斯拉夫。克羅埃西亞一方面維持南斯拉夫政府的行動，一方面要求南斯拉夫政府實行民族平等政策。然而，一黨獨大的南斯拉夫共產黨同盟則拒絕了克羅埃西亞的要求。此時，弗拉尼奧·圖季曼當選總統，他上台後，對克羅埃西亞採取了強硬措施。

▼ 無論戰爭到底是正義的還是邪惡的，也無論AK-47在這場戰爭中產生怎樣的作用，戰爭帶給平民的永遠是困難和痛苦。圖為1994年一名記者在克羅埃西亞難民營拍攝的照片。

於是，就出現了一方想獨立，一方卻壓制的局面。

1990年5月13日，雙方發生了衝突。在札格勒布舉行的迪納摩和貝爾格萊德紅星的足球比賽中，兩方的支持者與南斯拉夫警察發生了衝突。這一事件迅速升級為民族間的衝突。

原本這只是支持者之間的小摩擦，然而由於賽場的警察執法不當，致使支持者與警察發生衝突。支持者認為塞爾維亞警察是塞爾維亞聯邦的象徵，因此，支持者便撲向警方，而警方也絲毫不手軟，拿著警棍「迎接」球隊隊員，雙方發生了嚴重的衝突。最後，球隊隊員因為襲警而被長期禁賽。這一消息傳出後，克羅埃西亞群情激奮，他們開始大規模遊行示威。

同年10月，克羅埃西亞政府提出了自己的政治主張。它與宣示經濟主權意圖從聯邦獨立的斯洛維尼亞發表共同聲明，呼籲建立新的聯邦提案「國家聯合模型」，其中，它提到南斯拉夫聯盟應該廢除聯邦制度，變成歐洲共同體成員國那樣的聯盟。隨後，波士尼亞、赫塞哥維納、馬其頓也提出了方案，建議南斯拉夫政府改革。然而，塞爾維亞卻堅決反對。

不過，獨立已是大勢所趨。兩個月後，克羅埃西亞制定憲法，宣稱克羅埃西亞擁有自決權和主權，將官方語言從塞爾維亞—克羅埃西亞語改為克羅埃西亞語。與此同時，克羅埃西亞也組建了軍事力量，建立了克羅埃西亞警察，從匈牙利購買大量的武器，其中就包括AK-47、AK-74、AKM等。很顯然，克羅埃西亞做好了用軍事鬥爭爭取民族獨立的準備。

1991年6月19日，克羅埃西亞實施公投，78％人支持克羅埃西亞獨立。6月25日，克羅埃西亞宣布獨立，正式脫離南斯拉夫。當天，斯洛維尼亞也發表聲明，宣布獨立建國。然而，新生的兩個政權遭受到了塞

爾維亞政府的威脅。塞爾維亞隨即出動武裝力量進行干涉。

經過10天的戰鬥，斯洛維尼亞獲得了獨立，然而克羅埃西亞獨立戰爭卻持續了5年，一直到1995年才結束。這裡面有兩個原因：一是克羅埃西亞與塞爾維亞國境相連；二是克羅埃西亞境內有許多塞爾維亞人。其中居住在克羅埃西亞境內的塞爾維亞人，是克羅埃西亞獨立持續多年未結束的主因。

早在1990年，克羅埃西亞獨立呼聲高漲的時候，地處克羅埃西亞邊境的塞爾維亞人先後成立了塞爾維亞克拉伊納共和國和東斯拉弗尼亞・巴拉亞・西斯雷姆自治組織。它們通過公投，90％的塞爾維亞人支持將土地劃歸塞爾維亞。

1991年6月25日，克羅埃西亞發表宣言後，克羅埃西亞警察與留在克羅埃西亞的塞爾維亞人發生了衝突。塞爾維亞社會黨主席米洛舍維奇派出塞爾維亞志願軍進入克羅埃西亞境內，支持塞爾維亞人對抗克羅埃西亞政府軍。3個月後，南斯拉夫政府則出動軍隊襲擊克羅埃西亞首都札格雷布，雙方由小摩擦變成了大規模衝突。

隨後，雙方在克羅埃西亞境內作戰，其中激戰最為激烈的要數西斯拉弗尼亞地區。該區地處克羅埃西亞邊境，與塞爾維亞相連，深受塞爾維亞政府影響，此外，該區居民多數是塞爾維亞人。因此，戰爭一爆發，當地的塞爾維亞人立刻拿起武器攻打克羅埃西亞軍隊，支持塞爾維亞政府軍。

雙方在斯拉弗尼亞的弗科瓦和伏伊伏丁那展開血戰，衝鋒槍、重機槍的槍聲響遍四周。經過87天的血戰，雙方死傷累累。此戰中，共有3000人陣亡，受傷者不計其數，其激戰程度超乎想像。此戰被稱為弗科瓦戰爭，後來被拍成電影。電影播出後，震驚了整個世界。

此戰之後，聯合國採取了相應措施，派出了代表團勸說雙方，同

▲ 20世紀90年代，隨著華約解散和蘇聯解體，美國提出北約東擴主張，將西方在歐洲的勢力範圍向東擴展。2009年4月1日，克羅埃西亞正式成為北約成員國。圖為克羅埃西亞加入北約時的升旗現場。

時派出維和部隊進駐西斯拉弗尼亞地區，維持和平。然而，雙方一談再談，卻屢屢談不攏。1995年，美國、俄羅斯、歐盟、聯合國提出了人權提案。要求克羅埃西亞給其境內的塞爾維亞人提供一定的自治權並提出了具體方案。克羅埃西亞政府一方面假裝對和平提案感興趣拖延時間，另一方面則聲稱聯合國維和部隊維和時間期限快到了，要求維和部隊盡早撤離。

　　為了促進克羅埃西亞和平進程，聯合國同意縮小維和部隊的活動規模。不過，不久之後，克羅埃西亞實施了「風暴作戰」計畫，出動部隊襲擊西斯拉弗尼亞驅趕塞爾維亞人。隨後，克羅埃西亞突襲塞爾維亞克拉伊納共和國的首都庫寧。經過3天的作戰，克羅埃西亞政府軍攻克庫寧。克羅埃西亞獨立運動向前推進了一步。

此戰造成了150人死亡，10到15萬塞爾維亞難民無家可歸。此戰指揮官安特・哥德比納將軍成為民族英雄，然而，他也因為發動這場戰爭而被舊南斯拉夫戰犯法庭追訴。2005年，哥德比納被引渡到西班牙加納利群島監禁，並在海牙受審。

但總的來說，此戰對克羅埃西亞來說至關重要。因為，它「以最小的人員損失解決了國內的塞爾維亞人問題」。的確，庫寧戰役結束後，克羅埃西亞控制了西斯拉弗尼亞和塞爾維亞克拉伊納，這兩個地方的塞爾維亞人數大為減少，塞爾維亞人口比例從12.2％下降到4.54％。其中，依舊有少部分塞爾維亞人抵抗。但在1995年11月11日，塞爾維亞人放棄抵抗轉而跟克羅埃西亞政府進行談判，最終達成了和平協議，克羅埃西亞迎來了真正的民族獨立。

波赫戰爭：AK-47帶來了民主

克羅埃西亞戰爭爆發後，尋求民族獨立的波赫（波士尼亞）也隨即響應，希望建立獨立的國家。

波赫共和國位於原南斯拉夫中部，地處克羅埃西亞和塞爾維亞兩共和國之間。它歷史悠久，早在新石器時代就有人類居住，主要居民為伊利里亞人。西元7世紀左右，部分斯拉夫人來到波士尼亞和赫塞哥維納等地定居，隨後克羅埃西亞人、塞爾維亞人也隨即遷居於此。14世紀中後期，波士尼亞人建立了波士尼亞公國，實力強大，然而不久後便被鄂圖曼帝國兼併。不過，由於宗教民族問題，波赫民眾奮起反抗。1914年，塞族人刺殺奧匈帝國皇子法蘭茲・斐迪南，直接誘發了第一次世界大戰。

「一戰」後，南部斯拉夫成立了南斯拉夫王國，波赫成為其中一

部分。「二戰」爆發後，德國法西斯扶植建立「克羅埃西亞獨立國」，執行種族屠殺政策，屠殺30萬塞爾維亞人。「二戰」後，它與其他幾個共和國一樣，加入鐵托領導的南斯拉夫聯盟。由於南斯拉夫屬於東方陣營，因此，該地也裝備了大量蘇製AK-47及其仿製的AK-47。然而鐵托去世後，它與南斯拉夫聯盟因為民族問題發生了衝突。

當時，波士尼亞全區有430萬人口，其中波士尼亞人佔44％，克羅埃西亞人佔17％，塞爾維亞人佔33％，其他少數民族佔6％。由於塞爾維亞實行種族不平等政策，推行「大塞爾維亞主義」，因此，波士尼亞人想要脫離塞爾維亞，獨立建國。

1992年2月29日到3月1日間，波士尼亞進行全民公投，然而許多塞爾維亞人拒絕投票。不過，獨立建國是大勢所趨，投票依舊進行。投票

▼ 有人說，哪裡有戰爭，哪裡就能看到AK-47的身影，在波赫戰爭中，AK-47也被廣泛地應用，並得到了士兵的一致認可。圖為多次在戰場上服役的AK-47。

結果是90％的民眾同意波士尼亞獨立建國。隨後，波士尼亞與赫塞哥維那宣布獨立。

獨立後，波士尼亞與赫塞哥維那得到了歐盟的認可，並被聯合國接納為正式成員國。但是波赫的獨立卻遭到了塞爾維亞政府和波赫境內的塞爾維亞人的反對。塞爾維亞人以此為藉口展開了大規模軍事行動，其都是裝備著AK-47，曾經是浴血奮戰的兄弟同胞即將交戰。

1992年4月6日，塞爾維亞人召開了波士尼亞─塞爾維亞議會並宣布塞族共和國的獨立宣言，公然與波士尼亞政府抗衡，波赫戰爭爆發。

戰爭爆發後，波士尼亞地區的波士尼亞人和克羅埃西亞人處於不利地位。因為，波士尼亞裝備落後，雖然他們也裝備AK-47，但都不是最先進的AK-47系列，遠遠不及訓練有素、裝備精良的塞爾維亞軍隊，而

▼ 波赫戰爭是第二次世界大戰後在歐洲爆發規模最大的一次局部戰爭。戰爭中，三族共動用近2000門大炮、600輛坦克、600輛裝甲車以及一些戰鬥機等。圖為波赫戰爭時期的圖片。

克羅埃西亞人則因為人數少也處於劣勢。所以,戰爭一開始,雖然波士尼亞人和克羅埃西亞人奮力抵抗,但是損失慘重,丟城失地。

在短短幾個月時間內,他們丟失了全國60%的領土。波士尼亞人僅僅守住塞拉耶佛、斯雷布雷尼察、哥拉謝迪、傑巴等主要城市在內的領土,而克羅埃西亞人只守住赫塞哥維納地區。

局勢對波士尼亞人和克羅埃西亞人非常不利。雖然這個時候,國際社會對塞爾維亞進行制裁並對塞拉耶佛進行人道主義救援,然而,波士尼亞人和克羅埃西亞人依舊處於被動挨打的地位。

1993年,波士尼亞人陷入困境。因為他們與克羅埃西亞人發生了矛盾。雙方都想佔領波士尼亞和赫塞哥維納地區的南部中心都市一莫斯塔爾。於是雙方發生激戰,波士尼亞人處境更為艱難。

1994年,圍困塞拉耶佛的塞軍發射了一發迫擊炮炮彈,炸死了67名平民,受到了國際社會的譴責。不久之後,聯合國安理會請求北約對塞爾維亞進行空襲。與此同時,克羅埃西亞人與波士尼亞人結盟。波士尼亞人處境大為好轉。這年3月1日,雙方組成聯盟,結成統一戰線。

4月中旬,北約對塞爾維亞發動小規模轟炸行動,警告塞爾維亞政府不要對無辜民眾下手。然而塞爾維亞政府不知悔改,繼續圍剿塞拉耶佛。當年8月初,塞軍襲擊聯合國武器庫,公然挑戰國際社會。於是,北約便對塞爾維亞進行大規模轟炸,同時美國也對波士尼亞展開了軍事援助活動。

由於得到了聯合國的幫助,波士尼亞人和克羅埃西亞人由守勢轉為攻勢。當年10月,他們在席哈奇附近發動反攻,擊敗了塞軍,一度取得了勝利。然而,塞軍隨即增調部隊,發動反攻,波士尼亞人只好撤退,雙方處在對峙階段。

11月下旬,為了支援波士尼亞部隊,北約針對塞爾維亞發動了第三

次空襲行動。北約戰機轟炸了塞爾維亞境內的軍事設施、軍事目標。大規模的空襲使得塞爾維亞遭受了嚴重創傷。不過，塞爾維亞不願意放棄波士尼亞，於是塞爾維亞轉而綁架聯合國維和部隊士兵，威脅聯合國。

得知消息後，美國想要繼續轟炸塞爾維亞，然而派遣出士兵的英法兩國則不同意。經過一番討論，美國總統便展開調停行動。1995年1月1日，雙方同意停戰4個月。

在這4個月裡，波士尼亞與塞爾維亞展開了會談，然而卻始終談不攏。很快，4個月停戰期限過去了，雙方隨即展開交火，頓時，AK-47猛烈的火力撕裂和平的天空，槍聲再次大作。

波士尼亞部隊攻擊塞爾維亞人居住的布拉圖納茲，造成了該區無數男女老幼被殺。為了報復，當年7月初，塞軍攻打斯雷布雷尼察，攻克

▼ 在波赫戰爭中，波赫430多萬人口中有27.8萬人死亡，200多萬人淪為難民。圖為波赫戰爭中一位老婦人抱著親人的骸骨痛哭的場景。

該城後，塞軍司令官下令屠殺該城市所有的波士尼亞男子，並且縱容士兵姦淫婦女。塞軍在城市裡燒殺搶掠，為所欲為，並且將懷有身孕的孕婦當眾剖開腹部，史稱「斯雷布雷尼察屠殺事件」。

隨後，塞爾維亞對波士尼亞發動了總攻。當年7月中旬，波士尼亞斯雷布雷尼察和傑巴被攻陷，而塞拉耶佛與哥拉謝迪遭到塞軍猛烈炮火的攻擊，波士尼亞人和克羅埃西亞人損失慘重。

一個月後，塞軍對塞拉耶佛進行炮擊，造成37人死亡。塞軍的這一行動再次遭到了全世界的譴責。而北約隨即展開了更大規模的轟炸行動，持續轟炸近半個月，塞爾維亞城市被炸、房屋倒塌，到處是殘垣斷壁。

有了北約的轟炸支持，波士尼亞人隨即展開反擊，屢戰屢勝，而塞

▼ 死去的人已經變成白骨，而活著的人則要顛沛流離。在逃離的路上，體弱的老人們坐在車上，臉上寫滿了對戰爭的無奈和離鄉的無言痛楚，而無知的孩童則睜著無辜的大眼睛，想要看清前方和平的道路。

軍則屢戰屢敗。眼見軍事解決波士尼亞衝突沒有希望，塞爾維亞政府決定接受聯合國的提議，與波士尼亞人和談。1995年10月13日，雙方宣布停戰，波士尼亞戰爭結束。

其實，早在1994年，雙方就開始談判，當時波士尼亞提出三成分割提案，摸索和平之路，但因為北約的軍事介入導致和談終止。1995年12月14日，雙方達成一致意見，在法國總統府愛麗舍宮簽署解決波赫衝突的《波赫和平協議》。這一天，波赫總統伊澤特貝戈維奇、克羅埃西亞總統圖季曼和塞爾維亞總統米洛舍維奇在《波赫和平協議》（代頓協議）上簽字。

根據協議，波赫劃分成穆克聯邦和波赫塞爾維亞共和國兩個實體，而塞拉耶佛劃歸穆克聯邦管轄。成立後，兩國擁有各自的主權、軍隊、警察等權力。

12月22日，波赫政府宣布民族獨立，結束戰爭狀態。1996年9月14日，波赫進行大選，伊澤特貝戈維奇獲選擔任波赫共和國總統。當年10月3日，在法國總統希拉克的主持下，波赫與塞爾維亞政府簽署了《共同聲明》，宣布波赫和南聯盟決定建立大使級外交關係。至此，波赫戰爭完美結束。

不過遺憾的是，波赫戰爭結束後，北約部隊卻依舊在波赫駐札。當然，這一點並不影響波赫的民族獨立大局。而AK-47作為武器雖然登不上和平的「大雅之堂」，但是它在波赫戰爭中的功績是不言而喻的。

十日戰爭：AK-47為和平開路

斯洛維尼亞地處中歐南部。它西鄰義大利，西南通往亞得里亞海，東部和南部則與克羅埃西亞接壤，北部則緊挨匈牙利和奧地利。

「二戰」中，斯洛維尼亞遭受德國和義大利入侵，成為德國和義大利的殖民地。「二戰」後，它以加盟共和國的身分加入南斯拉夫聯邦。在南斯拉夫聯邦中，斯洛維尼亞是比較特殊的一個。因為它的經濟發展水準是最好的，是聯盟中較為發達的國家之一。

　　如果從它在2004年加入歐盟來看，與其他盟國相比，該國人均生產總額與希臘不相上下。

　　所以，在20世紀後半期，在南斯拉夫，流行著這麼一句話：南斯拉夫政治由塞爾維亞人主導，經濟則被斯洛維尼亞人領導著。

　　之所以出現這種情況，根本原因在於斯洛維尼亞人勤勉自強。「一戰」以前，他們曾經被奧匈帝國統治數百年，成為奧匈帝國中奧地利的一部分。因此，奧匈帝國的人才、文化和資本源源不斷地流入斯洛維尼亞。雖然當時斯洛維尼亞語已經產生，但是有些地區的斯洛維尼亞人更多的則是使用德語。這樣的雙語環境對國家的外貿經濟做出了巨大貢獻。

　　經濟能力不錯，國家實力也不錯。在當時，斯洛維尼亞裝備著世界第一的AK-47系列，斯洛維尼亞用AK-47保家衛國。

▶ 20世紀60～70年代，前南斯拉夫共和國領導人鐵托為了向世界展示社會主義國家的力量和形象，在其國境內建造了眾多造型奇特的紀念碑式雕塑。圖為散布在斯洛維尼亞國內的雕塑。

20世紀80年代，鐵托去世後，塞爾維亞的米洛舍維奇上台執政。他上台後便開始推翻鐵托的某些措施，激怒了聯邦中的其他國家。比如，他對1974年憲法中認為舊南斯拉夫六個組成國和科索沃、伏伊伏丁那自治省擁有自治權非常不滿。他認為這損害了塞爾維亞的權利。於是，他隨即推行「大塞爾維亞主義」，煽動塞爾維亞人的民族情緒，從而加強了個人的統治權力。

　　面對米洛舍維奇的民族主義政策，聯邦中的其他各國紛紛反對，他們紛紛宣揚民族主義，發動民族運動，抵抗米洛舍維奇的民族主義政策。

　　1988年，就在南斯拉夫各民族發動民族獨立運動之際，斯洛維尼亞發生了一件具有歷史意義的煽動事件—「楊沙事件」。這個事件改變了斯洛維尼亞的歷史，成為斯洛維尼亞歷史的轉折點。

　　從地理上看，斯洛維尼亞是南斯拉夫聯邦中與西歐國家最為接近的國家。由於這種地緣關係，它與西歐的交流和貿易，相比南斯拉夫其他國家則要多得多。與此同時，它也將西歐的政治思潮帶入了斯洛維尼亞。

　　在當時，東歐國家地方言論自由是被禁止的，但是斯洛維尼亞則是特例，它擁有這樣的言論自由。然而，不久之後，這樣的言論自由帶來了問題。許多斯洛維尼亞人開始藉助西方的民主文化反對南斯拉夫專制。其中，著名記者楊沙報導了南斯拉夫軍隊的問題，揭露了軍隊機密。軍方得知後便以洩露軍事機密罪將楊沙逮捕。

　　可是，由於楊沙本人是反塞爾維亞的先鋒，因此軍方的逮捕行動讓斯洛維尼亞民眾大為反感。後來，軍方在審判中使用塞爾維亞—克羅埃西亞語而不用斯洛維尼亞語，引發民眾的不滿，開始準備脫離南斯拉夫聯盟。

1989年，東歐政變波及南斯拉夫。之前，斯洛維尼亞、克羅埃西亞就承認了非南斯拉夫共產黨的政黨。1990年，斯洛維尼亞則改一黨制為多黨制選舉。同年4月大選中，南斯拉夫共產黨慘敗，斯洛維尼亞民族主義政黨脫穎而出。

為了和平獨立，斯洛維尼亞聯合克羅埃西亞提出了新的「國家聯合模型」，即讓南斯拉夫聯邦仿效歐洲共同體，承認各國的主權，各國只要在經濟和軍事上協調取得同樣的方向即可。然而，一黨獨大的南斯拉夫共產黨則堅決將此方案駁回。

面對這樣的結果，斯洛維尼亞和克羅埃西亞非常失望，他們決定脫離南斯拉夫。1992年6月25日，斯洛維尼亞與克羅埃西亞同時宣布獨

▼ 前南斯拉夫的MGV-176衝鋒槍是美國American-180衝鋒槍的仿製型，主要供特種部隊和警察作為個人自衛和戰鬥武器使用，也用作出口。南斯拉夫解體之後，MGV-176衝鋒槍在斯洛維尼亞生產，並被斯洛維尼亞警察使用。波士尼亞戰爭期間，該槍械的一種半自動型號曾經被用於戰鬥。圖為南斯拉夫MGV-176衝鋒槍。

立。

　　宣布獨立後，由於不知道塞爾維亞當局和南斯拉夫聯邦會做出何種舉動，所以，斯洛維尼亞便採取了緊急措施，命令部隊嚴陣以待。斯洛維尼亞邊防軍開始進駐邊境，高度戒備。

　　邊防軍成立於20世紀60年代。當時聯盟領導鐵托為了實現不結盟運動，防止蘇聯入侵，便在南斯拉夫各國組建武力部隊。建立之初，各國部隊由聯邦政府統一掌管，但是1974年後，聯邦政府將軍權交由各國管理。所有邊防軍採用的都是蘇製武器，其中大部分為AK-74系列。

　　6月26日，斯洛維尼亞舉行獨立儀式。南斯拉夫聯邦則採取了行動，調集軍隊，集結於斯洛維尼亞邊境。不過，當天雙方並沒有發生大規模的衝突。6月27日，雙方發了大規模衝突。南斯拉夫聯邦部隊進攻斯洛維尼亞，而斯洛維尼亞部隊則堅決反抗。雙方手拿AK-47在義大利、奧地利、克羅埃西亞和斯洛維尼亞的邊界展開了血戰。剛開始，斯洛維尼亞因為人數和裝備不如聯邦軍隊而處於劣勢，屢戰屢敗。聯邦軍隊突破斯洛維尼亞邊防軍防線，攻打斯洛維尼亞軍事基地以及飛機場。

　　不過，局勢很快發生轉變。7月初，斯洛維尼亞和克羅埃西亞宣稱獨立的克羅埃西亞境內塞爾維亞人與克羅埃西亞人衝突擴大，使得聯邦軍隊陷入多面作戰，難以調度。而斯洛維尼亞則趁機發動反攻。他們切斷了南斯拉夫聯邦軍隊的補給線，造成聯邦軍隊人心慌亂，與此同時，他們還將由斯洛維尼亞人駕駛的聯邦無人武裝直升機擊落，以表作戰到底的決心。此外，由於聯邦軍隊入侵斯洛維尼亞引發了歐洲各國的強烈譴責和批評，南斯拉夫聯軍陷入了進退維谷的境地。

　　7月7日，飽受批評的南斯拉夫聯邦共和國決定與斯洛維尼亞共和國進行談判。雙方在歐洲共同體的協調下在布里俄尼島達成了停火協議。會議最終決定，南斯拉夫軍隊從斯洛維尼亞撤軍，而斯洛維尼亞暫緩3

個月獨立。7月8日，斯洛維尼亞政府發表勝利宣言，戰爭結束。這場戰爭也就是東歐歷史上著名的一十日戰爭。

　　這場戰爭僅僅進行10天就結束了，有著特別的原因：斯洛維尼亞民族單一。在南斯拉夫聯邦中，它的民族單純性是最高的。在斯洛維尼亞人口中，斯洛維尼亞人佔了總數的90％，而其他民族僅僅佔10％。這是斯洛維尼亞的一大優勢。對此，南斯拉夫總統米洛舍維奇對斯洛維尼亞獨立都抱著樂觀的態度。

　　因為，在南斯拉夫其他加盟國中，塞爾維亞人口往往比重較大，容易對加盟國產生重要影響。在各個加盟國宣布獨立的時候，其國內的塞爾維亞人便組建部隊，反對政府脫離聯邦，比如，克羅埃西亞。在克羅埃西亞境內，塞爾維亞人佔43％，嚴重影響克羅埃西亞獨立運動的進

▼　斯洛維尼亞是東歐經濟轉型國家當中人均GDP名列第一的國家，也是世界貿易組織的創始國之一。它的經濟、軍事實力較為雄厚。2004年3月，斯洛維尼亞加入了北約組織，5月1日加入歐盟。圖為如今裝備精良的斯洛維尼亞特種兵部隊。

程，因此，克羅埃西亞花了5年時間才得以獨立。

　　獨立之後，斯洛維尼亞進行經濟自主改革。它脫離南斯拉夫市場，投身西歐市場，很快就獲得了巨大的經濟效益。1995年，斯洛維尼亞人均收入超過10000美元，踏入了發達國家行列。在斯洛維尼亞獨立之後，南斯拉夫聯邦其他國家也紛紛進行了民族獨立運動。

第五章

AK-47：正義之槍

AK-47堅固耐用，結構簡單，易拆卸，可隨身攜帶，在各種複雜的條件下都能保持槍械得以良好的使用。相比美軍使用的M16A2或者M4A1這類貴族槍械，它稱得上是吃苦耐勞的大眾形象的代表。

第四次中東戰爭：AK-47盡顯威力

　　埃及，世界四大文明古國之一。它地跨亞、非兩洲，國土大部分位於非洲東北部，僅有蘇伊士運河以東的西奈半島位於亞洲西南角。它北瀕地中海，東臨紅海，蘇伊士運河溝通大西洋、地中海與印度洋，地處亞、非、歐三洲交通要衝。它的戰略位置和經濟意義極為重要。向來是世界強國的爭奪重點。

　　近代，埃及淪為西方國家的殖民地。1878年，拿破崙佔領埃及。1882年，英國殖民軍趕走法國人成為埃及的新主人。此後，埃及一直處在英國的掌控之下。

▼　在中東這片戰火紛飛的土地上，AK-47作為最為普遍的武器，幾乎出現在每一場戰爭中，第四次中東戰爭也不例外。圖為擺在櫥窗裡的AK-47槍型。

「一戰」後，由於埃及民族獨立呼聲高漲，英國不得不做出政策調整。1922年2月28日，英國宣布埃及為獨立國家，扶持法魯克王朝。但是，英國卻牢牢把控著重要部門，比如國防、外交、經濟等。對此，埃及上下憤怒不已，他們開始組織政黨建立秘密軍事組織，用來反抗英國侵略，爭取民族獨立。

20世紀50年代，民族獨立思潮傳到埃及，埃及各階層紛紛要求民族獨立。埃及民眾認為，第一次中東戰爭，作為大國的埃及慘敗而歸，是因為法魯克王朝腐敗所致，因此，他們一致要求政府改革。然而，腐朽的法魯克王朝在英國的支持下鎮壓了民族解放運動。

1957年7月23日以納賽爾為首的「自由軍官組織」發動政變，推翻了法魯克王朝，建立了埃及共和國。不過，政變後的埃及困難重重，內部經濟低迷，政派林立，外部有列強干涉。1956年10月，英、法、以發動了第二次中東戰爭，埃及陷入困境。

然而，苦難沒有摧毀這個古老的文明國家，相反地，它讓埃及迅速成長。20世紀60年代，埃及政治穩定，國際地位提升，成為阿拉伯世界當之無愧的領頭羊。

不過，不幸的是，1967年6月5日，以色列再次發動侵略埃及的戰爭，史稱第三次中東戰爭。這次戰爭，埃及損兵折將，丟城丟地，顏面盡失。戰後的埃及，經濟停滯不前，通貨膨脹，民眾生活極為艱辛，反對派咄咄逼人，製造混亂，試圖奪權。可以說，埃及陷入前所未有的危機當中。

就在這個時候，蘇聯和美國達成一致意見，在中東製造了「不戰不和」的局勢。於是，埃及和以色列就開始了消耗戰，雙方互派突擊隊和戰機襲擊對方，雙方損失慘重。

1970年9月28日，埃及總統納賽爾去世，擔任副總統的沙達特升任

▲ 埃及歷史悠久，據考證，現在世界上最早的人類頭骨就出現在埃及的法雍。早在西元前3200年，埃及就建立了統一的奴隸制國家，創造了舉世聞名的文化，其中埃及金字塔就是在這一階段為埃及人所創造的。圖為古老的埃及風貌。

總統。上任之後，沙達特決定有所作為，洗刷民族恥辱。

上台之後，他迅速整頓國內，積極發展經濟，提高就業率，改善民眾生活。經過幾年的發展，埃及經濟慢慢恢復，民眾生活有了很大改善。與此同時，他還在外交上採取了開創性的政策，一方面積極提倡不結盟運動，另一方面則向以色列遞出橄欖枝。沙達特倡導「和平協議」。他說，只要以色列將第三次中東戰爭中侵佔埃及的領土（主要是西奈半島）歸還，那麼埃及將承認以色列國。

他的這個舉動震驚了全世界。從以色列建國以來，雙方打了二十多年的戰爭，阿拉伯國家從未承認過以色列，而沙達特卻願意承認以色列這個國家。不過，以色列總理梅厄夫人卻捨不得好不容易得到的領土，因此她拒絕了沙達特。

和平無望後，沙達特決定透過軍事行動來解決雙方的問題。1971

▶ 埃及不僅擁有眾多蘇聯提供的AK-47，還對AK-47進行了仿製，例如埃及士兵使用的MISR。MISR是AKM的仿製品，空槍重3445克，其他數據與AKM相同，此外還有折疊槍托型。圖為手拿MISR作戰的埃及士兵。

年，他開始到蘇聯訪問，尋求蘇聯的幫助。然而，蘇聯卻提出了以軍政外交權由蘇聯人管理作為交換條件，沙達特無功而返。

　　1972年，沙達特再度訪問蘇聯，請求蘇聯提供武器，蘇聯人卻再度提出附加性條件。這次，沙達特徹底憤怒了，他下令將蘇聯顧問全部趕出埃及，準備單獨行動。他相信，沒有蘇聯，埃及人照樣可以做出一件驚天動地的大事。眼見沙達特主意已定，蘇聯只好答應提供大規模的武器援助，包括坦克、防空導彈、火箭彈、反坦克彈和AK-47系列步槍等武器。

　　有了蘇聯的武器援助，沙達特便迅速征兵，訓練部隊。他整頓部隊紀律，一改埃及部隊以往的傳統作戰方式，轉而採取蘇聯作戰方式，將埃及軍隊現代化。經過一年多的努力，埃及軍隊實現了現代化轉變，陸

海空三軍相互配合，整體作戰實力大為提升。

此外，沙達特還到各個阿拉伯國家訪問，尋求盟友。在多次訪問之下，他取得了巨大的成功。大多數阿拉伯國家支持沙達特的軍事行動，他們希望埃及能夠教訓以色列，洗刷阿拉伯世界的恥辱。

其中，敘利亞答應與埃及一起進攻以色列；伊拉克等國家則答應派出部隊支援埃及和敘利亞，而其他國家如沙烏地阿拉伯等國家則答應提供武器支援和財政支援。

1973年年初，阿拉伯國家軍事首腦會聚開羅商討戰爭計畫，並且組建了聯合司令部。1973年8月，埃及、敘利亞決定從南北兩線對以色列發動進攻。1973年8月23日，埃及軍隊準備就緒。埃及、敘利亞高級領導人在亞歷山大召開會議。會議決定將此次軍事行動取名為巴德爾行動（默罕默德曾在巴德爾發動奇襲，成功征服不信奉伊斯蘭教的麥加人），商定在10月6日14時發動戰爭。

其實，當時的國際形勢對阿拉伯國家是有利的。因為，第三次中東戰爭以後，以色列遭到了世界各國的強烈譴責，許多國家與以色列斷交，以色列陷入了外交困境，而阿拉伯國家則備受同情。

與此同時，20世紀70年代，世界發生了能源危機，作為西方國家經濟命脈的中東地區地位更為突出，因此，許多阿拉伯國家民眾要求收復第三次中東戰爭中丟失的土地。

不過，想要從「不可戰勝」的以色列軍隊手中拿回失地也並非易事。因為以色列有兩張王牌：巴列夫防線和空軍。舉世皆知，巴列夫防線素有「中東馬其諾防線」之稱。此防線以蘇伊士運河為前沿屏障，以沙堤為主陣地，防禦埃及軍隊進攻，此防線正面長達175公里，縱深達10公里，固若金湯。為此，以色列國防部長達揚曾經驕傲地說道：「只要埃及敢進攻，那麼以軍將在24小時之內將他們消滅。」此外，以色列

的空軍在中東位居第一，實力強大。從第一次中東戰爭到第三次中東戰爭，以色列空軍為以軍的勝利立下了無數的汗馬功勞。

對此，阿拉伯人心知肚明。不過，沙達特也有妙招。對於巴列夫防線，埃及想盡一切辦法對每一道防線進行破解，並且反覆演習，確保萬無一失。對於以色列空軍，沙達特則從蘇聯購買大批量地對空導彈。

此外，為了迷惑美軍和以軍，沙達特製造了許多假象，麻痺敵人。比如，製造假情報、公開場合不提戰爭、秘密調動部隊等。經過一系列準備之後，沙達特便坐等作戰日期的到來。

1973年10月6日，沙達特命令部隊作戰，戰爭爆發。戰爭一開始，埃及空軍猛烈轟炸巴列夫陣地，而埃及陸軍士兵則拿著AK-47進行登陸作戰。在AK-47強大的火力面前，駐守巴列夫防線的以軍大部分被殲。「戰無不勝」的以軍在這次戰爭中嘗盡了苦頭。為此，戰爭結束後，以

▼ 第四次中東戰爭中，以色列在美國的全力支持下，成功扭轉了初期敗局，阿軍主力有被殲滅的危險，中東地區的實力平衡很可能因此被打破。美蘇兩國也進入了緊張的對峙狀態。圖為當時蘇聯和美國艦艇對峙的情景，兩國艦隊的最近距離僅幾十公尺，雙方都將武器對準了對方。

色列仿製了AK-47。

　　不過，埃及並沒有將勝利保持到底。由於美國大力支持以色列，加之埃及與盟友之間的配合、戰術出現問題，致使以軍反敗為勝。雖然沙達特沒有取得戰爭的最後勝利，但是他卻在政治上勝利了。

　　首先，他打破了以色列不可戰勝的神話。在這次戰爭中，以色列雖然最終勝利了，但也付出了慘重的代價。以色列投入40萬兵力，傷亡5000餘人，其中陣亡人數高達2800人，比第三次中東戰爭高出了3.5倍，損失飛機200多架，損失坦克1000多輛，損失艦艇30多艘，消耗物資高達70億美元。

　　其次，他打破了美蘇製造的「不戰不和」的中東局勢，開創了中東新局面。此戰之後，埃及和以色列便走上談判桌，相互承認對方並建交，結束了長達三十多年的對抗。

　　再次，他洗刷了民族恥辱。第三次中東戰爭後，埃及地位一落千丈，但是第四次中東戰爭後，埃及再次成為國際大國。

格瑞那達島戰爭：AK-47無處不在

　　格瑞那達地處東加勒比海東南部，與多巴哥隔海相望，東瀕大西洋，東北部是巴巴多斯，南距委內瑞拉海岸約160公里。它是一個島國，由主島格瑞那達及卡里亞庫島、小馬提尼克島等組成。

　　當地居民是印第安人。1498年被哥倫布「發現」，爾後淪為西方列強的殖民地。首先來到該地的殖民國家是西班牙，西班牙在這裡建立了基地，並從非洲運來大批黑奴。1608年，英國往該地移民，企圖將該地變成英國的殖民地，然而慘遭失敗。

　　1650年，法國從西班牙購買此地。英國人不甘心就此失敗。1763

▶ 20世紀80年代，拉丁美洲的一場戰爭引人注目。這場戰爭讓世界知道了格瑞那達，同時讓世界各國看到了AK-47的正義之聲。圖為展示在博物館的AK-47。

年，英國依據《凡爾賽條約》從法國手裡割佔了該島，此後一直統治該島兩百多年。1958年，格瑞那達參與西印度聯邦，然而不久後，聯邦瓦解，格瑞那達退出該聯邦。1967年，它取得了內部自治權，成為英國的聯邦國之一。1974年2月7日宣布獨立，同年加入聯合國。

獨立後，格瑞那達由統一工黨執政，該黨領導人埃利克・蓋里擔任新政府總理，採取成立親美和親西政策。該舉措引發了在野黨「新寶石運動」的不滿。與此同時，20世紀70年代，美國為首的陣營在與蘇聯為首的陣營的對抗中處於守勢。因此，以蘇聯為首的陣營四處發展勢力，格瑞那達成為其目標之一。

由於格瑞那達地處拉丁美洲，是美國的後方，所以，蘇聯和古巴便想方設法滲透，支持格瑞那達的親蘇政黨「新寶石運動」，向他們提供

無數的武器支援、經濟支援。

「新寶石運動」又稱「爭取福利、教育和解放的聯合進軍」運動。它成立於1972年，其多數成員親蘇和親古巴，主張恢復民主自由，舉行公正選舉，推行「經濟革命化」，建立人民參政的國家，走社會主義道路。

經過多年的發展後，1979年3月，「新寶石運動」發動政變，推翻了親西政權，建立了親蘇的莫里斯・畢曉普政府。新政府成立後，採取了親蘇政策，接受蘇聯的軍事援助和經濟援助，建立了「人民革命軍」和民兵隊伍，進行全方位的改革。

蘇聯和古巴的這一舉動惹怒了美國。美國人歷來認為「加勒比海是美國內海」，格瑞那達具有特殊的戰略位置。雖然格瑞那達僅僅是一個小島，陸地面積僅僅344平方公里，人口僅有11萬，但是其首都聖喬治

▼ 格瑞那達遠遠看去，形狀頗似一個石榴，而「格瑞那達」在西班牙語中正是石榴的意思。這個美麗的名字據說是1498年哥倫布登上該島時取的。圖為從戰場角度拍攝的格瑞那達風光圖。

是一個天然良港，而且它扼守加勒比海進入大西洋的東部門戶，戰略位置極為重要。所以，美國非常看重這個地方。

如今格瑞那達發動政變，美國做出反應。雷根總統表示格瑞那達已經成為蘇聯和古巴的殖民地，用來作為輸出恐怖行動和顛覆民主的基地，一旦格瑞那達徹底被蘇聯和古巴控制，那麼蘇聯和古巴將構建由格瑞那達、古巴和尼加拉瓜三國組成的「鐵三角」，威脅美國後院，美國的後方補給線將受到嚴重的威脅。

他認為，格瑞那達隨時可能成為拉丁美洲的第二個古巴。所以，美國從政治、經濟上對畢曉普政府施加壓力，企圖推翻親蘇政府，建立親美民主國家。

不久之後，飽受「制裁」的畢曉普政府只好採取緩和政策，與美國和西歐大國恢復緩和關係。1983年夏天，他還訪問美國，與美國政府達成了諒解。

畢曉普的妥協，引起了政府內部強硬派的強烈不滿，副總理科爾德和政府軍司令奧斯汀對此表示強烈不滿。與此同時，畢曉普的妥協也引起了蘇聯和古巴的懷疑。於是，1983年10月13日，強硬派在蘇聯和古巴

▶ 美國為了對抗蘇聯和古巴在中美洲的滲透和擴張，以解救美國在格瑞那達的僑民為藉口，集中了大量的兵力，進攻格瑞那達，以推翻格瑞那達的政變政權，扶植親美新政府。圖為美軍入侵格瑞那達時留下的照片。

的支持下發動政變，軟禁了畢曉普。

不過，民眾卻支持畢曉普。幾千市民在首都聖喬治舉行遊行示威，支持畢曉普，要求政府釋放畢曉普。為了息事寧人，政府便放了畢曉普。然而，不久之後，遊行示威者與政府軍發生衝突。得知消息後，格瑞那達政府強硬派一方面採取了強硬措施，派警察鎮壓遊行示威群眾，另外一方面則將畢曉普搶過來，並於當天晚上將畢曉普秘密槍決。

10月20日，軍方接管政權，建立了以奧斯汀為首的「革命軍事委員會」，政權落入親蘇強硬派手中。政變之後，強硬派採用蘇聯模式進行統治。

可是，這一政變給美國總統雷根找到了入侵的藉口，由於格瑞那達發生政變，居住於該島的美國人遇到了危險，這剛好給美國以口實。與此同時，東加勒比組織擔心蘇、古、格會「輸出革命」影響到自己的國家，因此，該組織請求美國出兵格瑞那達。

有了這兩個冠冕堂皇的「理由」，美國副總統布希召開國家安全委員會計畫小組會議，初步決定出兵格瑞那達。24日，美國總統雷根則再次召開會議，決定出兵。

隨後美軍做了戰略部署。此次出兵的目的是以保護格瑞那達的美國人為藉口，集中兵力，速戰速決，推翻親蘇政權，建立親美政權，防止蘇聯和古巴「輸出革命」。

美國具體作戰方案是：海軍陸戰隊在格瑞那達珍珠機場附近的港口登陸，而突擊隊則從格瑞那達西南部薩林斯機場降落，爾後兩隊會合直接北上，與此同時，特種部隊直奔監獄，救出政治犯。

此次作戰總指揮是威廉‧麥克唐納，戰場指揮是約瑟夫‧麥特卡夫。參與的作戰兵力有：15艘各型艦船，包括1艘航空母艦、1艘導彈巡洋艦、1艘導彈驅逐艦、2艘驅逐艦及其5艘兩棲艦船；飛機230架，陸軍

作戰部隊約8000人，其中多數是特種部隊。

相比於美軍的強大武力，格瑞那達則要遜色得多。格瑞那達沒有海軍和空軍，僅有陸軍2000多人，民兵2000人，武器主要有輕武器，包括AK-47、衝鋒槍、火箭炮等，沒有坦克和大口徑火炮。不過，他們並不屈服。格瑞那達政府將主力部署在聖喬治和珍珠機場，民兵則分散部署，積極備戰。

24日晚18時，雷根簽署代號為「暴怒」的作戰命令。第二天上午，美軍突擊部隊降落在珍珠機場，戰爭爆發。事實上，美軍在25日凌晨4點半便開始進攻。美軍艦載航空兵對珍珠機場進行轟炸。5時左右，400名美國海軍陸戰隊員在珍珠機場垂直登陸，其後，又有800人相繼登陸。雙方展開了戰鬥。兩個小時候後，美軍佔領了珍珠機場。

隨後，美軍開始進攻機場附近據點，經過一番戰鬥，美軍控制了格倫維爾。可以說，這一路美軍進展順利。不過，西南方向的美軍則嘗盡

▼ 「海豹」部隊的困境迫使「關島」號上的指揮官調來了更多AC-130進行救援，猛烈的攻擊終於迫使格瑞那達人和古巴人後撤，但是危機並沒有解除，「海豹」部隊仍然處於包圍之中。

了苦頭。在陸戰隊進攻珍珠機場之際，美特種部隊700人在戰機的掩護下，準備在薩林斯機場實施傘降。然而，在飛機到達目的地之前，陸戰隊指揮官得知機場附近有防空武器。他只好下令將跳傘高度調整為500英尺。儘管如此，格軍的猛烈火力迫使傘降行動一度中斷。最後，美軍調來了戰機實施火力壓制，傘降行動才得以繼續。降落後，美特種部隊立即展開戰鬥。經過激戰，他們才控制了機場。下午2時，美特種部隊與前來支援的1500人的隊伍進攻附近據點。幾個小時後，此路美軍兵分兩路：一路進攻聖喬治，一路進攻卡爾維尼格兵營。

與此同時，美「海豹」部隊11名成員空降聖喬治的總督府，營救被捕的斯庫恩總督。可惜，當他們準備撤離時被格軍發現，古巴部隊隨即開著3輛裝甲車前來圍堵。在格軍和古巴軍隊猛烈的火力之下，美「海豹」部隊幾次突襲均以失敗告終，只得一邊退守總督官邸，一邊請求美軍總部救援。

收到求救信號後，美軍便做出營救活動。美軍調集了數百名精銳組成的特種部隊，搭乘兩棲登陸艦，前往營救。一到海岸，他們便開著18輛坦克和裝甲車馳援總督府。隨後，雙方展開激戰，經過12小時的激戰，格軍和古巴軍隊被殲滅，美軍救出了總督及「海豹」小組成員。

為了速戰速決，美軍調來大量物資和部隊，26日，美軍在格瑞那達的地面部隊高達6000人，其兵力3倍於格瑞那達。經過兩天的激戰，美軍南北兩路會師聖喬治。不過，格軍殘餘力量依靠熟悉地形搞游擊戰，抵抗美軍入侵行動。

對此，美軍則化整為零，將部隊分成小分隊，四處圍剿。同時著力抓捕政變領導人。29日，美軍抓到了副總理科爾德，30日，美軍抓到國防部長奧斯汀。緊接著，美軍展開清剿行動。11月2日，美軍完成任務，戰爭結束。

此次戰役，雖然格瑞那達戰敗了，但是格瑞那達民眾英勇抵抗美國侵略軍，給美軍造成了一定的損失，美軍18人陣亡，90人受傷，損失直升機10餘架，耗費1300萬美元。

索馬利亞維和：AK-47對陣M16

美軍特種兵舉世聞名，然而，在20世紀90年代，美軍特種兵在索馬利亞卻吃了大虧，輸給了一群拿AK-47的索馬利亞民兵。

索馬利亞聯邦共和國，地處非洲大陸最東部的索馬利亞半島，它北向亞丁灣，東臨印度洋，西靠肯亞和衣索比亞，西北鄰吉布地。它資源豐富，盛產鐵、錫、錳、石油等。近代以前，它是非洲著名的香料生產國。近代以來，它則被一分為二，北部沿海地區淪為英國殖民地，稱英屬索馬利亞，南部地區則淪為義大利的殖民地，稱義屬索馬利亞。「二戰」中，義屬索馬利亞被英軍接管。至此，英軍控制了整個索馬利亞。

「二戰」後，聯合國決議將原義大利侵佔區交義大利管理。不過，民族獨立是大勢所趨，1960年6月26日，索馬利亞北部獨立，當年7月1日，索馬利亞南部獨立。當天，南北索馬利亞合併，宣布成立索馬利亞共和國。

8年之後，國民軍司令穆罕默德‧西亞德‧巴雷發動政變奪取政權，建立索馬利亞民主共和國。1976年7月，索馬利亞政府成立了「索馬利亞革命社會主義黨」接管最高委員會全部權力，西亞德擔任總統。

1991年，西亞德政權被推翻，全國陷入群龍無首的狀態，各地軍官割地自立，軍閥混戰，索馬利亞陷入了內戰。經過角逐，索馬利亞形成了四大派系：馬里蘭、邦特蘭、拉漢文蘭和艾迪德。然而，這四大派系互不相讓，相互拆台，致使索馬利亞社會動盪不安，經濟崩潰，加上天

▲ 1993年6月到10月之間，索馬利亞地方軍閥部隊與聯合國索馬利亞維和部隊之間爆發多場槍戰，結果造成24名巴基斯坦士兵與19名美國士兵死亡（全部美國士兵陣亡31名）。圖為手持AK-47的索馬利亞軍人。

災，索馬利亞出現大饑荒，民眾陷於水深火熱之中。兩年之內，因為天災餓死的就有30萬人。

　　1992年，國際社會決定援助索馬利亞。於是，成千上萬的救援物資源源不斷地運往索馬利亞。可是，軍閥們卻不顧民眾的死活，他們四處襲擊救援人員，搶奪救援物資。軍閥的這種反人道主義做法使得救援者不得不撤出索馬利亞。隨後，以美軍陸戰隊為首的多國部隊進駐索馬利亞。

　　1993年，經過聯合國的外交努力，索馬利亞多數軍閥願意和談。不過，艾迪德卻不願意和談。他認為正是聯合國的「搗亂」才使得自己的地盤被削減。所以，美軍陸戰隊一撤，他便向部隊下令襲擊聯合國部隊。

1993年6月5日，索馬利亞民兵伏擊了一支巴基斯坦維和部隊，打死士兵24人。隨後，他們將陣亡的維和士兵的屍體剁碎。此事一經報導，震驚世界。對此，美國認為必須發動戰爭才能給索馬利亞帶來和平。1993年6月11日至17日，以美國為首的維和部隊在飛機和坦克的掩護下，對艾迪德發動進攻，殺死30多人，殺傷數百人，攻陷艾迪德總部。然而，艾迪德僥倖逃脫。隨後美軍懸賞2.5萬美元抓捕艾迪德。對此，艾迪德痛恨美軍，隨即報復美軍。8月7日，艾迪德伏擊維和部隊車隊，打死美軍4人。

當年8月，聯合國安理會授權維和部隊可以採取必要措施，抓捕艾迪德。得到授權後，時任美國總統柯林頓立刻派出「三角洲」部隊前往索馬利亞。

「三角洲」部隊是美軍中的精英，該特遣隊來自於美軍各個特種部隊，如陸軍的特種部隊第七十五步兵團，海豹第六隊。

抵達索馬利亞後，「三角洲」部隊展開搜捕行動。1993年10月2日，他們從臥底那裡得知，艾迪德的兩位心腹，財務總管歐馬·沙朗和對外發言人蒙哈米·哈山·艾瓦將在摩加迪沙奧林匹克飯店開會。

10月3日，他們便展開行動。當天下午3時32分，美軍開始實施抓捕行動。「小鳥」和「黑鷹」直升機從機場起飛，地面部隊也隨即飛速開往目的地—摩加迪沙奧林匹克飯店。先到達的兩架「小鳥」直升機在飯店南側著陸，機上「三角洲」成員則直奔大樓，他們邊跑邊扔煙霧彈，隨即撞開鐵門衝進院子。還沒有等艾迪德的兩位心腹反應過來，「三角洲」隊員就從大樓後側衝進房間控制了局面。隨後，他們將抓獲的24名俘虜銬起來，趕到一樓，準備撤離。

然而，就在這個時候，艾迪德得知了消息。他用擴音器向人民廣播說，「三角洲」部隊是侵略者，跟西方殖民侵略軍一樣，號召索馬利

亞民眾起來反抗。當時，索馬利亞民眾根本不明白殖民侵略軍與維和部隊的差別，所以，在他們聽到了艾迪德的廣播後，紛紛趕來抗擊「侵略者」。無數子彈從美國大兵耳邊穿過，美國特種兵陷入了索馬利亞的「人民戰爭」之中。幸運的是，丹尼‧麥克尼特中校帶著護送車隊趕來了。到達現場後，麥克尼特下令史楚克軍士率領3輛悍馬車將重傷的布萊克伯恩送回基地，然後再用其餘9輛悍馬車和卡車將俘虜和特遣隊運送出去。

當時，史楚克只有24歲，不過他不僅參加過波斯灣戰爭和巴拿馬戰爭，還多次作為維和部隊成員負責運輸補給任務，作戰經驗豐富。此次，他奉命用悍馬車運送布萊克伯恩回基地，也算是一大挑戰。因為，一路上，他遭到了艾迪德武裝份子的圍追堵截。面對AK-47猛烈的槍彈，他使出渾身解數才最終完成任務。回到基地後，他發現他的機槍手

▼ 摩加迪沙之戰使美國對地面戰產生了很深的畏懼感。無論是1998年對伊拉克實施的「沙漠之狐」行動，還是1999年的科索沃戰爭，美軍均採取非接觸作戰方式——空襲戰。這也許是美國人從此戰中得出的教訓。圖為根據摩加迪沙之戰而拍攝的影片劇照。

中彈身亡。

　　史楚克安全回營，然而後續車隊則沒有那麼幸運。無數的索馬利亞民眾撲向了美軍。他們有的手拿AK-47猛烈地掃射美軍，有的發射火箭彈襲擊車隊，有的在各個路口架設障礙物，阻擋美軍車隊。

　　擔任掩護作戰的4名狙擊手，坐在「黑鷹」直升機上，與索馬利亞民眾對戰。出乎「三角洲」特遣隊員意料的是，索馬利亞民眾不怕死，一個索馬利亞人陣亡了，旁邊的人立即撿起武器繼續戰鬥。在激戰中，「黑鷹」被火箭彈射中，當場墜毀。

　　美軍司令官隨即命令離墜機地點最近的「三角洲」部隊前往救援。不一會兒，一架直升飛機降落在墜機地點。隨後，機上的隊員拿著槍衝向墜機地點，將傷員運送到直升機。過了一會兒，美軍「超級68」直升飛機飛往該地，繼續搜救。不幸的是，這架直升機被火箭彈擊中，只得降落到摩加迪沙機場。

　　地面上作戰依舊激烈。索馬利亞士兵用火箭彈摧毀了一輛輛前往支援護送車隊的汽車。索馬利亞民兵的這一舉動打亂了美軍的部署。為了營救「三角洲」隊員，美軍命令「超級64」直升機駕駛員麥克‧杜蘭特利用火力壓制索馬利亞士兵，掩護車隊。

　　然而，剛到指定地點的「超級64」還沒發揮超強火力就被火箭彈射中尾翼。杜蘭特只好將飛機降落到地面。剛到地面，杜蘭特便用衝鋒槍自衛。見此情景，美軍下令「超級62」用火力壓制索馬利亞民兵救援杜蘭特。然而，沒過多久，該飛機也被火箭彈擊中，兩個狙擊手全部陣亡，最終，杜蘭特被索馬利亞民眾狠狠揍了一頓，成為索馬利亞的俘虜。

　　直升飛機遭到打擊，美軍地面部隊也遭到了來自四面八方的攻擊。十幾個索馬利亞士兵衝向「黑鷹」的墜機地點，而一些沒有武器的索馬

利亞民眾則衝向美軍，躲在民眾背後的索馬利亞士兵趁機向美軍開槍。面對敵軍這種人群戰術，美軍特種部隊是有苦難言，無能為力。

此外，特遣隊隊員對索馬利亞地形不熟悉，他們只能依靠飛機指引。然而，飛機常常指引錯誤，將美軍引入錯誤街道，使得美軍遭受來自街道兩旁索馬利亞民兵的猛烈攻擊。

從作戰開始到夕陽西下，首批160名「三角洲」隊員遭遇困境，他們不是躲在車裡遭到索馬利亞人的攻擊，便是被分割包圍，昔日不可一世的美國特種兵此時卻只能被動挨打。當天晚上，美軍派出「超級66」直升機給被困的美軍特遣隊運送彈藥、飲用水、血漿等必需品。然而，直升飛機一降落，立刻遭到了索馬利亞軍隊AK-47步槍和火箭筒的攻

▼ 不得不說，在陸地戰中，尤其是在惡劣的陸地戰中，AK-47的優越性要遠遠高於M16，摩加迪沙之戰從很多方面說明了這一點。蘇聯解體以後，卡拉什尼科夫幾乎每年都到國外參觀和考察。美國國家博物館軍史館長伊澤爾博士於1990年春邀請他到美國參加20世紀著名槍械設計師電視文獻紀錄片的拍攝工作。訪美期間，卡氏跟著名M16步槍（美軍主力步槍）的設計師斯通納進行了學術交流。圖為兩位槍械設計大師的合影。

擊，幸運的是，雖然機身多處被擊穿，但是它還是逃回了營地。

美軍陷入了索馬利亞民兵的包圍之中，形勢岌岌可危。對此，美軍派出第十山地師一個滿編連，前往營救。比爾‧大衛中校率領150名士兵乘坐9輛卡車和12輛「悍馬」車奔向特遣部隊的地點。當晚11時30分，救援隊衝向城裡。由於有空中直升機的支援，這個連成功與特遣隊會合。

安置好傷員後，救援部隊炸毀了兩架壞掉的直升機，帶著特遣隊撤退。經過一晚上的激戰，特遣隊返回了基地。此次戰役，美軍特遣隊陣亡19人，傷70餘人，2架直升機被擊毀，3架被擊傷，數輛悍馬車和運輸車被毀，美軍遭到了重創。

10月4日，美軍士兵的屍體被當街遊行示眾。消息傳出後，世界震驚。美國輿論界批評美國政府出兵索馬利亞。而英國前首相希恩說，聯合國不應成為美國軍事行動的保護傘，德國則說，美國在索馬利亞進行了「一場骯髒的戰爭」。

10月5日，美國總統柯林頓召開緊急會議商討應對措施。兩天後，柯林頓發表電視講話，宣布從索馬利亞撤軍。他說，美國給索馬利亞送去上萬噸的糧食和藥品，可索馬利亞卻送給美國十幾具棺材。

1995年3月2日，最後一批維和部隊撤出索馬利亞，聯合國維和行動結束，這場歷經27個月，耗費20多億美元的維和行動失敗了。它造成了100多名維和士兵陣亡及近萬名索馬利亞人死亡。

科索沃戰爭：AK-47上演善與惡

南斯拉夫解體過程中發生了數次戰爭，在這些戰爭中「科索沃戰爭」最引人矚目。說它引人注目不僅是因為這場戰爭屬於現代化高科技

戰爭，還因為科索沃民眾爭取民族獨立自強不息的精神。

南斯拉夫聯邦解體後，斯洛維尼亞、克羅埃西亞、波赫、馬其頓相繼獨立。1992年塞爾維亞和蒙特內哥羅兩國組成「南斯拉夫聯盟共和國」，至此，原南斯拉夫聯邦分裂為5個獨立國家。

在這一過程中，各民族因為民族問題、宗教問題、利益問題、領土問題發生戰爭。其中，科索沃危機備受世人關注。科索沃位於南聯盟塞爾維亞共和國西南部，與阿爾巴尼亞、馬其頓相鄰，面積將近1.1萬平方公里。人口大約200萬，其中九成以上都是阿爾巴尼亞族。

在南斯拉夫聯邦時期，它是塞爾維亞共和國的自治省。然而，隨著民族獨立思潮席捲東歐，當地民眾要求民族獨立。尤其在鐵托去世後，當地發動了以獨立為目標的民族獨立運動。

然而，科索沃民族獨立運動沒有得到塞爾維亞政府的同意，雙方發生了衝突。1989年，時任塞爾維亞共產黨領導人米洛舍維奇下令宣布取

◀ 如果說波斯灣戰爭是最後一次工業化時代的戰爭，那麼科索沃戰爭可以稱得上是第一次真正意義上的訊息化時代的戰爭。這次戰役中，無數的新型武器裝備參與戰爭，AK-47也是其中之一。圖為卡拉什尼科夫設計局設計的AK系列機槍，該系列機槍是卡拉什尼科夫根據AK-47突擊步槍工作原理設計的通用機槍。

消科索沃自治省的地位。消息一出，科索沃民眾發起更大規模的民族運動，然而卻遭到政府的鎮壓。

1992年5月，科索沃民族主義運動高漲，他們自立議會和行政機構，並進行民主大選，選舉民主聯盟領導人魯戈瓦為「科索沃共和國」總統，對抗塞爾維亞中央政府。

塞爾維亞政府隨即調動部隊進行鎮壓。然而，科索沃阿爾巴尼亞族人（簡稱「阿族」）隨即組織部隊進行反抗，雙方展開了激戰。1996年，阿族激進份子組建武裝組織「科索沃解放軍」，從各地購買大量的AK-47等武器，抵抗塞爾維亞政府軍。其中大部分槍械來源於阿爾巴尼亞政府。

1997年阿爾巴尼亞政府倒台，庫存中100萬輕武器流入黑市，每支AK-47售價僅200美元。科索沃利用民眾捐助的資金購買其中大部分武器武裝部隊。「科索沃解放軍」幾乎人手一把AK-47。

隨後「科索沃解放軍」襲擊政府的保安部隊，殺害塞族官員以及他們認為與塞族有合作的其他民族。米洛舍維奇下令調集大批軍隊和警察部隊進駐科索沃，發動一系列進攻計畫，征剿「科索沃解放軍」。由於「科索沃解放軍」缺乏有效的戰術，不懂AK-47適合游擊戰的特點，只懂得固守山谷、公路等要地，結果損失慘重，局勢危急。

在這個時候，北約來了。科索沃局勢的發展使得以美國為首的西方國家大為不安。他們擔心南聯盟的行動干擾他們建立世界新格局的計畫。此外，他們認為米洛舍維奇政權是反西政權，是心腹大患，必須除之而後快。所以，他們在科索沃解放軍即將滅亡的時候，開始干涉塞爾維亞。

北約要求南聯盟給科索沃自由、人權，不得對科索沃發動攻擊，否則北約將對其實施制裁。南聯盟被迫做出讓步，而這讓步使得「科索沃

解放軍」獲得了喘息機會。

「科索沃解放軍」利用喘息之機購買了大量的AK-47、AK-74、M16、60毫米迫擊炮、地空導彈等武器，並且將人數補充到2.4萬人，實力基本恢復到了開戰前水準。

1999年2月，在北約的壓力下，塞爾維亞只好與科索沃代表進行和平會談。在會談上，美國提出了以美國特使希爾草擬的方案為談判基礎。該方案主要內容是：尊重南聯盟領土完整，科索沃享有高度自主權，科索沃解放軍解除武裝，南聯盟將軍隊撤出科索沃，改由北約部隊駐守。

然而，南聯盟難以接受這個方案，因為，南聯盟既不同意科索沃獲得自治共和國的地位，又不想北約部隊進駐科索沃。而科索沃也難以接受，因為他們不想解除武裝，他們最終的目的不是自治，而是獨立。

不過，北約卻不容他們拒絕。北約代表聲稱，方案內容不得改變，雙方必須全部接受，否則將遭到懲罰，談判陷入僵局，經過商量，雙方決定休會，改時間再繼續談判。2月15日，雙方重新談判，然而依舊沒有談攏，不歡而散。3月18日，科索沃代表改變態度，簽訂了協議，但是南聯盟卻拒絕簽字。第二天，北約隨即對南聯盟發出最後通牒，如果南聯盟不簽字，那麼北約將對南聯盟進行空襲。不過，南聯盟依舊拒絕簽署分裂國家的文件。

3月24日，北約便對南聯盟發動空襲，科索沃戰爭爆發。戰爭一開始，北約便出動戰機對南聯盟的軍事目標和基礎設施進行為期78天的連續性轟炸，南聯盟損失慘重，不僅大量軍事目標和基礎設施被摧毀，城鎮也遭受到炮火襲擊，傷亡慘重，近500名平民死亡，數十萬人流離失所。

跟波斯灣戰爭不同，此次科索沃戰爭，北約並沒有得到聯合國安理

▲ 美國的第一款隱形戰機F-117，很難被雷達偵察到，但是在科索沃戰爭期間，卻被老式蘇製SA-3導彈擊中。圖為飛機墜落後，人們抱著飛機殘骸痛哭流涕的場景。

會授權。它是北約為建立新格局而發動的一場非法戰爭。此外，在這次戰爭中，科索沃成了西歐國家高科技成果的實驗場。

首先，高科技武器粉墨登場。波斯灣戰爭中，以美國為首的多國部隊研製的高科技武器盡顯威力，獲得了世界各國的青睞，許多武器公司大獲其利。在波斯灣戰爭中，多國部隊使用的高科技武器在10％左右，然而，這一次，北約使用的高科技武器則達到了100％，如新型航空母艦、新型隱形戰機等。

其次，資訊戰登場。此次戰爭，北約部隊使用了50多顆衛星，偵察南聯盟的軍事、情報動態。如美國中央情報局出動2顆軍事偵察衛星，3顆傳送圖像和數據衛星，4顆觀測海洋和大氣的氣象衛星等。此外，北約還調來了EA-6B電子干擾戰機，干擾襲擊南聯盟軍隊。在南聯盟上空，北約的衛星已經織成了一只大網。

除了投入高科技武器之外，北約的干涉目的並不是「教訓」南聯

盟,而是要摧毀南聯盟。他們發動空襲的密度強烈。空襲一開始,北約就集中了460架先進飛機轟炸南聯盟空軍基地,其中有B-2隱形戰略轟炸機、F-117隱形戰鬥轟炸機,而南聯盟僅有蘇製米格戰鬥機。後來,北約參與作戰飛機猛增到1200架。不管是在數量還是性能上,北約的飛機都要遠遠超過南聯盟。

面對北約的壓倒性優勢,南聯盟並不屈服。雖然他們的武器裝備差,雖然他們的國家弱小,遠不如北約13個國家那般強大,但是他們還是奮起反抗。他們採用靈活多變的游擊戰術,四處打擊北約軍隊,取得了一定的效果,他們擊落了當時最為先進的F-117隱形戰鬥機,打破了高科技不可戰勝的神話,還擊毀其他飛機近100架,擊毀巡航導彈238枚。

然而,最終南斯拉夫沒能取得勝利。在北約絕對優勢下,經過俄羅

▼ 科索沃戰爭主要以大規模空襲為作戰方式,連續78天的轟炸給南聯盟造成了重大財產損失和環境破壞,也造成了許多無辜平民的傷亡。圖為1999年3月30日,一位阿爾巴尼亞婦女正在給孩子哺乳。當時,她與多名科索沃難民被允許進入馬其頓,他們正沿著泥濘的道路前進。

斯、芬蘭等國調解，南聯盟最終同意和平談判。1999年6月2日，南聯盟總統米洛舍維奇接受了由俄、美、芬三國制定的和平協議。

該協議在堅持原來朗布依埃方案的主體內容外，還特別強調了通過聯合國機制解決問題，並提出了具體規定。根據這個協議，科索沃未來自治地位將由聯合國安理會決定，難民返回也由聯合國監督實施，此外，多國部隊將進駐科索沃，維持當地和平。

6月3日，南聯盟同意該協議。6月9日，雙方在馬其頓簽署關於南聯盟軍隊撤出科索沃的協議。6月10日，北約則宣布停止空襲。科索沃戰爭暫告一段落。

此次戰爭，南聯盟損失巨大。空襲炸毀了南聯盟12條鐵路、50多座橋梁，摧毀民用機場5個，破壞無數基礎設施，炸毀了300多所學校，造成了1800名平民喪生，6000多人受傷，80萬難民流離失所，而軍隊則傷亡上千人。這場戰爭給南聯盟造成的經濟損失高達2000億美元，超過了南聯盟在「二戰」中所遭受的損失，戰爭讓南聯盟千瘡百孔。

2008年2月27日，科索沃正式宣布獨立。雖然科索沃獨立是意料之中的事情，然而它的獨立卻讓人意外。因為科索沃獨立並沒有遵照聯合國1999年相應的協議來做，相反地，它打破了聯合國和北約聯合托管的局面，使得巴爾幹半島再次成為歐、美、俄角逐的據點，一個既分裂又危險的歐洲展現在國際社會面前。

第六章

AK-47：邪惡之槍

官方數字顯示，自蘇聯製造這種槍開始，AK-47參加了20世紀50年代以來的90%的戰爭，AK-47槍口噴射的子彈殺死了700萬人。遠遠高於「二戰」末期美軍使用原子彈轟炸廣島和長崎所殺傷的人數。

波茲南事件：AK-47槍口對準國民

　　20世紀50年代，美蘇爭霸開始全面展開。面對馬歇爾計畫、杜魯門主義、北大西洋公約，蘇聯成立了華約組織，團結華約成員國，對抗資本主義陣營。然而，由於蘇聯干涉成員國內政外交，加上成員國照搬蘇聯模式，結果成員國內部出現了一些問題，引發民眾遊行示威，而政府則調動手持AK-47的部隊進行鎮壓。其中，波茲南事件就是典型的一個例子。

　　「二戰」後，波蘭走社會主義道路，搞起了土地改革、計畫經濟。1948年，基本完成了工商業改革，經濟取得了重大發展。1948年開始，

▼　在波茲南事件中，AK-47成為了罪惡的代名詞，因為它的槍口對準了無辜的國民。在戰場上，AK-47或許發揮了某種程度的正義性，但是在和平年代，一旦它的槍口對準手無寸鐵的平民，它便是罪惡的象徵。圖為AKS-47模型。AKS-47亦被稱為AK-47S，是AK-47的金屬折疊槍托版本，是AK槍族的一員，也是AK槍族最早的型號之一，同屬AK-47的第1型。

▶ 波茲南事件是波蘭人民共和國歷史上第一次針對波蘭統一工人黨政府的大規模罷工事件，該事件是波蘭逐漸擺脫蘇聯政治控制的里程碑事件之一。圖為反映波茲南事件的圖片。

波蘭人民共和國便繼續全盤接受蘇聯模式。

　　在經濟上，政府不考慮國內實際情況，照搬蘇聯經濟模式。強迫農業集體化，重點發展工業，追求物質指標，結果導致工業、輕工業、農業比例失調，生產下降，通貨膨脹，民眾生活品質下降。此外，政府還實行高積累、低消費的政策，結果政府積累了大量財富，而民眾的生活卻得不到改善。

　　在政治上，波蘭政府建立了龐大的官僚機構，實行一元化領導，強化領導人形象。結果出現了個人崇拜、貪汙腐敗，造成了政治僵化。這種狀況直到史達林去世才得以緩解。1953年，史達林去世，波蘭僵硬的政治局面開始有所改變，改革派紛紛上台。然而，改革派卻受到保守派的重重阻礙，改革成效甚微。眼看政府沒有改革的決心，民眾便對政府失去了信心和希望。

　　1956年，蘇共召開二十大，赫魯雪夫在會上作了《關於個人崇拜及其後果》的發言，強調「非史達林化」，對史達林時期犯下的錯誤進行猛烈批判，結果引發了社會主義陣營的「大地震」，緊靠蘇聯的波蘭受到了嚴重影響。波蘭民眾要求社會生活民主化，要求政府對「大清洗」運動做出解釋，將歷史真相公諸於眾，然而，波蘭政府保守派對此卻諱

莫如深。

1955年下半年，波蘭政府進行工資制度改革，降低工人工資，結果波蘭全國大約有75％的工人工資下降，與此同時，波蘭政府還向社會先進工作者所獲得的獎金徵收高額獎金所得稅，致使許多獲獎先進工作者跟沒有獲獎一樣，幾乎得不到獎勵。這個引發了民眾的不滿。原本生活就沒有得到改善的民眾憤怒不已。

量變引發質變。1956年6月8日，積怨已久的民眾終於行動了。波茲南采蓋爾斯基機車車輛製造廠的12名工人聚集在一起，商量對策。他們提出了增加工資和減少稅收的要求，並決定派遣30名代表前往首都華沙，向機械農業部反映意見。不過，他們不能越級彙報，所以他們派出代表與廠方談判增加工資和減稅的內容。

兩個星期過去了，工人代表與廠方談判毫無進展。幾乎每一次，廠方都是以自己沒有授權資格為理由，拖延談判時間。眼見廠方故意拖延時間，工人們便決定用罷工來逼迫廠方同意工人派代表前往華沙。隨後，他們舉行了罷工。消息傳出後，市交通公司的職工也紛紛發表聲明，支持波茲南采蓋爾斯基機車車輛製造廠的罷工活動。

由於此次罷工正好是第25屆波茲南國際博覽會開幕時間，廠方害怕上級怪罪下來便同意與罷工者談判。經過談判，1956年6月25日，廠方與工人達成了一致意見，決定派出工人代表和廠方代表一起到華沙。到華沙後，工人代表與機械工業部部長費德爾斯基和工會主席克沃謝維奇進行談判。

在談判桌上，費德爾斯基答應了工人的要求，並讓克沃謝維奇前去波茲南與工人們談判。抵達波茲南後，克沃謝維奇沒有兌現華沙談判桌上的承諾，相反，他說：「同志們，情況並沒有像你們所說的那麼壞，趕緊回去工作吧。」隨後，他告訴工人，等到國際博覽會結束，他才與

工人繼續談判，解決問題。

聽完克沃謝維奇的講話後，工人憤怒不已。經過了二十多天努力才換來的談判，結果卻被政府要員以國際博覽會結束後再談敷衍了事。工人們決定對政府的漠視做出反應。6月27日，工人們再次罷工，並且決定6月28日大罷工上街遊行示威。

對此，波蘭政府不以為然。6月28日早上6點半，1200多名采蓋爾斯基機車車輛製造廠職員開始上街遊行，他們從捷爾任斯基大街出發，向波茲南市中心進發。他們一邊走著，一邊大喊「要麵包和自由」等口號，喊聲震天。沿途群眾紛紛加入，既有工人也有民眾。等他們走到省黨委和市政府大樓時，遊行示威人數已經高達10萬人。

不過，遊行示威者並沒有直接衝擊省政府。他們派出了代表與省政府和市政府要員談判，他們希望省委第一書記斯塔夏克能夠與他們談

▼ 由於政府始終無法給工人們一個真正的交代，無數的人們開始走上街頭示威遊行。圖為波茲南事件中舉著「我們要麵包」標語的遊行者。

判。然而，斯塔夏克沒有出現，市人民代表會議主席弗龍茲科維亞克作為代表會見遊行示威代表，雙方展開了談判。

在談判中，工人代表要求總理西倫凱維茲前來波茲南給工人們一個說法。可是，弗龍茲科維亞克沒有答應，談判陷入僵局。而等候在外邊的10萬民眾不知道談判進展結果如何便開始著急了。

就在這個時候，有人說工人代表被逮捕入獄。結果，原本著急的民眾情緒高漲，其中一部分示威者一邊高喊著「要麵包要自由」的口號，一邊則衝向臨近的姆溫斯卡街監獄，與獄警發生衝突。上午11時，示威者解除了獄警的武裝，將奪得的武器武裝隊伍，佔領監獄。隨後，他們釋放了257名「政治犯」。

半個小時後，人群衝向警局，討要說法。對此，政府依舊沒有做出相應的措施來緩解局勢，反而調來了警察部隊，準備用暴力驅散民眾。他們用高壓水柱射向人群，許多民眾受傷。然而，民眾隨即撿起石塊還擊。

政府見狀，便下令開槍，進行武力鎮壓。許多民眾倒下，無數民眾受傷，他們只好後退，但是有些民眾開始構築街壘，準備與政府軍對峙。不一會兒，民眾構築了街壘，從姆溫斯卡趕來的示威者也及時趕到。隨後，他們與政府軍展開激戰，有槍的射擊，沒有槍的則組成人牆，局勢進一步惡化。

12時左右，政府調來了運兵車和幾輛坦克，維持現場「秩序」。然而，面對滿面怒容的示威者，政府不敢下令讓前來支援的部隊開槍、開炮。由於士兵們不能開槍，所以，這批部隊很快就被示威者解除武裝。在此過程中，士兵和民眾沒有發生戰鬥，而是相安無事。

眼見示威者抗爭加劇，省政府調來了內衛軍第十團的部隊。這一次，示威者沒有那麼幸運了，因為政府已經下達命令，允許內衛軍第十

團的部隊開槍還擊。當然,他們想不到的是,中央政府已經決定動用軍隊對他們進行鎮壓。

其實,罷工消息傳到華沙後,波蘭政治局便召開緊急會議商量對策,最終決定派軍隊鎮壓。與此同時,中央書記蓋萊克、總理西倫凱維茲和將軍格羅霍夫・波布瓦夫斯基飛抵波茲南坐鎮。

16點30分,波蘭兩個裝甲師和兩個步兵師,大約10300人,組成鎮壓軍,進駐波茲南,該軍配備了大量的坦克、裝甲車和野戰炮,而士兵人人手拿火力猛烈的AK-47和PKM。此外,大量的國家安全部隊也前來支援。

很顯然,談判已經沒有必要了。示威者也看清了政府的「決心」。當天晚上,雙方展開了激戰,示威者拿著石頭和木棍及少量的槍進攻政府正規軍。

而正規軍則絲毫不客氣,他們開著坦克、裝甲車,拿著AK-47對示威者進行鎮壓。天黑了,夜深了,但是波茲南卻火光不熄,炮聲連連。

29日凌晨4時,波茲南才平靜下來。29日上午,總理西倫凱維茲發表講話,他說這個事件是「帝國主義代理人」和「國內地下份子」共同策劃的反政府活動,政府對其實施鎮壓是護國舉動。

然而,波茲南事件的真相民眾心知肚明。為了緩解局勢,波蘭政府做出了幾項舉動,命令軍隊於30日撤出波茲南,將機械工業部部長費德爾斯基降職,將波茲南采蓋爾斯基機車車輛製造廠的稅款還給工人,給遇難者舉行安葬儀式,對叛亂者進行審判。

不久之後,波茲南事件平息。

此次事件,示威者傷亡頗大。據波蘭官方統計,74人死亡,800人受傷,658人被捕,其中22人被判刑,直接經濟損失高達350億茲羅提。

由於波茲南事件發生在國際博覽會期間,因此許多外國遊客親眼目

為了紀念在工人遊行抗議中不幸遭到鎮壓死亡的人們，波茲南建立了波茲南事件紀念碑。這座紀念碑是兩個20公尺高的被綁在一起的十字架。波茲南事件紀念碑已經成為這座城市歷史中很重要的一部分。

睹了整個事件，大為震驚。西方媒體也一致譴責波蘭政府將槍口對準民眾的粗暴行為。所以，不久之後，波蘭召開第二屆八中全會，波蘭高層發生變動，中央書記蓋萊克辭職，哥穆爾卡當選中央第一書記。一上台後，他立即為波茲南事件平反，釋放被捕者。

在此過程中，AK-47參與其中，「犯下」大罪，然而不久之後，它又見證了一起血案。

十月事件：匈牙利改革受挫

匈牙利地處歐洲中部，是內陸國家。它東鄰羅馬尼亞、烏克蘭，南毗斯洛維尼亞、克羅埃西亞、塞爾維亞，西接奧地利，北靠斯洛伐克。它歷史悠久，起源於東方遊牧民族—馬扎兒人遊牧民族。

9世紀，該民族西遷定居多瑙河盆地。13世紀受到蒙古欽察汗國的攻擊，損失慘重。此後，匈牙利遭受匈奴帝國、鄂圖曼帝國入侵，一分為三。進入近代，匈牙利開始走獨立道路。然而，遭到了奧地利和沙俄軍隊的扼殺。「一戰」後，匈牙利共產黨建立了匈牙利蘇維埃共和國，然而不久後被推翻，匈牙利重新建立匈牙利王國。

「二戰」中，匈牙利加入法西斯陣營，然而1944年，德軍不管匈牙利親德還是親蘇，依舊佔領匈牙利。這個舉動引發了匈牙利上下的反抗。1945年，在蘇聯的幫助下，匈牙利解放全境。第二年，匈牙利共和國成立。1949年則宣布改為匈牙利人民共和國，成為社會主義陣營中的一份子。

　　然而，主政的匈牙利勞動人民黨領導人拉科西・馬加什上台後，一味照搬蘇聯模式，不顧本國國情，結果經濟發展緩慢、政治腐敗，導致民怨沸騰。1953年，蘇聯最高領導人史達林去世，赫魯雪夫上台。上台後，赫魯雪夫對東歐盟國內政外交做了一系列調整。而匈牙利也做了一些調整。當時，擔任部長會議主席的納吉・伊姆雷實施新方針，進行非蘇聯模式化的改革。可是卻遭到了蘇聯的干預。22個月後，新方針被迫中斷。

　　然而，納吉並未就此放棄。他認為匈牙利照搬蘇聯模式只會滅亡，匈牙利必須走出一條適合自己國情的社會主義道路。於是，他著書出版，主張民族平等和主權獨立，並對抗蘇聯。這些思想得到了匈牙利共產黨的認同，可是，拉科西不但不改革，反而鎮壓黨內要求改革的高官。

▼　「二戰」以後，華約組織成員國因為蘇聯大國沙文主義、國家利益、黨派之爭而發生衝突。為了維護蘇聯的大國地位，蘇聯在允諾成員國生產、仿製AK-47的同時，還利用AK-47來鎮壓成員國的「異舉」。其中，匈牙利十月事件就是典型的一個例子。圖為根據AK-47改裝的新型槍枝。

1956年10月中下旬，波蘭召開了二屆八中全會，選舉哥穆爾卡為第一書記。哥穆爾卡主張走波蘭模式的社會主義道路，他的勝出極大鼓舞了匈牙利民眾。

　　10月22日，匈牙利知識份子和大學生召開盛大的集會活動，在活動上，他們提出了反對蘇聯模式和蘇聯控制為主要內容的「十六點要求」。第二天，匈牙利首都布達佩斯的大學生舉行大規模的遊行示威活動，聲援波蘭改革，要求匈牙利政府適應潮流，實施政治改革。然而，匈牙利內務部長則發表廣播講話，禁止公眾集會和遊行示威。

　　消息傳開後，民眾憤怒了。他們聚集起來，準備發動遊行示威。匈牙利政府沒有辦法，最終只得允許民眾遊行示威。當天下午3點，1萬多名學生從學校出發，前往匈牙利革命詩人裴多菲的雕像和波蘭將軍約瑟夫·貝姆的紀念碑。等他們到達目的地的時候，人數已經增加到20萬。他們高呼民族、主權、改革口號，如「是匈牙利人就站到我們這邊來」、「把拉科西投入多瑙河」、「我們要納吉」等。

　　隨後，他們來到國會大廈，要求納吉出來講話。此時，納吉已經被

◀ 1956年10月，在匈牙利首都布達佩斯街頭，一些人用繩索套住史達林的雕像，隨著一聲吶喊，雕像被推倒在地，這就是匈牙利十月革命中經典的一幕。圖為史達林雕像被推倒在地的瞬間。

解除部長會議主席職務，擔任小職員。不久之後，納吉便出來講話，他勸民眾冷靜克制。民眾見到納吉之後，也開始冷靜下來。可是，當天晚上，新上任的匈牙利勞動人民黨第一書記格羅‧艾爾諾卻發表講話，嚴厲批評遊行示威群眾，說他們是「匈牙利人民的敵人」。結果，剛平靜下來的民眾立即做出反應，他們推倒市中心的史達林銅像，衝進電台，與電台人員發生衝突。

局勢失控了，匈牙利高層慌了。他們召開緊急會議，最終決定第一書記仍由格羅擔任，但重新任命納吉為部長會議主席，平息民憤，同時請求蘇聯出兵。24日中午，納吉則透過電台發表講話，他說政府會在「1953年6月決議」的原則基礎上進行改革，走符合匈牙利國情的社會主義道路。

蘇聯接到匈牙利的請求後，立即召開中央主席團會議。會上多數人同意立即出兵。於是，赫魯雪夫等人制定了代號為「行動波」的行動，由國防部長朱可夫執行。24日下午，朱可夫下令第128步兵師和第39機械化師越境執行任務。

與此同時，赫魯雪夫還命令米高揚、蘇斯洛夫、謝洛夫三人代表團前往布達佩斯支援。三人到達後，發現局勢並非如格羅所說的那般糟糕，沒有必要請求蘇聯出兵。然而，為時已晚，蘇聯軍隊早已越境，進入布達佩斯進行警戒。整個布達佩斯隨處可見拿著AK-47警戒的蘇聯士兵。

蘇聯的舉動激怒了匈牙利民眾。許多工廠成立革命委員會，組織工人抵抗蘇軍的入侵，而匈牙利軍隊也紛紛倒戈，支持民眾。一場匈牙利人與蘇聯人的衝突開始了。

25日，集會遊行中的民眾向蘇聯士兵開槍，致使一輛蘇軍坦克被燒毀。蘇聯士兵隨即反擊，打死60多名民眾。民眾隨即到匈黨中央大廈前

示威，匈牙利士兵與開著坦克警戒的蘇聯士兵對峙。在這個時候，匈牙利警衛部隊前來大廈值勤，蘇軍不知具體情況，以為是亂黨，結果開槍射擊，打死10人。

消息傳開後，匈牙利各大城市紛紛罷工，遊行示威，要求蘇軍離開匈牙利。為了緩解國內民眾的情緒，當天納吉發表講話，他說，匈牙利正在與蘇聯談判，特別是蘇軍撤軍的問題。不過，蘇聯代表團卻發表聲明，撤軍是不可行的，只要布達佩斯恢復秩序，那麼蘇軍可以回到駐地。很顯然，蘇聯是想賴著不走了。

由於流血事件升級，匈牙利勞動人民黨中央召開會議，罷免第一書記格羅，任命卡達爾·亞諾為第一書記。

面對這一結果，民眾情緒穩定下來，而納吉也期待著匈牙利事件能夠成為波蘭歷史的轉折點。上任後，納吉以談判作為解決問題主要途徑，接待一波波代表團。

不過，納吉面臨許多問題，其中兩大問題最難解決，首先，匈牙利共產黨內部也出現了問題，許多黨員紛紛退黨，全國共產黨員人數由87.1萬減少到3.8萬。其次，民眾不管國內外形勢如何，提出了一大堆激進的改革措施，比如重組政府。

10月26日，納吉與蘇聯代表談判，提出了民眾的要求—改組政府。他提出政府要吸收一部分擁護人民民主的著名民主人士。蘇聯代表團商量後，表示認同。

27日，納吉便宣布了新政府組成名單，組建新政府。

可是，新政府遇到了一個問題，如何給這個事件定性。此次參與的人員雖然有舊軍官、犯罪份子，但多數是學生、倒戈軍人和工農群眾。如果定為騷亂，那麼勢必會引起更大的騷亂。所以，納吉在召開的內閣會議上，提出了這是「席捲全國的具有人民和民主根源的運動」。

28日，納吉宣布布達佩斯事件是民族民主運動，同時宣布了新政府的施政綱領及做出了兩個決定：匈牙利全面停火；與蘇聯商定撤軍時間。29日，蘇聯撤軍。可是，局勢並沒有好轉。近8000名犯罪份子拿著AK-47四處作案，引發了民眾的恐慌，而民眾對納吉新政府也不看好。他們認為僅僅吸收幾個非黨派人士的政府不可能大有作為，他們要求通過自由選舉成立新政府。

　　30日，布達佩斯發生了一樁慘案。遊行示威的民眾情緒失控，將值勤的新兵活活打死，並槍殺國防部兩名上校，還殺害了布達佩斯市委書記，整個布達佩斯一片混亂。

　　匈牙利局勢陷入了另外一種困境。對此，蘇聯高層開始商量對策。在匈牙利事件上，莫洛托夫等強硬派要求蘇軍鎮壓，而米高揚等溫和派則認為依靠納吉掌控局勢是可能的。最後，赫魯雪夫認為納吉的行動是

▼　蘇聯的坦克開進了匈牙利，蘇聯的AK-47對準了進行反抗的匈牙利市民，面對蘇聯的「入侵行為」，布達佩斯市民馬上武裝起來開始進行反抗。圖為全副武裝的布達佩斯市民。

反蘇行動，於是，他宣布採取相應措施「在匈牙利整頓秩序」。

31日晚，納吉得知蘇軍越境直奔布達佩斯而來後，立即向蘇聯駐匈使館提出抗議。然而，蘇聯並不在乎他的抗議。11月1日晚上，納吉只好宣布匈牙利中立，請求聯合國安理會四大國保衛匈牙利這個中立國。

得知消息後，赫魯雪夫氣得咬牙切齒。不過，他還是發出了同意與匈牙利就撤軍問題進行談判的聲明。納吉隨即派代表前往談判。與此同時，納吉開始改組政府，他建立了多黨聯合政府。

3日晚上，匈牙利代表團在與蘇軍談判的過程中被逮捕。4日清晨，卡達爾宣布匈牙利工農革命政府成立，與多黨聯合政府對抗。納吉隨即發表最後講話，他說「今天黎明時分，蘇聯軍隊開始進攻我們的首都，其明顯的用意是推翻匈牙利合法的民主政府」。

數小時後，蘇軍17個師全面入侵布達佩斯，迅速佔領匈牙利全境。納吉逃到駐匈南斯拉夫大使館，不久後被蘇軍逮捕、軟禁、判刑。匈牙利事件結束。

歷時13天的匈牙利事件給匈牙利帶來巨大的損失。據報導，此次事件中死亡人數高達2700人，傷13000人，難民20萬人，經濟損失200億福

◀ 匈牙利事件結束後，匈牙利社會主義工人黨政府總結了事件發生的原因和教訓，對政治經濟體制進行了局部的改革和調整。圖為1956年匈牙利事件中暴亂的群眾向已死的匈共黨員開槍的場景。

林，相當於匈牙利全年國民生產總值的3/4。1989年2月，匈牙利社會主義工人黨（簡稱「社工黨」）宣布放棄執政黨地位，實行多黨制。匈牙利開始民主化進程。

AK-47見證了匈牙利改革的血與痛。10年後，AK-47再次參與了捷克斯洛伐克的改革，目睹了「布拉格之春」。

布拉格之春：AK-47終止改革

捷克斯洛伐克地處東歐，它東臨蘇聯，南接匈牙利與奧地利，西連德意志聯邦共和國和德意志民主共和國（1990年10月3日，德意志民主共和國和德意志聯邦共和國統一），北部交波蘭。地理位置比較特殊。捷克斯洛伐克多數是斯拉夫人。早在7世紀，該地區形成了西斯拉夫部落聯盟—薩莫公國。9世紀初，該地區建立大摩拉維亞帝國，開始封建化。此後，與周邊王國發生戰爭，逐步淪為羅馬帝國、奧匈帝國的一部分。

「一戰」後，捷克斯洛伐克建立捷克斯洛伐克共和國。由於俄國發生十月革命，馬克思主義思想波及東歐，捷克斯洛伐克深受影響，1919年，捷克斯洛伐克成立斯洛伐克蘇維埃共和國。不過，沒過多久，就被國內外資本主義勢力所鎮壓，建立了資產階級共和國。

1921年，捷克斯洛伐克共產黨成立，繼續積蓄力量，發動群眾搞革命。「二戰」爆發後，德國佔領捷克斯洛伐克全境，將其一分為二，分別成立了波希米亞和摩拉維亞保護國，其政府流亡海外，而捷共則成立了中央民族革命委員會，進行游擊戰。

1945年年初，捷共聯合各政黨在科希策成立了民族陣線聯合政府。隨後，聯合政府在蘇聯的幫助下，解放了捷克斯洛伐克全境。1946年，

◀ 匈牙利想要改革，蘇聯不答應，結果匈牙利改革發生突變。十幾年後，捷克斯洛伐克毅然發起了「布拉格之春」，這次蘇聯為了維護自己的利益，毅然出動了幾十萬拿著AK-47的部隊，終結了「布拉格之春」。圖為AK-47及相關的槍枝資料。

捷共領導人克萊門特‧哥特瓦爾德當選為聯合政府總理。新政府隨即開始土地改革。在改革中，聯合政府中的民族社會黨等黨派因為接受馬歇爾計畫而陰謀發生政變，結果被捷共鎮壓。

1948年，捷克斯洛伐克完成土地改革，修改了憲法，並改名為捷克斯洛伐克共和國，哥特瓦爾德當選為總統。1955年，捷克斯洛伐克加入華沙公約組織，繼續走社會主義道路。加入社會主義陣營後，捷克斯洛伐克採取計畫經濟，成功完成了兩個五年計畫，工業年平均增長率達到了10.9%，農業合作化基本實現，農業機械化接近完成。可以說，捷克斯洛伐克改革取得了勝利。1960年，捷克斯洛伐克便通過新憲法，改國名為捷克斯洛伐克社會主義共和國，堅定走社會主義道路。

然而，由於蘇聯實行大國沙文主義政策，四處干涉社會主義陣營國家的內政外交，嚴格要求各盟國採取蘇聯模式，結果造成盟國出現了經濟發展緩慢，民主政治僵化的局面。捷克斯洛伐克也是如此。

20世紀60年代，捷克斯洛伐克出現了動盪局勢。其共產黨第一書記兼總統安東尼‧諾沃托尼政權開始動搖。隨著赫魯雪夫批評史達林的大清洗等運動，安東尼‧諾沃托尼因為捷克斯洛伐克國內大清洗問題、經濟問題、自治問題受到了全國上下的批評。其中米蘭‧昆德拉等知名作

家公開批評共產黨，而學生則上街遊行示威。對此，諾沃托尼卻下令鎮壓。

面對國內局勢的惡化，捷共內部也對諾沃托尼的政策不滿。於是，1968年1月5日，在捷共中央委員會全會上，捷共任命亞歷山大·杜布切克為第一書記。杜布切克上台後，放鬆對新聞出版物的控制，批評諾沃托尼等保守成員，為改革造勢。許多親諾沃托尼的高官因為受到嚴厲批評，紛紛離職，最終諾沃托尼也辭職下台，其總統之位由「二戰」英雄路德維奇·斯沃博達擔任。

4月，捷共中央委員會通過了行動綱領，提出了建立「新型社會主義模式」。其主要內容是恢復大清洗歷史問題，修正共產黨權力集中問題，放鬆言論和藝術自由，引進市場經濟，實行經濟改革，強化與西

▼ 瓦茲拉夫廣場是捷克共和國首都布拉格的主要廣場之一，布拉格新城的商業和文化生活的中心。著名的「布拉格之春」事件中的遊行示威就發生在這裡。瓦茲拉夫廣場是示威、慶典和其他公共集會的傳統地點。圖為瓦茲拉夫廣場舊照。

方的關係。隨後，捷共組建新內閣，任命提拔改革派成員，如任命歐德里希‧切爾尼克為總理，任命主張經濟改革的經濟學家奧達‧錫庫為副總理，任命被判處終身監禁的「政治犯」古斯塔夫‧胡薩克為內閣成員等。此外，捷共還充分調動其他黨派、無黨派人士參與改革。一場轟轟烈烈的改革在捷克斯洛伐克展開。

然而，捷共的改革也有阻力，一方面來自內部，主要是一些保守派認為大張旗鼓地改革太過激進，他們擔心會造成社會動盪；另一方面則來自外部，捷共害怕蘇聯和其他盟國會對其下手，終結改革。

於是，捷共便採取對策。他們召開黨中央大會，聲明堅持共產黨領導地位不動搖，一切修正主義都是背離共產黨，是反動行為，借此來安撫捷共懷疑派。隨後，他們發表了「兩千字宣言」，宣揚改革是堅持共產黨道路，擁護蘇聯。

然而，捷共這一改革還是遭到了盟友的反對。波蘭和東德總統都對捷共的改革表示了「關切」，而勃列日涅夫則更是將捷共改革當作反對蘇聯的出格舉動，是背離社會主義的行為。於是，華約成員國在蘇聯的領導之下，從政治、心理、軍事上對捷共進行威懾。

諾沃托尼辭職後，蘇聯便在德累斯頓召開了多國會議，波蘭、東德、匈牙利和保加利亞等國元首和代表團都參與了該會議。在會上，華約成員國根本不給杜布切克代表團發言的機會，而是一致認為這場改革是反革命運動的先兆，會損害到共產黨的領導地位。捷共代表團則宣稱，此項改革不是弱化共產黨地位，而是強化共產黨體制，而且該改革得到了全國上下的認可。可是，華約成員國並不這麼看。隨後，蘇聯還召開了莫斯科會議，勃列日涅夫與捷克代表團進行會談，然而會談的結果是，勃列日涅夫宣布提前進行華約組織聯合軍事演習。

按照華約組織規定，華約成員國聯合軍事演習將於6月在捷克斯洛

伐克進行。很顯然，提前軍事演習有多重目的。一來，蘇聯是想威懾捷共改革派，組織捷共內部黨員一致反對改革派；二來，藉助演習偵察捷克斯洛伐克的地形、軍事部署，為軍事入侵做好準備。所以，演習結束後，多國聯合部隊並沒有立即撤離，而是停留了一陣子。

對此，捷共認為華約成員國有軍事介入的可能性。為此，捷共進行了多方努力，他們主動要求華沙會議前先跟蘇聯單獨進行會談，然而，勃列日涅夫沒有同意。眼見會談無效，捷克斯洛伐克沒有應約參加華沙會議。不過，蘇聯還是召開了華沙會議，組織成員國討論捷共改革問題，會上，成員國建議軍事干涉。最終蘇聯發出照會，支持反對派反革命的行動。

眼見局勢越來越嚴峻，捷共只好再度與蘇聯展開了會談。會後，雙

▼　華沙組織軍隊入侵捷克斯洛伐克當天，國營電台除了播放國歌以外，沒有對外做任何廣播，國際電話以及新聞社的對外電報也被封鎖。只有唯一沒有被限制的業餘無線通訊，將這個事件在全世界公布。圖為華沙軍隊入侵捷克斯洛伐克的經典照片。

方達成了一定程度的共識，因此，軍事介入暫時擱置一邊。這些共識主要是：擁護共產黨的領導地位；加強控制新聞媒體；撤換部分改革派領導人等。很顯然，這些內容就是要阻止捷共改革。

然而，不久之後，雙方就因為共識而鬧翻。8月上中旬，勃列日涅夫兩次打電話要求杜布切克施行共識內容，然而，杜布切克卻以當月的臨時全黨大會為理由敷衍了事。勃列日涅夫雷霆震怒，他認為只有軍事介入才能夠處理杜布切克改革事件。於是，他召開蘇聯共產黨政治局會議，最後決定出兵捷克斯洛伐克。

所謂師出要有名，華約成員國要干涉，則要先得到捷克斯洛伐克內部的請求才行。為此，蘇共進行了努力。最後，蘇聯得到了捷克斯洛伐克共產黨內部的「健全勢力」發出的請求軍事支援的信件。

▼ 蘇聯在入侵後，面對國際輿論決定和捷克斯洛伐克進行談判，經過4天的會談，兩個領導層簽署了「莫斯科議定書」。但這次談判對於干預軍隊的撤退問題，並沒有明確的時間。圖為AK-47武裝下的蘇聯軍隊鎮壓捷克斯洛伐克改革運動的場景。

8月20日晚11時，布拉格機場接到一架蘇聯民航客機信號：飛機出現事故，請求迫降。布拉格沒有警惕，讓其降落。然而，客機一降落，幾十名蘇軍「暴風」突擊隊手拿AK-47衝了出來，他們以迅雷不及掩耳之勢佔領了機場。隨後，蘇第24空軍集團軍紛紛降落。集結完畢後，蘇軍便直奔總統府。

與此同時，蘇陸軍總司令帕夫洛夫斯基指揮聯軍兵分四路入侵捷克斯洛伐克。其中4個裝甲師，1個空降師，1個東德師從波蘭直奔布拉格；4個蘇師，1個東德師在東德切斷捷西部邊界；蘇軍8個師，匈軍2個師，保加利亞軍從南部入侵捷克斯洛伐克；蘇波聯軍4個師則進攻北部。此外，蘇軍還對北約和捷軍實行了電子壓制。蘇、捷戰爭爆發。

6小時後，聯軍控制了捷克斯洛伐克全境。在捷克斯洛伐克，隨處可見AK-47的身影，聯軍特種部隊，普通士兵人手一把AK-47。不過，幸運的是，此次事件僅有80個捷克人被殺。

1969年4月，古斯塔夫繼任捷克斯洛伐克共產黨第一書記，繼續實行「正常體制」，至此，「布拉格之春」宣告結束。

「布拉格之春」是具有重要意義的國際事件，它標誌著華約內部開始出現分裂，是東歐劇變的前兆。

阿富汗戰爭：AK-47下的死亡

「布拉格之春」後，華約成員國之間的關係出現了分裂。與此同時，華約成員國外的蘇聯其他盟友，也開始因為蘇聯大國沙文主義而疏遠蘇聯，為此，華約老大蘇聯決心武力以征服到底。阿富汗戰爭就是其武力征討的具體表現。

「二戰」後，阿富汗投靠蘇聯。雖然阿富汗面積僅是西藏的一半，

但是它的地位極為重要。所以，蘇聯將它看作是南方戰區的一部分。

　　然而，阿富汗總統阿明不想當蘇聯的傀儡，他開始採取措施擺脫蘇聯。這一舉動激怒了蘇聯，為了保證阿富汗的「安全」，蘇聯決定出兵阿富汗。為此，蘇聯進行了認真的準備。

　　當時，國際形勢有利於蘇聯。美國扶持的伊朗巴列維政權受到威脅，美國無暇他顧。此外，蘇聯進行了長期的準備。早在20世紀70年代，蘇聯就通過「經援」和「軍援」，掌握了阿富汗絕大多數的軍事設施，控制了阿富汗國防部重要部門和一些部隊。1979年12月上旬，蘇聯便以保護在阿基地和人員安全為名，調集部隊到阿富汗駐札，首批進入的蘇軍有1500人左右，配備了坦克、火炮，同時，蘇聯以「軍援」的名義運送大量武器到阿富汗，並空降兩個師到巴格蘭姆空軍基地和首都喀

◀ 圖為1989年7月，阿富汗北部馬扎沙里夫政府軍的一個堡壘內牆上掛著的一把AK-47。對於阿富汗軍人來說，沒有什麼槍枝比AK-47更耐用了，對他們來說，AK-47幾乎是戰爭年代的必需品。

布爾機場。此外，蘇聯以檢查武器為名將阿富汗政府軍輕武器封存，拆除了阿軍重武器裝備。最後，蘇軍在邊境的鐵爾梅茲建立了前方指揮部。12月中旬，蘇軍大部隊進入集結地域。12月27日，蘇軍特種部隊槍殺阿富汗總統阿明，阿富汗戰爭正式爆發。

其實，這場戰爭在12月24日就開始了。1979年12月24日至26日，蘇軍出動了280架大型運輸機運送5000名蘇軍和大量武器裝備前往喀布爾國際機場。27日19點30分，駐守阿富汗首都喀布爾的蘇軍發動突襲，迅速佔領阿富汗總統府、國防部、電台等。阿富汗政府軍奮起反抗。28日，蘇軍粉碎阿軍政府軍的反抗，扶植卡爾邁勒上台，並聲稱，此次蘇軍進軍阿富汗是應阿富汗政府邀請的。

同一天，集結在蘇阿邊境的蘇軍6個師從東西兩路進發，對阿富汗

▼ 除了蘇聯擁有大量的AK-47以外，美國也是AK-47或是看起來與AK-47非常相似的槍枝的一大買家。20世紀80年代，美政府曾經向阿富汗的反蘇聯叛亂份子供給非俄羅斯製造的AK-47的仿冒品，而阿富汗軍警更是把AK-47作為標準配備。圖為裝備著AK-47的阿富汗軍隊。

發動了鉗形攻勢。其中，東路3個師沿著早已偵查好的鐵爾梅茲—馬扎沙里夫公路南下，而西路3個師則沿著沿庫什卡—赫拉特公路南下。

4天後，東西兩路蘇軍在戰略要地坎大哈會師。這也就意味著蘇軍基本上控制了阿富汗主要的城市和交通要道。此外，蘇軍還控制了巴基斯坦、阿富汗與伊朗的邊境要地，防止周邊國家支援阿富汗。

在這一階段，蘇軍處於優勢地位。它一共出動了7個師，大約8萬人，便「打敗」了阿富汗10萬人（1個軍團、13個師）的部隊。事實上，阿富汗政府軍幾乎沒有抵抗，大部分部隊繳械投降並支持卡爾邁勒政府。

不過，蘇聯入侵阿富汗還是引發了阿富汗人的反抗。其中一些沒有歸順政府的部隊和民眾自發組織的武裝部隊佔領城池，抵抗蘇軍的侵略。蘇軍隨即做出部署，發動了全面掃蕩工作。

他們調集部隊，對反抗激烈的城市如喀布爾、昆都士、巴格蘭以及庫納爾哈、楠格哈爾、帕克蒂亞等省份發動全面掃蕩。1980年，蘇軍一共發動了三次大規模軍事行動，企圖消滅抵抗蘇軍的游擊隊。然而，阿富汗游擊隊利用有利地形，展開了游擊戰。他們拿著AK-47，時而襲擊蘇軍的巡邏分隊，時而攻打蘇軍的補給線。而裝備著摩托化機械部隊的蘇軍雖然配備了先進武器，但是在叢林作戰中這些武器卻無法發揮優勢，蘇軍陷於被動挨打的地步。

眼見全面掃蕩計畫無法繼續實行，蘇軍又制定了作戰方案，改全面掃蕩為重點圍剿。他們確定了作戰方案：在固守主要城市和交通要道的同時，集中兵力對游擊根據地進行重點圍剿。此外，蘇軍還改變了戰術，他們根據游擊戰的特點制定了先封鎖、次轟炸、再合擊、配機降的戰術。此次圍剿的重點區域有潘傑希爾谷地、庫納爾哈、霍斯特、坎大哈等。

作戰方案制定後，蘇軍便展開了重點圍剿行動，對重點區域進行猛烈進攻。1982年4月，蘇軍調集2萬多人，出動飛機、坦克、大炮，向根據地發動進攻。其中蘇軍進攻潘傑希爾游擊隊根據地的次數就高達8次。蘇軍憑藉武器優勢，曾經一度突破游擊隊的防線，攻佔潘傑希爾。不過，在游擊隊的分進合擊下，潘傑希爾又回到游擊隊手中。

總體而言，蘇軍的重點圍剿計畫是失敗的。雖然蘇軍在付出高昂的代價後佔領了一些游擊隊根據地，但是卻未能消滅游擊隊的主力，幾乎每次圍剿之後，游擊隊便重新回到根據地繼續游擊戰。

為了清剿游擊隊，蘇軍開始從國內增調部隊，將在阿富汗的蘇軍部隊人數增加到14萬，將喀布爾政府軍增加到7萬。可是，游擊隊發展得更快，到1985年，阿富汗游擊隊人數高達10萬人。

這裡面有兩方面原因：一是由於蘇聯攻打阿富汗是侵略行為，因此

▼ 無論是面臨嚴寒還是饑餓，對於一個合格的阿富汗軍人來說，無論如何也不能放下最親愛的武器AK-47，因為只有緊握武器才能獲得安全感。圖為在大雪中拿著AK-47的阿富汗軍人。

引發了阿富汗民眾的同仇敵愾，阿富汗民眾紛紛加入游擊隊；二是蘇軍的侵略行徑遭到了國際社會的譴責，許多國家如埃及、巴基斯坦等開始紛紛支持阿富汗游擊隊，他們不僅給游擊隊提供武器彈藥，有些國家還組織了志願軍前來支援阿富汗游擊隊。

當然，在此期間，國際社會也對蘇聯施加了壓力，要求它與游擊隊代表進行談判。1982年6月，蘇聯與阿富汗游擊隊代表在日內瓦開始會談。這一談就是3年，然而雙方最終沒有達成任何協議。

為此，阿富汗游擊隊更加堅定地抗擊到底。他們手拿AK-47，埋地雷、破壞鐵路、襲擊蘇軍，攪得蘇軍寢食難安，蘇軍開始吃不消了。原本打算速戰速決的戰爭卻變成了曠日持久的消耗戰。在這幾年的戰爭中，蘇聯陣亡人數急劇上升，幾乎過萬，傷殘更多，經濟損失更為慘

◀ 無論是在戰爭年代，還是和平年代，AK-47對於阿富汗軍民都十分重要。在阿富汗，甚至連孩童都知道AK-47所代表的重要的意義——保護自己和爭取和平。圖為1992年，阿富汗一名什葉派穆斯林戰士在喀布爾一處關卡警戒。

重。

1985年，蘇共總書記戈巴契夫決定從阿富汗撤兵。他一方面下令蘇聯停止大規模清剿活動，將戰爭規模控制在低水準上，另一方面將清剿任務交給喀布爾政府軍，而讓蘇軍鎮守城市和交通線，以減少蘇軍傷亡。

眼見蘇軍收縮戰線，控制戰爭規模，阿富汗游擊隊便認為反攻時刻到來了。於是，潛伏於阿富汗的數十支游擊隊紛紛進攻蘇軍駐守的城市和交通線，他們對喀布爾、昆都士、坎大哈、賈拉拉巴德、赫拉特等重要城市發動進攻。其中進攻喀布爾的兵力高達5萬人，然而由於游擊隊內部不和，意見不統一，加上游擊隊不擅長陣地戰，因此進攻屢屢受挫。

1986年，阿富汗出現了這樣的局勢：蘇軍和阿富汗政府軍控制了城市和交通要道，企圖以城市包圍農村，而游擊隊則控制了阿富汗的農村，企圖以農村包圍城市。但是雙方卻因為兵力問題、戰鬥力問題出現了誰也贏不了的局面。

這一年，戈巴契夫決定用政治談判解決問題。在聯合國秘書長德奎利亞爾的主持下，蘇聯、美國、阿富汗、巴基斯坦在日內瓦簽署了政治解決阿富汗問題的協議。協議中規定，蘇軍從1988年5月開始撤軍，9月內全部撤出阿富汗。1989年2月15日，蘇軍將軍隊全部撤回國內。

而阿富汗國內也進行了重新選舉。1985年，阿富汗革命委員會主席團委員納吉布拉擔任人民民主黨總書記，1987年擔任阿富汗共和國總統。1991年，阿富汗建立多黨政府。至此，阿富汗戰爭暫告一段落。

此次戰爭，歷時9年，給雙方帶來了深重的災難。此次戰爭，阿富汗有130多萬人死亡，500多萬人流離失所，而蘇聯也傷亡了5萬餘人，耗費了450億盧布，在美蘇爭霸中由攻勢變為守勢。

索馬利亞海盜：裝備AK-47劫船

現實中，加勒比海盜是存在的，他們存在於16世紀至17世紀，活躍了一百多年。

現在，取而代之的便是舉世矚目的索馬利亞海盜。

2009年，索馬利亞海盜成為《時代》周刊2009年度風雲人物。由此可見，索馬利亞海盜的「實力」非同尋常。

20世紀90年代，索馬利亞內戰爆發，加上乾旱災害，民不聊生，許多人到海裡做起了搶劫的勾當。經過多年的發展，索馬利亞海盜蜂擁而起，其中最著名的有四大集團：

「邦特蘭衛隊」：成立於20世紀90年代初，是索馬利亞海域最早從事有組織海盜活動的集團，不過規模不大。

「國家海岸志願護衛者」：人數少，規模小，主要以劫掠沿岸航行的小型船隻為生。

「梅爾卡」：規模較大，配備了火力較強的小型漁船，四處劫掠，作案方式靈活。

「索馬利亞水兵」：規模最大，人員眾多，武器裝備先進，配備有AK-47

突擊槍、雷達、衛星定位系統，活動範圍遠至距海岸線200海里處。

索馬利亞海盜是一個犯罪集團，但不是烏合之眾，他們擁有自己獨特的組織系統，以「索馬利亞水兵」為例。

首先，它編制健全，管理嚴格。海盜組織仿製海軍，不僅設立了「艦隊大帥」、「少帥」和「財政官」，還擁有其他海船所用的職位。此外，海盜擁有一套嚴格管理系統，強調組織和紀律性。他們對外宣稱是「索馬利亞海軍陸戰隊」。

▲ 索馬利亞海盜是一群手拿AK-47，利用雷達、衛星定位系統無惡不作的亡命之徒。圖為使用AK-47作案的索馬利亞海盜。

　　其次，他們的裝備先進、訓練有素。索馬利亞海盜按照指定的科目進行訓練，配備了世界上先進的衛星電話、全球定位系統，還擁有自動武器和火箭筒。

　　最後，其組織成員心狠手辣。雖然海盜的主要目的是贖金，但是如果船東不按照海盜的要求給予贖金，那麼海盜便會將人質殺害。

　　其中臭名昭著的便是「索馬利亞水兵」總司令阿巴迪‧埃弗亞，此人犯下了無數大罪。

　　看起來，阿巴迪‧埃弗亞是一個傳奇人物，其實，他一點也不傳奇。他出生於彭特蘭省的一個農村家庭。1991年，年僅12歲的埃弗亞被抓去當兵。現實的殘酷塑造了埃弗亞勇猛毒辣的性格。很快他在軍營裡站穩了腳跟。21歲那年，他率領親信造反，槍殺了當地軍閥頭目，自立為王。此後，為了賺取錢財，擴大勢力，他親手打造了一支海盜隊伍。很快，他便建立了一支1000人左右的海盜隊伍，對外宣稱「索馬利亞海

軍陸戰隊」。隨後，他便指揮這支海軍陸戰隊到公海「賺錢」。

剛開始，他們先開始尋找目標。一般而言，許多船隻被劫持是因為不幸在海上碰到海盜，然而事實上，大多數船隻事先就被海盜盯上了。「索馬利亞海軍陸戰隊」會派出「間諜」到蘇伊士運河等地進行偵查，尋找最有價值的船隻，利用網際網路了解這些富有價值船隻的資訊，然後做出劫持方案再行動。

緊接著，海盜船便前往「目標」船隻必經之路，等待目標出現。目標一出現，他們便利用衛星雷達系統判斷其航行方向，然後採用靈活戰術，利用母艇與「目標」船隻對峙，讓快艇迂迴包抄，迅速登船。一般而言，索馬利亞海盜每次劫船都會出動3到4艘快艇。面對全副武裝的海盜，「目標」船隻一般只能束手就擒。

搶劫完船隻後，索馬利亞海盜便帶著「戰利品」回老巢，同時透過船長或衛星通信聯繫船東，告訴船東船隻相關情況並討要贖金。船東答應談判後，海盜便會派出談判代表與船東進行談判。當然，談判的主要內容是贖金金額、繳款時間、地點及其人質交割。

靠著劫持船隻、勒索贖金的做法，他每年至少有3000萬美元的「收入」。拿到可觀的「收入」後，埃弗亞會將其中一部分拿出來獎賞給部下，拿一部分出來購買豪華轎車和別墅，剩下的大部分則買快艇、通信設備和武器，據說，「索馬利亞海軍陸戰隊」已經裝備了肩扛式便攜導彈！此外，埃弗亞還拿出一部分錢給當地貧困的百姓和地方官員，打好關係。

海盜之所以如此猖獗，除了索馬利亞政治動盪之外，還有許多原因。

第一，地理因素。稍微有點地理常識的人都知道，索馬利亞海域緊靠亞丁灣，其狹窄的航道是海盜實施劫掠的理想地點。亞丁灣位於印度

▲　索馬利亞沿海地區海盜活動猖獗，被國際海事局列為世界上最危險的海域之一。據悉，每年從索馬利亞附近海域經過的各國船隻將近5萬艘，除了無法下手的各國軍艦以外，其餘都是客、貨輪，很多都會被索馬利亞海盜盯上。圖為索馬利亞海盜其中一個小分支的成員。

洋與紅海之間，是印度洋通過紅海和蘇伊士運河進入地中海及大西洋的海上咽喉，是許多國家的戰略要道和經濟命脈。據統計，每年通過蘇伊士運河的船隻約有1.8萬艘，其中絕大多數船隻必須經過亞丁灣。此外，亞丁灣有世界著名的港口，其亞丁港和吉布提港舉世聞名。這兩個港口扼守著地中海東南出口和整個中東地區，戰略位置極為重要。可以說，海盜盯上了這裡不足為奇。據統計，2008年，索馬利亞海域發生了多起海盜襲擊事件。

第二，索馬利亞國家貧窮落後。在世界上200多個國家和地區中，索馬利亞是最不發達的國家之一。它的經濟以畜牧業為主，工業薄弱。近代以來，它淪為西歐列強的殖民地，遭受盤剝，經濟發展緩慢。20世紀90年代，索馬利亞政府倒台，內戰四起，難民無數，如今索馬利亞難民超過100萬。這些難民衣食無著落，生活步履維艱。雖然國際社會給

予一定的人道主義援助，但是該國軍閥實行暴力活動抵抗國際社會救援活動，致使難民生活悲慘。難民缺衣少食，度日如年，許多人或轉身加入海盜，或轉而支持海盜，獲取「保護」與「救援」。

在當地的市場上，他們一邊賣青菜，一邊賣拖鞋，中間賣AK-47，盤子裡裝滿了子彈。而且，這些海盜不認為自己是海盜，他們說：「我們是國家的英雄，我們只有一個信仰：要麼戰鬥，要麼死亡。」因此，索馬利亞海盜擁有廣泛的社會基礎。據統計，在2000年左右，索馬利亞海盜總人數在100人以下，然而，到2010年，海盜人數則猛增到了1100到1200人。

第三，利潤高昂。正所謂有錢能使鬼推磨。索馬利亞海盜實施搶劫船隻主要目的便是為了金錢，而海盜搶劫的成本少，利潤高。他們只需要小船和槍枝、通信設備，而不需要過多的投入，一旦他們搶劫成功，那麼他們便能獲得巨額利潤。比如，海盜每劫持一艘船隻就可以獲得100萬到200萬美元的「報酬」。2008年，索馬利亞海盜索要的贖金在1.2

▼ 為防止海盜行為繼續蔓延，北約成員國及其他國家聯合派出海軍軍艦組成了保安部隊，用來打擊猖獗的海盜行為。圖為一夥海盜被保安部隊發現後遭到逮捕的場景。

億美元左右。也就是說，他們只要搶劫一次，便可以擁有名車、美女、別墅。如此誘惑，自然吸引許多索馬利亞人鋌而走險。

第四，海盜使用高科技搶劫，更新了裝備。經過多年的發展，海盜除了人數增加之外，還更新了裝備，他們不再用傳統工具如繩索、大刀和長矛來劫持船隻，相反地，他們購買快艇、重型武器和現代化的全球定位系統、衛星通訊等。他們與時俱進，使用高科技產品來為作案服務。如今，他們的攻擊範圍從索馬利亞海岸延伸到了數百里之外的公海。

第五，美國霸權主義。自從「911」事件以後，美國就藉著反恐之名肆無忌憚地干涉別國內政。布希政府認為索馬利亞政府給國際恐怖份子提供庇護，因此，2006年，美國支持衣索比亞入侵索馬利亞，推翻索馬利亞政權。美國這一霸權主義做法沒有讓索馬利亞進入民主和諧社會，反而造成了索馬利亞的混戰局面。雖然索馬利亞在美國的扶持下建立了新政府，然而新政府實力有限，無法控制全國，也無力控制海岸線，全國幾十個武裝混戰不休。新政府無力控制海岸線，這為海盜提供了廣闊的作案空間，新政府無力控制全國，則讓海盜四處叢生，有些海盜甚至與反政府武裝密切合作。

第六，國際船東的服輸。索馬利亞海盜劫掠船隻的主要目的就是獲取贖金。然而，絕大多數被劫船隻的船東都答應給予贖金。對船東來說，只要不撕票什麼都好談，而這正是索馬利亞海盜所想要的。對此，有人說道：「這不是索馬利亞的問題，而是國際問題，因為國際船東的縱容，埃弗亞和他的海盜集團被養大、養壯了。」

據報導，2007年索馬利亞海域發生了37起海盜劫持事件，而2008年發生了將近125起，每年國際社會都會損失25萬億美元左右。為了保護航線安全，國際社會展開了一系列活動。現在，亞丁灣地區聚集了來自

▲ 隨著聯合護航行動的升溫，劫船換贖金的風險越來越大，老海盜們已經不願冒殺頭的危險，於是紛紛選擇了「投降」。2013年，索馬利亞幾個比較大的海盜集團宣布「金盆洗手」，相關人士認為該地區長期存在的海盜活動或有望徹底解決。圖為投降的部分海盜。

歐盟、俄羅斯、美國、中國、印度和馬來西亞等多國軍艦，共計20艘戰艦。這些戰艦除了護航之外，還進行打擊海盜的軍事行動。此外，2011年聯合國還在索馬利亞設立了特別法庭，審判索馬利亞海域的海盜。

　　經過近兩年的努力，國際聯合反海盜行動取得了進展。2013年，索馬利亞幾個較大的海盜集團對外宣布「金盆洗手」，然而，事實上索馬利亞海域發生的劫船事件依舊頻繁。這一群手拿AK-47的海盜，真讓國際社會無可奈何。

車臣戰爭：AKM盡顯威力

蘇聯解體後，許多地區紛紛謀求獨立，其中俄羅斯境內的車臣「伊斯蘭民族分離主義勢力」也謀求獨立，這遭到了俄羅斯政府的強烈反對，因此俄羅斯政府針對車臣展開了兩次大規模戰爭，史稱「車臣戰爭」。在此過程中，雙方都使用了火力強大的突擊步槍AK-47。

車臣共和國是俄羅斯聯邦中的一員。它地處高加索山脈北側，與喬治亞為鄰，面積大約為1.5萬平方公里，人口100萬左右，其中大多數信奉伊斯蘭教，首都是格羅茲尼。

從面積和人口上看，車臣不過是彈丸之地。然而，它地理位置特殊，地處裡海與黑海之間，是進出高加索地區的咽喉要道，戰略位置非

▼ 對於俄羅斯人來説，AK-47及其衍生品完美與俄軍隊契合，它不僅是俄羅斯軍隊的象徵，甚至是整個國家的一個象徵，幾乎每個俄羅斯軍人都把AK-47步槍當作自己的最愛。圖為手持AK-47的俄羅斯軍人。

常重要。此外，該地不僅地下蘊藏著豐富的石油資源，還是中亞向歐洲輸送石油管道的必經之地。對俄國來說，它至關重要。所以，長期以來，俄國一直牢牢控制著車臣。

早在16世紀，沙俄就對車臣進行了殖民統治，從政治、經濟、軍事各方面滲透。18世紀以後，俄國便採取武力形式進行遠征，控制車臣。19世紀中期，經過50多年的高加索戰爭，沙俄將其併入自己的版圖。不過，由於蘇聯殘暴統治，車臣民眾不斷起義，沙俄在車臣的統治並不安穩。

俄國十月革命後，高加索曾經從沙俄獨立出去，形成數個獨立政府。然而，不久之後，蘇聯便建立車臣自治州。1934年，車臣與印古什自治州合併，加入蘇聯，隨後改為車臣—印古什自治共和國。「二戰」爆發後，希特勒也對高加索情有獨鍾，儘管兵力有限，但是希特勒還是派出坦克集團軍群搶奪該地石油。

得知希特勒進兵高加索，史達林著急了。1944年，他以車臣人私通德國納粹為由，將車臣人強行趕走，流放到中亞和西伯利亞。此次遷徙，近40萬人流離失所，許多人因為這次驅逐而喪生。這件事情成了車臣民族難以抹除的傷痛。

1956年，赫魯雪夫改變了史達林生前的民族政策，車臣人的境況才有所緩解。車臣自治共和國得以恢復，車臣人得以回到高加索定居。進入20世紀70年代後，蘇聯經濟停滯，發展緩慢，20世紀80年代，蘇聯國內危機加深。車臣深受影響，其失業率高達30％，於是，在極端份子的煽動下車臣人開始鋌而走險，發起了民族獨立運動，成為蘇聯的「不定時炸彈」。

1990年，車臣民族分裂勢力明目張膽地衝擊蘇聯政府機構。對此，蘇聯激進民主派認為，不能以反共名義進行鎮壓，而剛剛當選俄羅斯總

統的葉爾欽則說：「地方能吃下多少主權，就拿走多少主權！」

蘇聯政府袖手旁觀，葉爾欽放權，致使車臣分裂活動進一步發展。1991年10月，車臣實行公選，推舉了在阿富汗戰爭中曾被授予蘇聯英雄稱號的退役將軍「杜達耶夫」為總統。杜達耶夫上台後，便宣布車臣獨立，隨後組建了正規部隊國民衛隊，人數高達6萬人。

在談判過程中，蘇聯政府一直妥協，不僅承認杜達耶夫的總統地位，還解除了對車臣銀行的凍結，此外，蘇聯還將北高加索軍區95％的武器移交給車臣，其中包括最先進的T-80坦克。

1992年5月25日，杜達耶夫與俄羅斯簽署了《關於撤軍和車臣共和國與俄羅斯聯邦分配財產條約》。至此，車臣擁有了獨立的地位。不

▶ 在俄羅斯，即使是年紀小小的女孩子，也已經學會了如何分解並組裝AK-47。在俄羅斯，AK-47已經不僅僅是一種槍械的代表，它更代表著一種感情，一種民族的自豪感和自信心。

過，印古什地區並沒有加入車臣反而加入了俄羅斯聯邦。

獨立後的車臣並沒有好好珍惜獨立的機會，相反地，車臣國內動盪不安。小小的國家卻是軍閥林立，戰亂不休，此外，車臣民族壓迫境內的俄羅斯人，致使大量俄羅斯人逃離車臣。

1994年年初，穩定國內局勢後，俄羅斯便開始考慮車臣問題。由於車臣既是戰略要地，又是俄羅斯輸油管道的必經之地。因此，俄羅斯決定清理這個獨立王國，將它納入俄羅斯聯邦。

1994年12月11日，俄軍兵分三路進攻車臣，第一次車臣戰爭爆發。戰爭爆發前，俄羅斯國防部長格拉喬夫曾說道：「只需一個空降營，幾天即可拿下車臣首府格羅茲尼。」然而，此時的俄羅斯軍隊並非當年的蘇聯軍隊。

戰鬥開始後，俄軍依照蘇聯作戰模式，首先運用火箭炮和空軍進行炮火準備。隨後，陸軍便發動進攻。而車臣軍隊則依據有利的地形、公路、山谷進行阻擊。到處是槍聲、炮聲，AK-47隨處可見。曾經的兄弟如今卻變成了仇敵。AK-47的子彈無情地射向了兄弟的身體。經過一番苦戰，俄軍終於在12月29日抵達格羅茲尼，包圍了車臣首都。

隨後，俄軍發動攻城戰。他們用火箭炮和戰鬥機對城市進行猛烈的轟炸，企圖消滅車臣軍隊。然而車臣軍隊卻躲到民眾家中，致使俄羅斯軍隊初期轟炸達不到預定的目標。為此，俄軍下令大規模空襲，不管是軍事設施還是民房，一律在轟炸範圍之內。經過一番空襲後，車臣平民死傷累累。

12月31日，俄軍地面部隊開始攻城。然而，他們遭到了車臣軍隊的頑強抵抗，損失慘重，僅僅一天，俄羅斯軍隊陣亡人數就超過了1000人。車臣軍隊利用AK-47適於游擊戰的特點，在城裡進行游擊戰，他們四處襲擊俄軍，俄軍每前進一步都要付出代價。不過，1995年1月19

日，俄軍還是成功佔領了格羅茲尼。而車臣軍隊撤退到南部山區進行游擊戰。此後，俄軍便以格羅茲尼戰役的戰術為標準，進攻車臣南部要地。

　　走投無路的車臣軍隊便轉而使用極端手段，採取暗殺、綁架、恐怖襲擊等手段，逼迫俄羅斯軍隊撤軍。果然，不久之後，車臣境內的俄羅斯人發起遊行示威，要求俄軍撤出車臣。迫於壓力，鮑利斯·葉爾欽只好和車臣簽署停火協定，從車臣撤軍。第一次車臣戰爭結束。

　　第一次車臣戰爭，俄羅斯軍隊傷亡慘重。俄軍並不像國防部長格拉喬夫所說的，只要一個空降營便可以拿下格羅茲尼。事實上，俄軍陣亡3826人，傷17892人，另有1906人失蹤，損失慘重。此外，此次戰爭還造成了至少10萬平民死亡，經濟損失不可估計。

▼　為了徹底解決車臣問題，普丁在擔任總理不久後就開始精心策劃。1999年8月，俄羅斯抓住車臣叛軍入侵臨近的達吉斯坦共和國這根導火線，發動了第二次車臣戰爭。圖為車臣戰爭中正在使用AKM-47突擊步槍的俄軍士兵。

俄軍損失慘重原因有二。首先，經過多年的動盪，俄羅斯軍隊戰鬥力急劇下降，將官屢屢出現錯誤，戰士鬥志不高，致使俄羅斯損失慘重。其次，車臣得到了外部援助，尤其是美國。蘇聯解體後，美國想要稱霸全球，便需要遏制實力慢慢恢復的俄羅斯。於是，它一方面暗中資助車臣，購買大量的武器裝備武裝車臣，另一方面則在國際外交上，公開向俄羅斯施壓。

　　可以說，這場戰爭，俄羅斯收穫少，代價大。對葉爾欽來說，此次戰爭唯一的勝利便是杜達耶夫本人也被炸死，車臣被納入到俄羅斯共同體。

　　第一次車臣戰爭結束後，車臣武裝力量並沒有屈服，而是在美國的資助下到山區裡打游擊戰，襲擾俄羅斯。為了徹底解決車臣問題，穩定國家局勢，1998年年初，擔任總理的普丁便做了作戰部署，準備對車臣進行軍事圍剿。

　　這一次，俄軍吸取了第一次車臣戰爭的教訓，採取了穩札穩打、步步為營的戰術，同時配合空降兵、特種兵的奇襲、突擊、圍剿等戰術，藉以殲滅和消耗敵軍的有生力量。於是，俄軍建立了無數支特種小分隊，他們利用自然環境，四處出擊，時而攻擊車臣恐怖份子，時而切斷車臣恐怖份子的補給線，屢建大功。

　　作戰方法上，俄軍學習了美軍在波斯灣戰爭、兩伊戰爭和科索沃戰爭中的經驗，充分發揮了空軍優勢。俄軍出動了蘇-24M轟炸機、蘇-25強擊機、米-24武裝直升機對車臣進行轟炸，重點攻擊了車臣基地、雷達系統、彈藥庫等軍事設施。

　　經過一番戰鬥後，車臣武裝份子遭受重創。1998年9月底，車臣總統馬斯哈多夫只好對外宣布，車臣人民和俄羅斯人民都不希望兩國發生戰爭，希望經由外交手段來解決兩國之間的問題。然而，強硬的普丁知

▲ 戰爭並不能帶來和平，AK-47只能消滅敵人，卻不能消除叛軍心中的民族創傷。圖為使用AK-74M步槍的俄特種兵。

道，馬斯哈多夫是想將問題國際化，他當然不會給對方這樣的機會。於是，他說：「俄羅斯非常願意和車臣對話，但是對話僅僅在俄羅斯總統認為必須進行會見或者會見對俄羅斯有利的情況下進行。」

2000年，葉爾欽辭職，普丁升任代總統。隨後，他便到前線視察，普丁坐蘇-27戰鬥機巡查車臣戰區，並做了演講。他說：「哪裡有叛軍就在哪裡消滅他，如果你在廁所裡發現叛軍，那麼你就直接將他塞到馬桶裡。」

2000年1月18日，俄軍對車臣首都格羅茲尼發動總攻。俄軍兵分三路進攻市中心。不過，車臣叛軍卻依靠大面積雷區和堅固工事進行反擊，雙方展開了激烈的巷戰。其中交戰最為激烈的是罐頭食品廠。在這裡，叛軍將窗戶全部封上，同時布置了大量的狙擊手。他們在黑暗處襲擊前來圍剿的俄軍。此外，他們在樓道裡設置了大量的炸藥，很多俄軍

士兵因為不小心踩到炸彈而陣亡。

　　不過，手拿AK-47的俄軍部隊最終還是佔領了罐頭廠。2月4日，俄軍佔領車臣總統府。隨後，俄軍化整為零，四處圍剿。2月28日，俄軍控制了99％的土地，基本上收復車臣，第二次車臣戰爭結束。

　　這次戰爭，俄羅斯陣亡1173人，擊斃叛軍10000人，取得了勝利。不過，殘餘叛軍逃亡山區，繼續打游擊戰。

| 第七章 |

AK-47：國際之槍

2004年，《花花公子》雜誌把AK-47與蘋果、避孕藥和索尼錄影機等一
起評為「改變世界的50件產品」。據統計，全球冠以AK-47的步槍數量
高達1億，其中九成是仿製品。作為步槍中的神器，它和今天的蘋果手
機差不多，一直被仿冒從未被超越。

波蘭：PMK-DGN-60

　　20世紀50年代，美蘇開始爭霸，以美國為首的西方國家組建了北大西洋公約組織，並組建了聯軍，大量裝備M16，而以蘇聯為首的社會主義國家則建立了華約組織，組建聯軍，大規模裝備AK-47及其系列。於是，數百萬AK-47便裝備到各個國家。後來，蘇聯授權給華約國自行仿製生產AK-47系列。許多國家則根據本國武裝力量情況，仿製AK-47，研製新武器。其中，波蘭就是裝備AK-47的國家之一。

　　波蘭地處中歐東北部，東南部緊鄰白俄羅斯和烏克蘭，東北部與立陶宛、俄羅斯相連，西鄰德國，南靠著捷克和斯洛伐克，北向波羅的海。面積大約30萬平方公里。

　　波蘭起源於西南斯拉夫聯盟。6～10世紀，波蘭逐步走向封建化。10世紀中葉建立統一的國家，強盛一時。兩百多年後，國家分裂，進入列國時代。14世紀，波蘭再次統一。它一度與立陶宛聯合，成立波蘭共和國，實力強大。可惜，16世紀後，波蘭因為國內政治危機，隨之瓦解。此後，波蘭勢力衰弱，屢遭強國的入侵和瓜分。其中沙俄、普魯

▼ PMK-DGN-60是以PMK為基礎研製的一種專門用於發射槍榴彈的步槍，其特點是在槍托上安裝有橡膠緩衝器，並配有10發容量的彈匣用於裝空包彈。圖為PMK-DGN-60步槍。

▲ 圖為波蘭生產的PMK。PMK是第3型AK-47的仿製品，主要裝備機械化步兵。還有一種仿製AKS-47的折疊槍托型，波蘭稱為PMKS（kbk AKS）。

士、奧地利三國三次瓜分波蘭，致使波蘭亡國。

19世紀初，拿破崙崛起，波蘭建立了華沙公國，掌管波蘭各地，然而，拿破崙倒台後，公國被肢解，波蘭領土被俄羅斯、普魯士和奧地利分別佔領，幸運的是波蘭民眾佔據了一塊土地，建立了波蘭王國。

經過幾十年的發展，波蘭先後成立了波蘭國家民主黨、波蘭無產階級黨、波蘭社會黨和波蘭王國社會民主黨。「一戰」中，國家民族黨投靠沙俄，社會黨分成兩派，右派投靠奧、德支持「一戰」，左派和社會民主黨則反對戰爭。

「一戰」後，波蘭成立共和國，獲得了國際社會的認可。「二戰」中，波蘭遭受德國入侵，迅速亡國。而蘇聯派遣60萬軍隊跨過蘇波邊境，與德國分割了波蘭。

1942年，波蘭共和國政府在國內建立國民軍，而蘇聯則支持波蘭共產黨建立波蘭工人黨和人民軍，進行游擊戰爭。戰後，波蘭實行大選，

工人黨貝魯特當選為總統，社會黨人西倫凱維茲任政府總理，波蘭走蘇聯社會主義道路。1948年，波蘭工人黨與社會黨合併為統一工人黨，貝魯特擔任總書記。隨後，波蘭便進行轟轟烈烈的社會主義事業：土地改革、國有化、三年計畫等。

1952年，波蘭通過新憲法，改國名為波蘭人民共和國，繼續走社會主義道路。1955年，加入華沙組織，成為社會主義陣營一份子。隨後，波蘭政府不顧本國的政治、經濟、文化狀況，照搬蘇聯模式，結果貨幣貶值、通貨膨脹，民眾生活困難。與此同時，波蘭也接收蘇聯提供的各種武器，比如AK-47，裝備波蘭軍隊。與政治、經濟境況不同，波蘭在仿製、生產AK-47系列中獲得了極大的成功。波蘭不僅成功仿製了AK-47系列，還在AK-47基礎上研製了新型槍械，並將新型槍械傳到了以色列。

AK-47研製成功後，蘇聯在武裝自己的部隊後，也將AK-47運往各國，支持各國共產黨奪權。其中，波蘭就接受了蘇聯大量的武器裝備，包括AK-47。1955年，加入華沙組織後，波蘭獲得授權在本國軍工廠生產、仿製AK-47。於是，大批的AK-47被製造，被武裝到波蘭部隊，以至於最後，AK-47成為波蘭軍隊最主要的輕武器。不過，AK-47在波蘭不叫AK-47而是叫PKM或者kbk（在波蘭語中，kbk意思是卡賓槍）。

AK-47系列型號很多。波蘭主要有兩種，一種是PKM，仿製的是蘇製AK-47第三種型號，此種型號最為常見。產量也最多，是波蘭軍隊主要的輕武器；一種是PMKS（kbk AKS），仿製的是蘇製ASK47的折疊槍托型。此外，波蘭軍隊自己也研製新武器。

波蘭軍隊是華約國家中第一個裝備專門發射槍榴彈步槍的國家。他們以PMK為基礎研製了一種專門用來發射槍榴彈的步槍。

經過一番努力，1956年，波蘭研製新步槍，它們將這種步槍稱為

PMK-DGN-60（kbkg wz. 60），意思是M1960式卡賓槍榴彈發射器。發射器名叫UNW wz.43/60，外徑20毫米，螺接在槍口上。

總體而言，PMK-DGN-60與AK-47相差無幾，基本構造一樣，都是用M43式7.64毫米槍彈，不過它們之間還是有一些差別。

槍口部位上，PMK-DGN-60的槍口部形狀是錐形而且配有螺紋，用來安裝外徑為20毫米的lon-1槍榴彈發射裝置。

長度上，PMK-DGN-60與AK-47有所不同，一般的AK-47長度為870毫米，而它的長度為1075毫米，要比AK-47長一些。

重量上，它的重量比AK-47重，AK-47一般重量為3845克，而它則為4950克。

活塞筒上，它經過改造，活塞筒有一個氣體截止閥，該截止閥能夠有效防止火藥氣體影響工作活塞。

▼ 波蘭軍隊對AK系列步槍也是鍾愛有加，他們不僅為自己的軍隊裝備原裝的蘇製AK-47，還根據本國士兵的需要對AK-47進行改造。圖為裝備著AK-47的波蘭士兵。

機匣蓋上，它的機匣蓋後部增加了一個固定卡榫，以便固定復進簧導桿。

槍托上，它的槍托與AK-47稍微不同，波蘭對其進行改造，在槍托上裝有橡膠緩衝器以減小後座力。

瞄準上，它設置了兩種瞄準具，使用者既可以採用普通瞄準具，也可採取高品質的瞄準鏡。

子彈上，除了使用AK-47傳統槍彈之外，波蘭軍事專家還專門為PMK-DGN-60研製了F1／N60式殺傷槍榴彈和PGN60式反坦克槍榴彈。

彈匣上，它配備了10發容量的彈匣用於裝空包彈。此外，它還可以安裝夜視儀。

研製成功後，PMK-DGN-60便開始投入生產使用。一開始，波蘭限量生產，僅僅生產了500支PMK-DGN-60，裝備了波蘭空降兵部隊。後來，PMK-DGN-60在戰場上大展雄威，於是波蘭加大產量，裝備部隊。不過，它的使用量遠遠不如PKM。

20世紀90年代，波蘭還設計了AKM民用半自動型步槍Radom「獵人」。此款步槍口徑為7.62毫米×39毫米，槍管長508毫米，取消了用於安裝槍口裝置的螺紋和刺刀卡榫，護木和槍托都是由底層壓板製成，槍托底板有橡皮墊，配備有兩個5發容量的彈匣。其最大的特點是機槍頂部有導軌用於安裝瞄準鏡。

南斯拉夫：M70式

在歐洲，除了華約成員得到蘇聯授權可以自行生產、仿製AK-47系列外，南斯拉夫聯盟也獲得授權，生產仿製AK-47。

南斯拉夫，地處南歐巴爾幹半島，它是以鄂圖曼土耳其帝國獨立的

塞爾維亞王國為基礎發展起來的。14世紀，塞爾維亞王國是巴爾幹最強盛的國家之一，然而15世紀到19世紀這400年時間，它淪為土耳其、奧匈帝國的附屬國，國家分裂。1929年，分裂王國合併，組建了南斯拉夫王國。「二戰」期間，南斯拉夫王國淪為德國、義大利的「保護國」。

由於德、義納粹的殘暴統治，南斯拉夫人民組建了政黨、武裝力量反抗法西斯統治。其中，鐵托領導的南斯拉夫共產黨和軍隊擊敗了法西斯，並於1945年11月29日宣布成立南斯拉夫聯邦人民共和國。

20世紀60年代，南斯拉夫改國名為南斯拉夫社會主義聯邦共和國。該聯邦主要國家和地區有：塞爾維亞、蒙特內哥羅、斯洛維尼亞、克羅埃西亞、波赫、馬其頓6個共和國以及科索沃、伏伊伏丁那兩個自治省。

不過，南斯拉夫並沒有照搬蘇聯模式。而是南斯拉夫在鐵托的領導下，與蘇聯保持距離，主張不結盟運動，是歐洲唯一沒有加入華沙公約的社會主義國家。在經濟上，它根據國情制定了符合本國經濟發展方案，積極發展經濟，成為較為富有的國家，1976年36％的民眾擁有轎

▼ 南斯拉夫札斯塔瓦武器公司對之前的產品M64/M64B做了一些改進，從1970年開始分別稱其為M70式和M70A，而M64/M64B均是在研究蘇聯AK-47的基礎上研發的。圖為M70突擊步槍。

車，7歲到15歲的小孩則可以享受免費教育。在政治上，南斯拉夫民眾比較自由，可以接觸西方文學電影，享有一定的自由權利。

從這些方面看，南斯拉夫是跟蘇聯唱反調，蘇聯不對付它，怎麼反而授權它仿製生產AK-47呢？這裡面的確大有文章。首先，南斯拉夫的不結盟運動給蘇聯出了難題。蘇聯幾度想要出兵「教訓」南斯拉夫，但鐵托是國家民族主義鷹派，對蘇聯絲毫不服軟；其次，南斯拉夫也是社會主義大國，不但實力強大，而且經濟發展迅速，蘇聯不想因為爭鬥而兩敗俱傷；再次，南斯拉夫地處南歐巴爾幹半島，兩國相距較遠，且南斯拉夫是蘇聯對抗北約的前沿陣地，所以雙方幾次摩擦過後，蘇聯不僅要對南斯拉夫的「叛離」睜一隻眼閉一隻眼，還要允許它生產仿製AK-47系列，增強軍事力，以免南斯拉夫被北約侵佔。

在仿製蘇製AK-47之前，南斯拉夫也自主生產研製武器。1948年，南斯拉夫生產了M98K，使用7.62毫米槍彈卡賓槍，並將其改名為M48式卡賓槍。該槍迅速成為南斯拉夫的制式武器，裝備部隊。即使是現在，它依舊是南斯拉夫成員國地方部隊和預備隊的主要裝備。

1956年，南斯拉夫札斯塔瓦武器公司研製新步槍。它以德國早期的MP38式和MP40式衝鋒槍為基礎進行研製。1956年該公司成功研製了新步槍，將其命名為M56式7.62毫米衝鋒槍。該槍採用自由機槍式工作原理，開膛待擊。其外形與MP40式衝鋒槍基本相同，只是槍管更為細長，槍口帶有刺刀。使用彈藥有兩種：蘇聯7.62毫米托卡列夫手槍彈或德國7.63毫米毛瑟手槍彈。該槍研製成功後，除了少數裝備部隊之外，絕大多數用於出口。如今，該槍由於老化已經停產。

20世紀50年代末，蘇聯授權南斯拉夫生產蘇製武器。於是，著名的札斯塔瓦武器公司便開始生產西蒙諾夫7.62毫米半自動步槍並將其命名為M59式樣。M59式跟蘇聯西蒙諾夫7.62毫米半自動步槍幾乎毫無差

▲ 在南斯拉夫內戰中，大量的武器被應用於其中，除了蘇製的AK-47以外，其餘的步槍也被廣泛應用，但應用最為廣泛的還是AK-47及其仿製品。圖為南斯拉夫內戰中手拿M70奮戰的士兵。

別。不過，幾年之後，札斯塔瓦武器公司受命改進M59式半自動步槍，以便該槍能夠發射槍榴彈。於是，札斯塔瓦武器公司便對M59式做了改進，將其型號定為M59/66A1式半自動步槍。它槍長1320毫米，槍口裝有固定的插口是榴彈發射器座，導氣箍上有閉氣閥，帶有發射瞄準具，槍管下方配有刺刀，使用M43槍彈，有效射程是500公尺。

隨後，該槍裝備了海軍陸戰隊、山地部隊、炮兵、反坦克兵和偵察兵。如今，它依舊在部隊服役，成為海軍陸戰隊、山地部隊、炮兵、反坦克兵和偵察兵最主要的武器。

20世紀60年代初，南斯拉夫獲得了仿製生產AK-47的權利。隨後，南斯拉夫便開始大批仿製AK-47。南斯拉夫札斯塔瓦武器公司便著手生產蘇製AK-47式7.62毫米突擊步槍。此時蘇製AK-47式突擊步槍有固定式木槍托和折疊式金屬槍托步槍兩種型號。因此，南斯拉夫便根據該國語言，將它們分別命名為M64式和M64B式。一開始，札斯塔瓦武器公司

僅僅是生產M64式和M64B式步槍，裝備部隊。後來，它根據部隊使用情況對AK-47式進行了改進。20世紀70年代，南斯拉夫便將它們分別命名為M70和M70A式突擊步槍。

隨後，札斯塔瓦武器公司又獲得了生產AK-47系列改進型AKM和AKMC突擊步槍的授權。很快，札斯塔瓦武器公司便仿製成功，它將固定式槍托步槍稱為M70B1式，折疊式金屬槍托步槍稱為M70AB2式。它們與AKM和AKMC差不多，只是做了些改進。

外型上，其最重要的改進是將導氣箍部位加裝了槍榴彈表尺，並在槍口安裝了發射榴彈的彈套。機匣上，它們採用1.6毫米厚的鋼板衝壓製造，強度比用1毫米厚的鋼板製造的AKM和AKMC要強一些，不過，這也導致了槍枝重量增加。這是它們與AKM和AKMC的明顯標誌。此外，它們使用的槍彈有兩種，一種是南斯拉夫自己生產的M67步槍彈，一種是M43步槍彈。

▼ 前南斯拉夫M85式5.56mm衝鋒槍採用導氣式工作原理，槍機回轉閉鎖方式，槍機結構為標準的卡拉什尼科夫式槍機。該槍還採用機械瞄準具，由帶護圈的柱形準星和U形缺口照門、翻轉式表尺組成。射程裝定為200m和400m。圖為前南斯拉夫的M85。

20世紀80年代，札斯塔瓦武器公司又研製了新型步槍。1984年，南斯拉夫成功研製M84式自動步槍。它是專門為蘇聯的7.62毫米×54毫米R槍彈特別研製的。它與蘇製NK7.62毫米機槍族中的NKM非常相似。

它採用導氣式工作原理，閉鎖機構為槍機回轉式，槍上裝有瞄準裝置，還可調風偏，有效射程是1000公尺，能連續發射500發子彈。但不過，它與NKM也有區別。槍托與NKM不同，是形狀特殊的木質槍托。其槍管是冷鍛成型，內膛鍍鉻。

一年之後，札斯塔瓦武器公司又研製了M85式5.56毫米衝鋒槍。這款衝鋒槍是南斯拉夫第一枝小口徑衝鋒槍。它是在M80式的基礎上改造的。其外形與蘇製AKC5.45衝鋒槍相似，但是它的槍枝結構更為堅固、性能更為可靠、操作更方便。此外，槍管變得更短，槍托折疊後，僅為570毫米，適用於狹窄空間作戰。研製成功後，主要裝備特種部隊和維安部隊。

南斯拉夫研製武器大有成就，但是自從鐵托去世後，南斯拉夫便開始走下坡路了。整個聯盟因為民族、利益等問題發生了大規模衝突，致使南斯拉夫聯盟最終分裂，2006年，蒙特內哥羅獨立，標誌著南斯拉夫聯盟完全解體。

東德：MPi KM

作為華約成員國中的一員，德意志民主共和國（簡稱「東德」）也獲得了授權生產仿製AK-47。

1945年，德國戰敗，蘇聯、美國、英國、法國四國分佔德國。在蘇聯佔領區，蘇聯向東德人民軍提供了大量的武器，其中包括DP機槍和SG43機槍。根據協議，1949年9月德意志聯邦共和國成立，一個月後，

德意志民主共和國也宣告成立。其中，德意志聯邦共和國採取親西政策，而東德則實行親蘇政策。

20世紀50年代中期，東德獲得授權得以生產SKS步槍。東德仿製成功後，便將其裝備到部隊中。不過，東德認為該槍不適用於未來戰場，便向蘇聯購買AK-47突擊步槍及M1943槍彈的特許生產權。得到蘇聯同意後，東德開始仿製，恩斯特—台爾曼工廠將固定槍托的AK-47命名為K31型，將折疊槍托的AK-47命名為K32型。而國營設備和工具製造廠（GWB）則將AK仿製品型號定為K/KMS47型步槍。1958年，GWB生產了8359支仿製的AK-47突擊步槍。1961年，該廠產量高達6.6萬枝。

1962年，東德開始仿製AK-47改進版AKM。一開始，東德生產的AKM與蘇製AKM毫無區別，後來，東德在上面採用了獨特的防滑紋的塑膠握把。1966年，東德又對AKM做了改進，不僅將槍托護木和握把全部採用塑膠製造，與此同時，還為AKM特製了刺刀，最後將其命名為MPi KM。該槍生產後，除了裝備部隊之外，還大量出口到中東、非洲等國。

▼ 在蘇軍裝備了AKM後的第3年，蘇聯把AKM提供給東德人民軍，1962年開始生產名稱為MPi-KM的AKM仿製型，早期的KM的槍托和護木都是木製品，握把為塑膠層壓板壓製而成，1965年開始逐步用塑膠聚合物取代了昂貴沉重的木材，1966年開始採用灰色的塑膠槍托。圖為東德生產的MPi-KM。

20世紀70年代，東德兵工廠對AKM進行改造，專門設計了側向折疊槍托。這種槍托用鋼條折彎成型呈馬鐙形，其轉軸支座部分連接在機匣上的方式非常特殊，可以輕鬆安裝在固定槍托型AK的機匣上。如此一來，兵工廠就無須專門生產用翻折槍托的AKS的機匣。東德將改造過的AKM命名為MPi KMS72。該槍改進後，深受各國歡迎，羅馬尼亞、波蘭相繼生產這種槍托，亞非拉各國爭先搶購，東德大獲其利。

對此，蘇聯備感頭疼。由於東德和其他國家大量出售AK-47仿製品，對蘇聯出口AK-47系列產生了影響。為了避免東德生產的仿製品MPi KM佔領過多的市場佔有率，影響蘇聯AK-47銷售量，蘇聯與東德簽署協議，禁止東德出售蘇聯生產步槍的仿製槍。

為了突破蘇聯這一條款，銷售AK-47仿製武器，東德政府下決心重

▼ 東德生產的AK系列仿製槍超過200萬支，除了本國裝備以外，還銷往中東和非洲以及一些美洲國家。現在東德軍隊庫存的AK系列仿製槍銷毀的銷毀，入庫的入庫，不過大量AK系列仿製槍配用的刺刀被用到了德國國防軍裝備的G36步槍上。圖為美軍士兵使用的MPi-KM。

新設計AK-47系列。1981年，東德與蘇聯簽署協議，獲得了蘇聯武器製造專利權，即使用許可權和技術支持權。隨後，東德開始研製新武器。

東德認為，基於AK步槍可靠性，未來武器設計肯定會出現以5.56毫米×45毫米槍彈為標準的突擊步槍。所以，東德以AK-74步槍為原型，加以改造。1985年，東德開始了新型武器研製。

1989年9月，東德研製出Wieger步槍四種型號。東德的STG（STG在德文中是Sturmgewehr，意思是突擊步槍）步槍系列整體沿用AK-47槍的設計，所以，從外表上看，它與AK系列沒有多大區別。不過，東德也對其進行了改進，比如它的槍托是用先進的塑膠材料製作而成，有彎曲可移動的尾托和隔段，方便使用者根據需要調節槍托長度，設計更富人

◀ 在匈牙利事件後，東德國防部就得到了第1批AK-47的樣品，東德稱其為「卡拉什尼科夫衝鋒槍」，德語的縮寫為MPi-K，隨後國防部就從蘇聯購買了AK-47第3型和M43彈的特許生產權，並開始投入生產，其中仿製AK-47的步槍稱為MPi-K31，仿製AKS-47的步槍稱為MPi-K32。圖為使用MPi-K32的東德傘兵部隊士兵。

性化。比如，它的射擊式多樣，既可以進行半自動射擊，也可以進行全自動射擊。另外，它的標準彈匣容量為30發。

經過實驗，Wieger步槍以操作簡單、易於掌控、精準度高、勤務性強得到東德人民軍的認可。東德將其命名為Wieger STG 940步槍系列。

Wieger STG 940步槍系列有四種型號：

StG 941步槍，是系列中的標準型，它的槍托是塑膠製造，槍管長16.5英寸。

StG 942步槍，是系列中最富有德國味道的，它的槍托是可折疊的，槍管長為16.5英寸。

StG 943步槍，與StG差不多，但是也有區別，它的槍托是小型的可折疊槍托，槍管長度稍微短些，僅為12.6英寸。

StG 944步槍，是系列中特殊的槍枝，它是一種輕機槍，槍管長19.7英寸，同時配備了容量為30發的彈匣和刺刀。

此外，這四種型號使用的子彈都是北約國家使用的5.56毫米×45毫米子彈。

很快，Wieger步槍零件進入工廠開始大量生產，隨後進行最後的組裝。第一年產量為10萬，第二年為20萬。出產後，東德大量銷售武器。其中東德收到了兩件大宗訂單，一件來自秘魯，一件來自印度。當時秘魯使用的是7.62毫米×39毫米的AK步槍，它想要使用5.56標準口徑的步槍，來裝備警察和軍隊。不過可惜的是，秘魯僅得到2000支STG 942步槍，而印度僅拿到7500支STG 941步槍。因為不久之後，STG就壽終正寢了。

1989年11月，東德西德合併。考慮到STG不能帶來利益，德國政府便停止STG研製和生產。1992年，德國政府銷毀了最後一批步槍，STG似乎逃脫不了壽終正寢的命運。然而，當時的市場急需5.56毫米的AK系

列步槍。蘇聯解體，冷戰垮台，世界各國紛紛採用美國為首的北約使用的5.56毫米的武器。

市場有需求，STG便開始「復活」。美國北卡羅萊納州的國際軍火公司便重新啟動東德STG系列步槍的設計。它首先從羅馬尼亞引進了AK系列步槍，對AK系列步槍進行研究和改造，以符合STG步槍的要求。其次，它借鑑俄羅斯研發的AK系列。

經過一個階段的研製，STG步槍成功面世。它基本上模仿東德最初的步槍。比起AK系列來，它的槍托是塑膠製作的，長度更長些，更加輕巧。它的彈匣容量為30發。此外，該槍有槍背帶、清潔工具等。

經過一番改造之後，Wieger STG 940系列大受市場歡迎，成為許多國家的重要武器裝備。

朝鮮：98式突擊步槍

除了華約成員國授權仿製AK-47系列外，亞洲一些國家也獲得授權，對AK-47進行仿製，比如朝鮮。朝鮮仿製蘇聯的AK-47系列大致有這麼幾類：朝鮮58式自動步槍、68式自動步槍、98式突擊槍、98-1式突擊槍。

朝鮮地處朝鮮半島北部。它南鄰韓國，北與中國和俄羅斯相連，西臨黃海，東臨日本海。它是一個歷史悠久的國家，早在石器時代，朝鮮就有人居住。後來，朝鮮吸收外來文明，進入封建時代。其中，高句麗王朝顯赫一時。14世紀，朝鮮進入朝鮮李氏王朝時代。李氏王朝與明朝關係非常密切，雙方曾兩次抗擊日本入侵朝鮮。不過，進入近代後，日本出兵佔領朝鮮半島，朝鮮淪為日本的殖民地。

此後，朝鮮人民便發動了大規模的反抗運動，比如「三一運動」。

與此同時，朝鮮獨立運動領導人先後在海參崴、漢城成立臨時政府，領導民眾抗日。

「二戰」爆發後，臨時政府曾遷到上海，成立了「韓國光復軍」和「朝鮮義勇隊」。1942年，這兩支武裝合併為韓國光復軍，由「大韓民國臨時政府」管理。「二戰」後，「大韓民國臨時政府」和光復軍先後遷回朝鮮半島。

與此同時，金日成繼續率領朝鮮民眾抗日。他們曾經一度攻佔軍事重鎮惠山的普天堡，取得普天堡大捷，但遭到日軍的反撲，損失慘重。「二戰」後，金日成率領游擊隊回到朝鮮半島。

美蘇為了相抗衡，也隨即派遣軍隊進入半島，雙方形成對峙局面。1945年9月，盟國對朝鮮半島做出處置，以北緯38°線為界，以北作為

▼ 98式自動步槍仿自蘇聯製的AK-74（AKM的改進型），除了沒有擊錘減速器，其餘與AK-74完全相同。該步槍是朝鮮版本的AK-74，並根據朝鮮軍隊的使用環境進行了一定的改進。圖中士兵裝備的就是朝鮮的「98式」突擊步槍。

蘇軍接受日軍投降區，以南作為美軍接受日軍投降區。

　　日軍投降後，美蘇不約而同地將部隊開往三八線附近。隨後，朝鮮各方代表召開會談，商討朝鮮半島問題。然而，朝鮮各方代表最終因為利益、意識形態、大國介入等原因而未能形成統一意見。1948年8月，大韓民國成立，擁有2100萬人口，面積為朝鮮半島面積的44％；1948年9月，朝鮮民主主義人民共和國成立，擁有900萬人口，面積為朝鮮半島的56％。10月，蘇聯將行政大權交給朝鮮政府，並從朝鮮半島撤軍，而美軍隨後也宣布撤軍，但是美軍擔心大韓民國不敵朝鮮，便留下了大量的文官和軍事顧問團。

　　朝鮮民主主義人民共和國成立後，金日成當選為最高領導人。為了統一朝鮮半島，建立統一的國家，朝鮮除了大量接受蘇聯的武器援助

▼　58式、98-1式除了裝備朝鮮部隊之外，還裝備了許多國家部隊。由於朝鮮推行共產主義大家庭理念，所以朝鮮支持亞非拉民族獨立運動，向這些國家提供了大量的58式自動步槍，比如越南、安哥拉、伊朗等。圖為使用98-1的尚比亞警察。

外，還花巨資購買先進武器。1950年6月25日，統一戰爭爆發。

　　裝備先進、訓練有素、作戰經驗豐富的朝鮮軍隊長驅直入，屢戰屢勝。8月中旬，將美韓軍隊驅趕到釜山一隅，佔領了韓國90％的土地，韓國處於生死存亡之際。然而，就在金日成即將統一朝鮮半島的時候，美軍又插手了。

　　9月15日，以美國為首的聯合國軍隊在朝鮮半島西海岸仁川港登陸，將朝鮮軍隊一分為二。朝鮮軍隊陷入了首尾不能兼顧的局面，損失慘重，節節敗退。最後，朝鮮軍隊退到了中朝邊境。而美軍竟然無視中國主權，派遣戰機轟炸中國東北邊境。

　　10月19日，中華人民共和國毅然出兵朝鮮，彭德懷總司令率領志願軍馳援朝鮮。經過兩次戰役，中朝聯軍殲滅敵人5萬餘人，收復朝鮮首都並將戰線推到三八線附近。此後，雙方打打停停，直到1953年7月，傷亡慘重的美軍才坐到談判桌前，簽署了《朝鮮停戰協定》及《關於停戰協定的臨時補充協議》的停火協議。朝鮮戰爭結束。

　　戰爭結束後，金日成一方面進行大清洗，鞏固政權，一方面則和好蘇聯。所以，20世紀50年代，蘇聯在提供大量的AK-47等武器裝備給朝鮮的同時，還派出軍事專家幫助其仿製AK-47。自此，朝鮮便開始仿製生產AK-47。

　　1958年，朝鮮軍工廠成功仿製AK-47第三型號武器，金日成便將其命名為58式自動步槍。總體而言，58式自動步槍外形特徵和性能與蘇製AK-47基本相同，但是它們之間還是有所區別。

　　58式槍長度為890毫米，比AK-47長20毫米，而重量則比AK-47稍微輕一些，僅重3445克。58式仿製成功後，便成為朝鮮的制式武器，代替莫辛─納甘和三八式步槍等，成為朝鮮部隊最主要的輕武器。

　　隨後，朝鮮還仿製AK-47其他型號。1968年，朝鮮成功仿製AKM，

▲ 2011年，金正日去世，其子金正恩當選朝鮮最高領導人。金正恩上台後，致力發展國防工業，尤其是大搞核武器實驗，致使朝鮮半島局勢緊張。圖為在民間考察的金正恩。

金日成將其命名為68式自動步槍。68式自動步槍跟蘇製AKM相比，重量更輕。當然，兩者最大的差別是68式自動步槍沒有擊錘減速器。

由於AKM是AK-47的改進版，其功能和性能都非常優良。所以，仿製AMK的68式成了朝鮮部隊的主要武器，它取代了58式自動步槍，進入部隊，而58式自動步槍則成為後備役部隊的武器。如今，68式自動步槍仍為朝鮮人民軍的主要制式步槍之一。

1994年，朝鮮最高領導人金日成去世，其子金正日當選為朝鮮最高領導人。當上最高領導人後，金正日繼承父業，要求朝鮮軍方繼續仿製蘇聯AK-47系列。

1998年，朝鮮仿製AK-74和AKS-74成功，金正日將它們分別命名為98式自動步槍和98-1式自動步槍。其中98式自動步槍與AK-74差不多，但是它經過朝鮮軍事專家改造，根據朝鮮的使用環境做了改進，更加適

用於朝鮮部隊。目前，98式自動步槍和98-1式自動步槍並未大規模裝備朝鮮部隊，而僅僅是裝備了朝鮮特種部隊。

如今，朝鮮共擁有現役部隊110萬人，預備役部隊700萬人以上。其數量龐大，但是海陸空三軍人數不均。陸軍有92.3萬，海軍和空軍僅為4.6萬。此外，裝備相對落後，比如陸軍主戰坦克多數是蘇製武器，海軍潛艇多數是蘇製R級，空軍戰機主要是米格老式戰機，只有少數米格-29和蘇-25戰機。

以色列：加利爾步槍

華約成員國仿製AK-47，南斯拉夫等不結盟的社會主義國家仿製AK-47，蘇聯的盟友埃及等非社會主義國家仿製AK-47，這都是情理之中的事情。然而，以色列也仿製AK-47。

「二戰」後，巴勒斯坦地區的猶太人根據聯合國1947年分治決議建立了以色列國。而巴勒斯坦阿拉伯人和中東阿拉伯國家則紛紛反對，他們發動戰爭試圖消滅以色列，建立統一的阿拉伯國家。雙方展開了血戰。第一次中東戰爭，由於蘇聯、美國等大國都支持以色列，向以色列提供了大量的武器，加上以色列軍民團結一致，最終打敗了阿拉伯國家，保衛了新生的政權。

建國初期，以色列軍工業非常薄弱，僅有少數的幾家兵工廠。最主要的武器工業軍事工業公司（IMI）也只是一個半國有化企業。然而，由於以色列與阿拉伯國家之間戰亂不斷，該公司生產的武器非常暢銷。

20世紀50年代，IMI公司武器專家烏茲發明了烏茲衝鋒槍，該衝鋒槍操作簡單、性能可靠，深受許多國家歡迎，使得IMI公司聲名大噪。然而，該槍並沒有大規模裝備以色列部隊。以色列部隊採用的是美國的

M16及其變型CAR-15步槍和M4卡賓槍，用以對抗裝備蘇製AK-47的阿拉伯國家軍隊，此外，以色列特種部隊也同樣裝備著蘇製AK-47。

1967年，以色列在美國的默許和支持下，發動了侵略阿拉伯國家的戰爭。雖然此次戰爭，以色列重創了埃及、敘利亞等阿拉伯國家，但是以色列自身也受到不小的損失。在這次戰爭中，雖然以色列部隊拿著FN FAL自動步槍卻遭到了AK-47猛烈的壓制，吃盡苦頭，就是手持M16的以色列部隊也被使用AK-47的埃及、敘利亞部隊打得抬不起頭來。

所謂知己知彼方能百戰不殆。所以，戰爭結束後，IMI公司奉命研究新武器。武器設計師加利爾便開始研製新武器。由於以色列和蘇聯的關係曾經一度友好，所以它輕易地從華約成員國波蘭那裡搞來了AK-47仿製品進行實驗。經過一番實驗，他得出一個結論：AK-47是「沙漠之虎」。隨後，他便與其他設計師一起研製能夠發射5.56毫米M193彈的新武器。與此同時，其他設計師斯通納和享譽世界的武器設計師烏茲・蓋爾也分別設計了新武器。

1969年3月，加利爾設計的步槍與斯通納設計的M16A1、63、AK-47、HK33及烏茲・蓋爾設計的武器參與了以色列軍部武器實驗評估活

▼ 以色列首席武器設計師加利爾為了研製出更適應惡劣環境的步槍，著手進行各種武器的野戰實驗，經過反覆的實驗，他得出了一個理論：卡拉什尼科夫自動步槍AK-47是一枝「沙漠之虎」。於是，他和另一位設計師在AK-47的基礎上設計了一種新型的步槍——加利爾突擊步槍。圖為加利爾突擊步槍模型。

動。在這次評比中，軍部特別重視野戰測試。經過層層實驗，加利爾設計的步槍脫穎而出。

1972年，以色列國防部決定採用加利爾設計的步槍代替FN FAL，並將它命名為加利爾步槍，準備於1973年讓其進入以色列國防軍服役。不過，1973年，贖罪日戰爭爆發，加利爾步槍投產延遲。它是在戰爭結束後才開始進入投產，裝備以色列國防軍的。

在戰爭階段，美國大力支援以色列，空運了許多武器裝備給以色列，其中包括M16A1和Colt M653卡賓槍（以色列稱為CAR15）。以色列部隊便使用M16A1和Colt M653作戰，直到加利爾步槍投產。

加利爾步槍有許多型號，主要有：AR步槍，是標準型的突擊步槍；ARM，是重槍管型號，其長度與AR長度相同，但配有兩腳架，此外還有一個可以向右折疊的提把；SAR步槍，是短槍管型突擊步槍，全長僅為330毫米，有5.56毫米口徑和7.62毫米口徑兩種型號；MAR，是微型突擊步槍，是20世紀90年代為反恐而製造的新武器。

從外形上看，加利爾步槍既有FAL的特點，又有AK-47的特點。其實，它更接近AK-47，因為它是以芬蘭的Valmet M62為基礎研製的。它的原型是在芬蘭首都赫爾辛基用M62機匣製造的。不過，該原型到以色列後，便被加利爾用銑削改造。經過改造後，其重量比起M62要重了許多。儘管如此，在相同口徑的步槍中，加利爾步槍還是首屈一指的。

從內部構造上看，加利爾步槍融合了東西方武器製造而成。加利爾結合了卡拉什尼科夫系統和美製M1式加蘭德步槍系統。加利爾步槍的自動方式為導氣式，閉鎖方式為槍機回轉式，與AK-47一樣，而加利爾的擊發和發射機構則與M1式加蘭德步槍基本相同。結合了東西方武器的加利爾步槍，性能良好，精準度高，比AK-47精準度高，與M16精準度相近。

不過，加利爾步槍也有缺點。最明顯的缺點便是重量。由於加利爾機匣完全是銑削出來的，所以它的重量比AK-47要重許多。

生產出來後，加利爾步槍進入部隊，裝備到許多部隊中。然而，以色列國防軍特種部隊對加利爾步槍反應冷淡。這並不是說，特種部隊不喜歡AK-47，相反，他們非常喜歡AK-47，因此，他們經常直接選擇蘇製AK-47作為首選武器執行任務，而不是使用仿製的加利爾步槍。

20世紀90年代，步槍發展到了極致。許多國家都意識到，利用火藥燃氣推動彈丸的輕武器已經走到了絕境。其性能已經到達高峰，無法再改進。所以，許多國家通過為步槍增加瞄準裝置等附件來增加步槍的功能。不過，加利爾步槍卻遇到了問題。雖然加利爾步槍的機匣左側有一個安裝基座，可安裝瞄準鏡支架，但是它沒有辦法安裝別的附件。

1991年，以色列國防軍下令M16自動步槍為制式武器，代替加利爾

▼ 雖然加利爾步槍在以色列已經沒落了，但是它依舊在有些國家服役，例如巴西、哥倫比亞等國家至今仍在使用加利爾突擊步槍。圖為哥倫比亞政府軍裝備的加利爾突擊步槍。

步槍。以色列國防部特種部隊和常規作戰部隊便棄用加利爾步槍。

其實，早在20世紀70年代，加利爾步槍就遭到了以色列國防軍的冷遇。贖罪日戰爭爆發，特種部隊在實驗M16A1後，便開始大量使用M16A1執行反恐作戰任務。

不久之後，CAR15也進入以色列國防軍服役。加利爾步槍服役後，僅有少量人使用它。20世紀80年代後，以色列特種部隊大規模使用CAR15，逐步代替AK-47和加利爾SAR。尤其是，1987年，以色列特種部隊採購Colt Commando後，便不再使用加利爾SAR。如今，加利爾步槍僅僅裝備在少數國防軍裝甲部隊、炮兵部隊和防空部隊中。加利爾步槍走向了衰落。

伊拉克：「塔布克」系列

以色列使用AK-47，研製加利爾步槍，引起了阿拉伯國家的注意。他們採取投靠蘇聯的方式，獲取大量的AK-47，也仿製生產AK-47，埃及、敘利亞、黎巴嫩、伊拉克，都有大量的AK-47。其中，伊拉克和埃及都仿製AK-47，製造仿製品，比如埃及的MISR。不過，稍微不同的是，伊拉克的仿製品似乎更為有「名」。

「二戰」後，費薩爾王朝統治伊拉克。1958年，卡塞姆等「自由軍官組織」發動政變，推翻費薩爾王朝，建立伊拉克共和國。1963年，阿拉伯復興黨推翻卡塞姆政府，黨外人士阿里夫擔任總統。5年之後，復興黨貝克爾推翻阿里夫，建立了新政府。1979年，薩達姆當選為總統，他推行泛阿拉伯主義，企圖建立「大伊拉克主義」，威脅美國利益。

面對美國，薩達姆採取了聯合蘇聯制衡美國策略，從蘇聯及其盟國購買了大量的武器裝備。其中輕武器就包括AK-47系列。後來，伊拉克

國家兵工廠自行仿製AK-47系列，其中有「塔布克」系列7.62毫米自動步槍系統和「阿-奎迪斯」系列。

「塔布克」系列主要有三種類型：

「塔布克」標準型，主要仿製南斯拉夫的M70系列（南斯拉夫仿製的是蘇聯的AK-47改進版AKM）。該型號跟M70一樣，擁有定槍托和折疊槍托兩種型號。它全長900毫米，重量為3750克。它採取導氣式，使用7.62毫米×39毫米槍彈，可以單發發射，也可連擊發射，彈匣容量為30發子彈。

該型號的步槍與南斯拉夫M70系列有兩點區別，一是該槍取消了原槍上的槍榴彈發射器及瞄準具。二是它前端與AKM有所不同，增加了可翻轉的瞄準具，槍托底部的外形比AKM要長一些。此外該型號步槍還可以發射槍榴彈。

「塔布克」短突擊型，主要仿製的是前南斯拉夫M92式自動步槍，其形狀和性能與M92幾乎沒有差別，它也有固定槍托型和輕金屬折疊槍托型兩種型號。該型號槍的口徑為5.56毫米，發射5.56毫米×45毫米槍彈和M193式槍彈。

「塔布克」狙擊型，是伊拉克自行研製的產品。它是以7.62毫米AK步槍為基礎改進的。它全長為1110毫米，槍管長600毫米，全槍重量高達4500克。它採用導氣式，閉鎖方式為槍機回轉閉鎖。使用7.62毫米×39毫米無底緣中間型槍彈，有效射程為800米。不過，也有人認為它是仿製南斯拉夫M76狙擊步槍。這種說法似乎不太可靠。因為，M76是7.62毫米×54毫米口徑，而「塔布克」狙擊型是7.62毫米×39毫米的口徑。

「阿一奎迪斯」系列主要有兩種。一種是「阿爾一卡迪薩」狙擊步槍，它仿製的是「德拉貢諾夫」SVD狙擊步槍。但是，兩者稍微有些不同。「德拉貢諾夫」SVD狙擊步槍前端是6個短槽，但「阿爾一卡迪

▲ 「塔布克」是伊拉克自己研製的「混血」產品，是以7.62毫米AK步槍為基礎改進的，從專業的標準來看「塔布克」只能算一支射程稍遠的半自動步槍，但是在受過專業訓練的狙擊手手中，這種槍仍然是一件可怕的武器。圖中士兵使用的就是「塔布克」步槍。

薩」7.62毫米狙擊步槍前端開了4個長槽。在彈匣上，「阿—卡迪薩」7.62毫米狙擊步槍裝飾有棕櫚樹的圖案，與蘇製的彈匣不同。此外，該型號狙擊槍槍托也稍微長些。它全長為1230毫米，槍管長620毫米，全槍重量4300克，彈匣容量為10發子彈，採用導氣式，是半自動回轉機槍。

另外一種則是「阿-奎迪斯」7.62毫米輕機槍，是伊拉克班用自動機槍。它仿製的是南斯拉夫M72和M72A式，可以說是槍管加厚的AKM步槍，有固定槍托和折疊槍托兩種型號。它導氣裝置下設有冷卻筋，還裝有兩腳架。總體而言，它全長1025毫米，槍管長542毫米，總重量為5000克，彈匣容量為30發子彈，採用導氣式，是回轉機槍，可以單連發，發射7.62毫米×39毫米槍彈。除此之外，伊拉克還仿製了蘇聯的PKM通用機槍和AK-74式突擊步槍。

仿製成功後，薩達姆將這些武器裝備到部隊中，其中「塔布克」狙

▲ 伊拉克的武裝份子主要的狙擊武器包括「塔布克」狙擊步槍和「阿爾－卡迪薩」兩種伊拉克國產步槍，這兩種步槍在伊拉克使用的比較廣泛。很多訓練有素的反美狙擊手都是使用這兩種步槍。圖為手持「塔布克」步槍的反美狙擊手。

擊型成為伊拉克部隊制式武器。儘管後來薩達姆倒台了，但它依舊是伊拉克武裝部隊使用量最大的輕武器。

由於薩達姆大力推行國防政策，因此伊拉克國防部隊力量迅速增強。20世紀80年代初，伊拉克擁有近百萬的部隊，號稱中東第一強國。

20世紀80年代，薩達姆與伊朗總統何梅尼發生矛盾。雙方因為宗教問題、領土爭端、石油問題、民族問題等矛盾而發生衝突，進而發生了戰爭。在戰爭初期，薩達姆發動了閃電突擊，打敗伊朗，佔領伊朗兩萬多平方公里的領土，然而，伊朗節節抵抗的同時也進口了大量的武器，其中包括AK-47及其仿製品，比如58式自動步槍，裝備上這些武器的伊軍實力大增，隨後，伊朗展開反擊。雙方部隊都手持AK-47及其仿製品進行激烈交戰。而這一打就是八年，史稱「兩伊戰爭」。

戰後，伊拉克損失慘重，不過，薩達姆依舊實行強軍計畫，購買武器，裝備部隊，企圖打造一支戰無不勝的國防軍。1990年，還沒從兩伊

戰爭中恢復過來的薩達姆又迫不及待地對鄰國科威特下手。他的入侵行為遭到國際社會的譴責，隨即以美國為首的多國部隊對伊拉克宣戰。經過44天的戰鬥，薩達姆心愛的AK-47始終沒能阻擋住「正義之師」，他只好屈服。

2003年，美國、英國不顧國際社會的譴責，公然發動了伊拉克戰爭。在戰爭中，美軍在薩達姆行宮中發現了幾把「阿爾—奎迪沙瓦」武器公司研製的AK-47黃金槍。此次戰爭，裝備著AK-47的伊拉克部隊傷亡慘重，巴格達陷落，薩達姆被捕。

不過，針對美軍入侵，伊拉克民眾奮起抵抗。他們組建武裝，裝備了「塔布克」突擊槍、迫擊炮、薩達姆-7防空導彈、火箭筒、地雷等武

▼　在伊拉克戰爭中，伊軍的武器裝備大大遜色於美軍，但美軍在薩達姆行宮中繳獲的專門為薩達姆製造的黃金槍枝卻備受矚目。傳說這把黃金製成的AK-47步槍陪伴薩達姆一直到其被美軍俘獲前，這把AK-47也見證了伊拉克歷史的巨大變遷。圖中的駐伊拉克美軍展示了薩達姆的專用武器——全世界最昂貴的AK-47自動步槍。

器，四處襲擊美軍，致使美軍傷亡慘重。

2011年12月12日，美國駐巴格達附近軍事基地的部隊舉行了降旗儀式，正式結束伊拉克戰爭。

在這9年多的戰爭中，美軍陣亡9272人，56629人受傷，而伊拉克則有10萬人死亡。

南非：R4與R5

「二戰」後，非洲民族獨立解放運動風起雲湧，淪為殖民地的非洲國家紛紛奮起反抗。在此時，美蘇爭霸也全面升級，除了在亞洲、歐洲、中東、拉丁美洲爭霸外，它們還在非洲展開了較量，而AK-47與M16也大批進入了非洲的埃及、利比亞、幾內亞、幾內亞比索、衣索比亞、剛果、索馬利亞、南非、莫三比克等國家和地區。其中，南非比較特殊，雖然它既不屬於社會主義陣營，又不是蘇聯在非洲的盟友，但卻擁有大量的AK-47。

南非地處非洲大陸最南端，面積為122萬平方公里左右，它東、南、西三面被印度洋和大西洋所環抱，北接納米比亞、波札那、辛巴威、莫三比克和史瓦濟蘭。由於其西南端是好望角航線必經之路，加上它是世界五大礦產國之一，所以，它的戰略位置極其重要。

當地主要居民多數是黑人。近代時期，南非先後遭到荷蘭、英國侵略。最後，英國經由「英布戰爭」，建立了南非聯邦。至此，南非淪為英國的自治領地。「二戰」後，南非國民黨執政。該黨主要是英、荷移民後裔，他們代表了白人和資本家的利益。他們當政後，便以殘酷的手段統治黑人。白人當局透過立法和行政手段實行種族歧視和種族隔離制度來壓迫當地黑人。

▲ 南非的R4、R5突擊步槍是在以色列加利爾突擊步槍的基礎上研製的，除了裝備南非軍事部隊以外，由於該槍得益於AK系列步槍工作原理的可靠性，對外也有相當的出口量。圖為南非的R4、R5突擊步槍。

　　1961年，南非退出英聯邦，建立南非共和國。建國後，白人當局依舊採取種族壓迫政策，奴役黑人。與此同時，他們從西方國家購買了大量的先進武器設備，組建了海陸空三軍。此種做法遭到了國際社會的強烈譴責和制裁，南非外交陷入了困境。

　　就在這個時候，以色列來了。以色列由於發動第二、三次中東戰爭，也遭受到了國際社會的強烈譴責，外交陷入了困境。可以說，南非和以色列是難兄難弟。由於這層關係，加上南非礦產資源豐富，以色列武器先進，所以，兩國很快就建立了友好合作關係。

　　南非給以色列提供豐富的礦產，包括發展核武器所需要的鈾，以色列則幫助南非研製新武器。

　　當時，南非國防軍雖然實力比當地反抗武裝強，但是它的實力還遠沒有達到西歐發達國家水準。比如，南非國防軍裝備的步槍主要有

兩種：R1式步槍和R2式步槍。其中，R1式步槍仿製的是英國的FN FAL 7.62毫米步槍，R2式步槍仿製的是德國G3式步槍。

FN FAL步槍是英國研製的，1953年投產，遠銷90多個國家，是西方僱傭兵最喜愛的武器之一，美國僱傭兵將其稱為「20世紀最偉大的僱傭兵武器之一」。因此，該槍在20世紀60年代非常受歡迎。而G3是西德研製的，1957年成為西德的制式武器，由於其性能優越，也遠銷100多個國家。

不過，到了20世紀70年代，這兩種步槍遇到了挑戰。當時，小口徑步槍逐漸成為輕武器的主流，所以，這兩種大口徑步槍遭到冷遇。為此，南非也開始尋求新步槍。20世紀70年代末，南非利特爾頓工程有限公司從以色列引進了加利爾5.56毫米步槍。

引進之後，該公司便對加利爾步槍進行改進。經過改進後，南非將其命名為R4式步槍。由於R4式是在加利爾步槍基礎上研製的，所以，它大量保留了加利爾步槍的結構和特點，比如形狀、內部構造等。但是，它有獨特之處：

一、在材料上，R4式根據南非叢林作戰的特點採用了高強度的金屬材料和結構，與加利爾步槍不一樣。

二、在槍機上，加利爾步槍槍機在閉鎖時可能會由於擊針慣性作用而造成意外走火。而R4式則加以改進，它用防油聚胺酯製成擊針簧，並處於機槍內，這樣，只有在受到撞擊後，擊針才向前運動，避免了走火現象。

三、在導氣管上，R4式增加了導氣管緊定器，防止步槍在射擊時因為震動而鬆動。

四、在外形上，R4式也做了改進。比如，槍托上，R4式比加利爾步槍要長一些，且R4式槍托棄用原來的鋁制槍托，改用玻璃纖維增強尼龍

製成，並在槍托中加了強筋，這樣使得R4式更為結實、耐用。比如，槍口下方，R4式增加了可折疊的兩腳架。

五、在彈匣上，R4式有兩種，一種是35發的彈匣，一種是50發的彈匣。35發的彈匣是以鋼或增強塑膠為材料製作而成，而50發彈匣則用鋼製作而成。

總體而言，R4式採用導氣式，槍機回轉式的閉鎖方式，可以單連發，槍長為1005毫米，重量為4.35公斤，使用5.56毫米×45毫米槍彈。

後來，南非維克多公司根據部隊使用情況，對R4式進行改進，並將其命名為R5式。事實上，R5式與R4式沒有多大差別，兩者結構相同，都使用5.56毫米槍彈。它們之間的區別是R5式的槍管和護木變短了些，槍長僅為977毫米。此外，它沒有兩腳架。

▼ 雖然CR21的外形有點奇特，但使用起來舒適，具有良好的命中率。聚合物製的槍主體具有良好的彈性，使CR21的射擊後座力比加利爾突擊步槍小得多，而且射擊時的槍口上跳小，槍連發時容易控制。圖為南非製造的CR21。

R4式和R5式研製成功後，便成為南非部隊的制式武器。1980年，R4式和R5式便大量裝備南非國防軍，代替R1式和R2式。其中，R4式和R5式的半自動步槍主要裝備到後預備部隊和警察部隊，R5式則裝備空軍和海軍陸戰隊。

20世紀90年代後，隨著部隊對步槍的要求越來越高，許多國家便開始研發新武器。南非也不例外，南非維克多公司奉命研製新一代突擊步槍。經過多年的努力，該公司研製了CR21（意思是「堅固耐用的21世紀突擊步槍」）突擊步槍。

事實上，該槍是R4式步槍的變形。它採用了卡拉什尼科夫的導氣式自動原理，使用5.56毫米槍彈。不過，它與R4式也有許多不同。它沒有R4式的折疊槍托，它的槍托由聚合物製成，有散熱功能，槍托分為上下兩部分。此外，CR21裝備了反射式光學瞄準具，通視及瞄準極為方便。不過該槍也有缺點，它的保險、快慢機移到了槍托後面，且沒有提把，使用起來不是非常方便。

第八章

AK-47：人氣之槍

根據相關調查，目前全世界AK-47的數量高達1億，這也意味著全世界平均不到70個人中便有一人持有一支AK-47。現如今，上至俄羅斯精銳部隊，下至恐怖份子、索馬利亞海盜，手中都持有大把的AK-47及其「子嗣」。

反蘇總統：阿明命喪AK-47槍下

美蘇爭霸年代，蘇聯無償提供AK-47等武器給盟國，但是它也利用AK-47教訓不聽話的國家，甚至利用AK-47擊殺不聽話的國家最高領導人，阿富汗總統阿明就是一個例子。

哈菲佐拉·阿明，1929年8月1日出生於阿富汗喀布爾南部的帕格曼村的一個小官吏家庭。家境雖然不富裕，但也不貧窮。

在那個年代，上大學是中下層最好的出路，於是阿明勤奮讀書，最終考上了喀布爾大學，成為前議員哈吉·阿卜杜勒·拉蘇爾的弟子。畢

▼ AK-47不僅備受士兵喜愛，也跟很多國家領導人有不解之緣。有些國家領導人把它當成保命的良械，有些國家領導人則成為AK-47的槍下亡魂，阿富汗前總統就是其中之一。圖為正在使用蘇聯第3型AK-47的阿富汗政府軍士兵。

業後，他獲得了美國紐約哥倫比亞大學師範學院的研究生獎學金。

在美國留學期間，阿明積極活動，擔任留美阿富汗學生會主席，四處宣揚政治主張，組織學生探討阿富汗的未來。1957年，阿明獲得了研究生學歷。隨後，他幾經輾轉回到阿富汗，在阿富汗一所師範學校擔任教師。由於他能力突出，不久後就被調到教育部負責管理師資訓練工作。

然而，眼前的一切依舊不是阿明想要的。於是，1962年，他再次前往美國哥倫比亞大學讀博士。不過，出人意料的是，1965年，阿富汗人民民主黨書記塔拉基發來邀請信，要他回國從事政治活動。面對人生的抉擇，阿明隨即放棄學業，毅然回國，從此，阿明走上了政治道路。

回國後，他在塔拉基的介紹下，加入了人民民主黨。不久之後，阿明成為該黨的主要領導人。在黨內，他主要負責軍隊工作。在任期間，他積極發展軍人黨員，吸收高級軍官入黨，積累了廣泛的人脈，為其日後的政治道路奠定了基礎。

1969年，他當上了國會議員。

然而，當時阿富汗國內形勢並不好。局勢不好源於阿富汗的戰略位置。它地

▲ 阿明是阿富汗人民民主黨的成員，該黨是阿富汗歷史上唯一為工農利益服務，並建立了工農政權的政黨，他們的成員主要是工人、農民和軍隊的同志。該黨主張建設社會主義制度，黨的領導人有塔拉基、阿明、卡爾邁勒、納吉布拉，1992年該黨被解散。圖為阿富汗前總統阿明。

處亞洲中南部，扼守東西方經濟貿易和文化交流通道，戰略作用極為突出，一直以來是大國爭奪的必經之地。

近代時期，由於西歐大國和俄國在阿富汗勢均力敵，因此它一直是「獨立」的。「二戰」後，阿富汗成為「中立國」。

20世紀50年代，阿富汗與巴基斯坦因為領土爭端而交惡。此時巴基斯坦採取親美政策，實力大增，而阿富汗為了尋求支持，便轉而投靠蘇聯。

20世紀70年代，蘇聯推行進攻性的全球戰略，企圖出兵南下，打通印度洋，切斷美國和歐洲在遠東的通道。而處於中間的阿富汗便成了蘇聯的必經之道。於是，蘇聯便開始加強對阿富汗的控制。

蘇聯的舉動引起了阿富汗國王穆罕默德・查希爾的反感。他不想做蘇聯的傀儡，他準備脫離蘇聯。不過，蘇聯卻支持查希爾的堂兄穆罕默德・伊德里斯・達烏德實施政變。

1973年7月17日，達烏德發動政變，推翻了阿富汗王朝，建立了阿富汗共和國。在此過程中，阿明的人民民主黨出過力，算是政變的功臣。

達烏德上台後便強化蘇聯與阿富汗的合作，對人民民主黨等力量進行嚴厲打擊。人民民主黨陷入了困境。他們明白，想要生存就必須推翻達烏德政府，不過，由於當時力量有限，他們只好臥薪嘗膽，積蓄力量，等待時機。

1978年年初，旗幟派領袖、工會領導人卡比爾被暗殺。消息一出，阿富汗民眾深感不滿。人民民主黨便藉此機會發動大規模的遊行示威，要求政府查明真相，緝拿真凶。

可是，高高在上的達烏德不但不反省，反而下令部隊進行武力鎮壓，同時下令逮捕人民民主黨主要領導人。4月25日，人民民主黨高級

幹部召開緊急會議準備發動政變，然而不幸的是，達烏德秘密部隊突襲人民民主黨政治局會議現場，抓捕了塔拉基、卡爾邁勒等政治局委員。

當時阿明沒有在場，躲過了一劫。然而，警察隨即包圍了他的住宅將他抓獲。就在革命即將失敗的時候，阿明幫了大忙，扭轉危局。當時，負責搜捕的是旗幟派的秘密成員歐瑪‧札伊爾。他在逮捕阿明之後，沒有立即將阿明帶回警局，而是聽從了阿明的勸告，留在阿明家裡休息了5個半小時。

在這5個半小時裡，阿明成功地將整個計畫告訴了他的兒子，他讓兒子將計畫轉交給支持人民民主黨的軍隊將領。他的兒子沒有辜負他的厚望，成功地將政變計畫告訴了支持人民民主黨的將領。得到了阿明的

▼ 不管國家領導人之間有怎樣的恩怨糾葛，也不管兩個國家之間有怎樣的民族仇恨，士兵對於好的武器——AK-47的喜愛一點也沒有減少。圖為正在精心維護AK步槍的阿富汗人。

指示後，「人民派」成員卡迪爾上校隨即帶領軍官發動政變，他率領士兵衝進總統府，槍斃了達烏德，推翻了達烏德政權，將塔拉基、卡爾邁勒等人營救出來，這場政變史稱「四月革命」。

政變成功後，人民民主黨主政，建立阿富汗民主共和國，塔拉基擔任總統和人民民主黨總書記，阿明則擔任副總理兼外交部長。此時，阿明由一個微不足道的小人物轉身成為了地位顯赫的大人物。

擔任高職後，阿明與總統塔拉基的恩怨越來越深。雖然阿明是「導師」塔拉基一手提拔出來的，但是奪取政權後，兩人因為政見不同而發生了矛盾。塔拉基認為人民民主黨之所以能夠建立新政權，是因為蘇聯的強力支持，所以，他採取了親蘇態度。在內政上，他認為應該走溫和路線，爭取不同政黨的支持。不過，阿明卻不這麼認為，他認為阿富汗的未來要走強硬路線，強力鎮壓反對派，脫離蘇聯。雙方雖然多次溝通但卻沒有效果。

於是，阿明走自己的「政治路」。他以「幫助」塔拉基清除政敵為由，將旗幟派主要領導人全部請出國家權力中心，如卡爾邁勒被迫擔任阿富汗駐捷克斯洛伐克大使。與此同時，他還在總統府安插自己的親信，威脅塔拉基。

面對阿明的咄咄逼人，塔拉基非常不滿，不過，他沒有辦法，因為阿明獲得了大眾的支持。1979年3月15日，阿富汗爆發了大規模武裝衝突，人民民主黨政權危在旦夕。在這個時候，阿明指揮政府軍鎮壓叛亂，最終佔領叛亂要地赫拉特，解除了危機。

此戰之後，阿明聲望更高。迫於壓力，總統塔拉基只得任命阿明為國防部長，而自己則被架空，成為沒有實權的總統。此後，阿明集黨、政、軍大權於一身，雖然不是總統，卻是名副其實的掌權者。

事實上，阿明之所以能夠飛黃騰達，是因為總統塔拉基的「婦人

之仁」。塔拉基早就洞察了阿明的政治野心，然而，為了阿富汗國家大局，他只好默許。儘管塔拉基的心腹告訴他要先下手為強，但是塔拉基卻存有「婦人之仁」，不願意下手。

如今，阿明騎到自己頭上，塔拉基忍受不了了，他決定趕走阿明。與此同時，蘇聯也對阿明心存不滿。蘇聯認為阿明是阿富汗民族主義者，一旦上台會威脅到蘇聯的利益。於是，蘇聯制定了鏟除阿明的計畫，準備聯合塔拉基清除阿明。

1979年9月9日，參加完日內瓦會議後，塔拉基訪問莫斯科。在與勃列日涅夫的會晤中，他最終同意了蘇聯的計畫，趕走阿明。

回到喀布爾後，塔拉基召阿明前來「商議要事」。然而，阿明得知塔拉基要對自己下手，於是便帶著警衛隊和8名保鏢前來赴會。當他前

▼ 如果說AK-47是一則傳奇，那麼AK-47被仿製的速度和版本更是一個傳奇。現今，在市面上大量流通的AK-47，除了蘇製的以外，還有許多其他國家仿製的，甚至在一些農村，有些居民就能自製AK-47。圖為在阿富汗街頭販賣AK-47的小商販。

腳剛跨進人民宮，AK-47便槍聲大作，8名保鏢命喪當場。阿明隨即在警衛隊的保護下離開。

躲過了這場大劫，阿明便決定清除塔拉基。他立刻回到國防部召集心腹幹將，帶著大軍來到人民宮。很快，軍隊將總統府包圍，塔拉基不甘心被捕，便下令總統衛隊進行抵抗。一番激戰過後，塔拉基被捕。該事件史稱「九月事件」。

塔拉基垮台，阿明自然而然登上了總統寶座。上台後，阿明進行大清洗運動，他將塔拉基的支持者清除，有500多名人民民主黨高官被殺，10月8日，他讓人用枕頭將塔拉基活活悶死。

不過，阿明的這種做法引發了國家的動亂，許多反政府武裝迅速崛起。全國28個省中的23個省都有反政府武裝，阿明政權危機四伏。為了鞏固政權，阿明在賽德卡拉姆發動了大規模軍事進攻，採取高壓政策，鎮壓反政府武裝，消滅了1000多人。經此「一戰」，阿明政權才轉危為安，許多反對派不敢公然反對阿明。

蘇聯得知後，異常憤怒。然而，現在木已成舟，為了維護蘇聯的利益，蘇聯只得承認阿明政權的合法性，並增加了在阿富汗的蘇聯軍事顧問人數。

對於蘇聯的這一舉動，阿明也明白，蘇聯這是「黃鼠狼給雞拜年」。所以，阿明決定跟蘇聯翻臉。10月27日，阿明要求蘇聯召回駐阿富汗的大使普札諾夫，不久後，要求蘇聯撤回駐阿富汗的3000名軍事顧問、技術工程師和教官。對此，蘇聯勃然大怒，但是為了亞洲戰略平衡，蘇聯還是多次發出邀請，請阿明到莫斯科談判。可是，阿明卻不給蘇聯面子，沒有前去赴會，他生怕蘇聯擺下「鴻門宴」。為了保衛自己的政權，阿明開始跟美國來往。

對此，蘇聯惱羞成怒，隨即實施了一系列暗殺行動，試圖殺害阿

明。12月13日，蘇聯實施投毒計畫—「薩比爾」行動。克格勃特工米塔里‧塔利波夫偽裝成總統府廚師，往食物裡下毒。

阿明在看到精心準備的食物後感覺有點異樣，正當他要求換食物的時候，他的女婿卻早已經吃下了有毒的「食物」，很快中毒身亡。隨後，阿明將辦公地點從人民宮挪到了塔日別克宮。

投毒失敗後，蘇聯決定派遣突擊隊殺害阿明，為此蘇聯制定了代號為「風暴—333」的突擊行動。

經過一番準備後，12月27日下午，蘇聯特種部隊阿爾法小組和格魯烏120名隊員在貝洛諾夫上校的帶領下，手拿AK-74，開著5輛裝甲運輸車、10輛步兵戰車、12輛T-62型坦克進攻塔日別克宮。

當晚7點20分，突擊行動開始。突擊隊分為三組，從三個方向進攻

▼　現今，阿富汗有些軍隊依舊在使用AK-47。圖為進行AK-47步槍射擊訓練的阿富汗女警察。該批阿富汗女子警察部隊將進行為期八週的課程培訓，期間學員將學習刑法、交通法規、如何使用輕武器射擊、簡易爆炸裝置的檢測等科目。課程安排中還有兩個星期是武器和戰術訓練。

塔日別克宮。此時，阿明雖然預感蘇聯會消滅自己，但是他還期待美國和自己的軍隊前來救援自己。可惜的是，在部隊趕來之前，蘇軍已經攻克了塔日別克宮。蘇軍摧毀了塔日別克宮警衛樓，消滅了戍衛部隊，控制了總統辦公室，俘虜了阿明。

在總統辦公室，貝洛諾夫從公文包中取出一份「阿富汗要求蘇聯出兵」的文件要阿明簽字。然而，阿明卻笑著將文件撕毀，他想要保留最後的一點尊嚴。沒過多久，貝洛諾夫下令士兵開槍，阿明的貼身護衛與蘇聯特種部隊開始激戰，辦公室槍聲大作。不久之後，槍聲停了，阿明及其4個妻子、24個子女倒在了血泊中。

阿明死後，蘇聯推舉卡爾邁勒當上了總統，並派兵入駐阿富汗。然而，蘇聯沒有想到的是，這是蘇聯歷史上的最後一戰。這一戰，雖然贏了，但是不久後，蘇聯垮台了，而AK-47見證了阿明之死，也見證了蘇聯的解體。

和平總統：沙達特成為AK-47槍下亡魂

在中東，拿著AK-47作戰的高級將領有很多，其中甚至有總統，但是拿著AK-47作戰卻又被AK-47掃射而死的總統卻只有一個，這個人便是沙達特。

沙達特，全名叫穆罕默德・艾爾・沙達特。他於1918年12月25日出生於埃及尼羅河三角洲曼努菲亞省邁特阿布庫姆村的一個貧窮家庭。

他的父親是位軍人，他的母親則是個樸實的農村婦人，他有13個兄弟姐妹，家庭生活甚為艱難。沙達特的童年便是在這樣貧寒困苦的生活中艱難渡過的。

不過，沙達特還是接受了初級教育。在他的學習生活中，對他影響

最大的便是《可蘭經》。《可蘭經》的教義讓他沉迷，他成為一個虔誠的伊斯蘭教教徒。

20世紀20年代，民族獨立浪潮波及埃及，埃及人民便開始爭取民族獨立。雖然，埃及早在1922年已實現獨立，但是實際卻是英國的殖民地，埃及依舊不能夠獨立自主地發展經濟和施行外交政策。因此，埃及人民便開始發展抗英運動。而作為埃及的一份子，沙達特也滿腔憤怒，他毅然加入了反英鬥爭。

1936年，沙達特考入埃及皇家軍事學院。進入學院後，他勤奮刻苦學習，並且加入了「青年埃及黨」，積極從事反英鬥爭。1938年畢業後，他便繼續從事反英鬥爭，並秘密建立了「自由軍官」小組，曾因為

▼ 正當人們仰望米格戰鬥機低空飛行表演時，一輛受檢閱的炮車突然在檢閱台前停下，裡面的人突然對沙達特發起了進攻，圖為沙達特遇刺瞬間，凶手手中拿著的就是AK-47。刺殺發生後，刺殺現場一片混亂，守在電視機前的觀眾目睹了這恐怖的一幕，都驚呆了。人們從電視機裡聽到的最後一句話就是來自現場直播解說員的「叛徒」，隨後電視螢幕便一片漆黑。

參加反英鬥爭兩次被政府逮捕入獄。

1950年，他加入了納賽爾領導的「自由軍官組織」，進行民族獨立運動。在該組織中，由於他觀點突出，能力優秀，很快就成為納賽爾的心腹，成為了「自由軍官組織」的核心骨幹。該組織致力於推翻埃及法魯克王朝，建立埃及共和國新政權。

經過兩年多的準備，1952年7月23日，沙達特參加了納賽爾領導的「七月革命」，成功摧毀了埃及法魯克王朝。革命成功之後，沙達特並沒有爭權奪利，而是支持納賽爾競選總統，建立共和國。1956年，納賽爾在沙達特等人的擁護下成功當選埃及共和國總統。

當然，納賽爾當上總統後，也大力扶植自己的心腹和得力幹將。沙達特作為納賽爾的心腹，也受到了特殊待遇。

▼ 對於沙達特來說，10月是特殊的，他一生中數次里程碑式的重大事件都發生在10月。1970年10月，他成功當選為新一屆埃及總統；1973年10月，他領導埃及擊破了以色列的不敗神話；1981年10月，他被極端宗教主義份子刺殺。圖為1974年，沙達特訪問美國期間的照片。

納賽爾將他提拔為「革命委員會」成員，轉眼間，沙達特由一個普通軍官變成了執政黨的核心要員。此後十多年間，沙達特兩次擔任埃及副總統，並且參加了中東戰爭。在中東戰爭中，他擔任埃及某師參謀長。在以軍猛烈炮火的攻擊下，他與師部全體成員頑強阻擊以色列軍隊，最終順利撤回埃及。

　　不過，沙達特的成功並沒有挽救埃及失敗的大局。從1956年到1970年，中東發生了兩次大戰爭（第二次中東戰爭和第三次中東戰爭）。在這兩次戰爭中，尤其是第三次中東戰爭，埃及損兵折將，兵力損耗殆盡，幾乎是無將可派，無兵可打。埃及的國際地位一落千丈。

　　1970年9月28日，納賽爾總統溘然長逝，沙達特繼任埃及總統，開始了他的總統生涯。這對他來說，是一個榮耀，也是一個挑戰。因為，埃及正面臨內憂外患的問題。國內經濟發展緩慢，物價高漲，民眾怨聲載道，領土喪失，以色列咄咄逼人，美國和蘇聯製造「不戰不和」的中東局面，致使埃及在遭受領土丟失的屈辱之外，還要承受「不戰不和」帶來的壓力。

　　不過，沙達特並不屈服。他大刀闊斧地進行了一系列政治經濟改革。在政治上，他主張民主，緩解國內各黨派的矛盾，團結各黨派力量。在經濟上，他大力推行開放政策，吸引外資，發展國內經濟。在外交上，他則一改納賽爾投靠蘇聯的政策，轉而推行「積極中立」和「不結盟政策」，反對美蘇霸權主義，試圖打破中東「不戰不和」的局面，與此同時，他還主動向以色列發出了和平解決問題的號召。

　　這是阿拉伯國家首次承認以色列。但是以色列高層，尤其是軍方捨不得將第三次中東戰爭中奪得的西奈半島還給埃及，便一口回絕。

　　眼見和平無望，而「不戰不和」又拖垮埃及國力。沙達特便只好利用戰爭來解決問題。然而要發動戰爭，埃及需要大量的武器軍備和外交

支援。這些，沙達特都沒有。

為了獲取武器裝備，發動戰爭，沙達特跟蘇聯翻臉，將蘇聯軍事顧問等請出國門。蘇聯最後不得不答應提供大量的武器給埃及。

有了武器之後，沙達特便開始尋求外交支持，他走訪阿拉伯國家，獲得了許多國家強有力的支持，其中敘利亞決定與埃及一起發動戰爭。

經過三年多的準備，埃及於1973年10月6日突然攻擊以色列，第四次中東戰爭爆發。此次戰爭，在沙達特的指揮下，埃及軍隊一改以前不戰而敗的恥辱，奮力進攻。埃及軍隊不僅成功摧毀了有「中東馬其諾防線」之稱的巴列夫防線，還殲滅了駐守在巴列夫防線上的大部分以軍，取得了前所未有的勝利，打破了以色列「不可戰勝」的神話。

在這次戰爭中，埃及士兵使用大量AK-47在戰場上作戰。AK-47的猛烈火力打得以色列軍隊抬不起頭來。不過，由於美國大力支持以色列，加上敘利亞和埃及的協調作戰有問題，埃及並沒有在這次戰爭中奪回西奈半島。

可是，從整體上看，埃及還是勝利了。因為埃及不但成功擊毀了以軍巴列夫防線，而且向世界展示了埃及具有隨時整合資源作戰的能力。此戰之後，中東局勢發生了歷史性的變化。

1977年，沙達特做出了驚人之舉—應以色列邀請，訪問了耶路撒冷。從而開啟了埃、以新路程。1978年秋，在美國的斡旋下，雙方簽署了戴維營協議。為此，他獲得了諾貝爾和平獎。1979年，雙方簽署了《埃以和平條約》，正式結束了持續30多年的戰爭狀態。第二年，雙方正式建交，而以色列也將西奈半島大部分領土還給埃及。

可以說，沙達特打破了「不戰不和」的怪圈，使得中東出現了和平的曙光，為世界和平做出了巨大的貢獻。他的這一系列舉動贏得了世界許多國家的認可，可是也遭受了國內外嚴厲的批評。

▶ 極端的伊斯蘭原教旨主義者，一直認為沙達特是這個國家的叛徒，是信仰的背叛者，他們揚言「一定要除掉叛徒」、「暗殺沙達特」，雖然如此，沙達特還是如期參加了當時的閱兵式。圖為前去參加閱兵式的沙達特。

　　其他阿拉伯國家認為沙達特背叛了伊斯蘭教世界，是個叛徒，因此，它們聯合起來制裁埃及，將埃及踢出阿拉伯聯盟，停止經濟援助。與此同時，沙達特還遭受國內反對勢力的「聲討」，他們乘機活動，試圖刺殺沙達特，推翻政府。

　　1981年10月6日，沙達特出席慶祝十月戰爭勝利8周年的閱兵式。在前往參加閱兵式前，他便得知有人要在閱兵式上刺殺他，部屬勸他穿上防彈衣。但是沙達特卻以這不是男人所為為由拒絕，他身著元帥服，肩佩西奈之星綠色綬帶出席閱兵式。在他右側的是副總統穆巴拉克，左側是國防部長艾布·加札拉。

　　觀看過炮兵方隊，沙達特開始檢閱戰機分隊。就在這個時候，一輛接受檢閱的130炮車突然在檢閱台前停下，車上下來四個軍人。沙達特

以為他們要向他敬禮，便站起來還禮。可是，一個名叫卡里德的士兵向他扔來了手榴彈，隨後用AK-47向他掃射，而另外3個士兵則從兩路包抄檢閱台。

炸彈爆炸後，秘書哈菲茲一邊奮不顧身地撲向沙達特，一邊大叫「臥倒，快臥倒，總統」。可是沙達特似乎什麼也聽不見，他站在那裡，猶如巨人一般，注視著眼前發生的一切。

此時，大家都沒有反應過來，而卡里德則衝向檢閱台。在這關鍵時刻，一個記者攔住他，大罵他是叛徒。可是，卡里德卻開槍殺害了記者，隨後殺向沙達特。現場一片混亂，人們紛紛躲到桌椅下。這個時候，警衛反應過來了，拔槍還擊，然而為時已晚，沙達特早已倒在了血泊之中。

整個過程僅有兩分鐘，但是這兩分鐘卻改變了中東歷史乃至世界歷

▼ 在沙達特的陵墓前，3個古埃及打扮的衛兵守護在墓前，墓碑上幾行的阿拉伯字十分醒目：虔誠的總統穆罕默德‧艾爾‧沙達特「戰爭與和平的英雄」為和平而生為原則而死。圖為沙達特墓碑。

史。沙達特身中5彈，其中兩顆子彈穿過肺部，沙達特流血過多，未等送到醫院就已經氣絕身亡。此次遇難的還有埃及武裝部隊參謀長和總統私人秘書等7人。

事後，卡里德等人交代刺殺總統的原因。他們認為沙達特大肆「搜捕」穆斯林領袖，施行的法律與伊斯蘭教不符合，此外沙達特居然與猶太人講和，這讓他們難以忍受。不過，他們對刺殺沙達特的罪行供認不諱。他們說，我們是殺了他，但是我們不是犯罪，我們殺他是為了宗教，為了祖國。最後，這四人與其他幾百人被判處死刑。

1981年10月10日，埃及為沙達特舉行了隆重的國葬，前來參加葬禮的有美國前總統尼克森、福特、卡特，還有以色列總理貝京等。不管他們平時有多少恩怨，但此刻，他們卻為這位中東和平英雄默哀。

世紀大盜：張子強用AK-47犯罪

在民族解放者手中，AK-47是正義的象徵，然而在恐怖份子等壞人手中，AK-47則變成了令人聞之喪膽的奪命凶器。其中，中國大陸的世紀大盜張子強便是一個例子，他組建了一個犯罪集團，利用AK-47作為武器，搶劫押運車、搶劫金銀珠寶、綁架富人、走私販毒，犯下了滔天大罪。

張子強，綽號「大富豪」，1955年出生於廣西壯族自治區的玉林市。4歲時，他跟隨父母移居香港。來到香港後，張子強父親既沒有錢，又沒有一技之長，只好在香港油麻地的廟街開了一個小小的「涼茶鋪」，維持生計。

雖然現在的油麻寸土寸金，但是20世紀50年代，卻是一個名不見經傳的小地方。地方狹小，離海灘不遠，僅僅是一個荒蕪之地。在這裡居

住的除了窮人，便只有一些三教九流的閒雜之人。因此，這個地方風氣不好，治安比較差。

張子強自小便在這樣的環境中長大。由於受到環境影響，加上張子強不能約束自己，他很快就學壞了。他小學沒上完便退學，整天流轉於街道，與周邊的少年玩耍，打架。慢慢地，他與當地黑社會成員有了來往。

張子強父親得知後，狠狠地揍他，希望他改過自新。隨後將他送到一家專做西裝的裁縫店當學徒。可是，張子強並沒有迷途知返，相反地，他卻趁著這個時機加入了黑社會，並成為了其中一個小頭目，號稱「一哥」。此後，他便與黑社會成員出入各種場合，打架、搶劫無所不為。從12歲開始，他便不時「做客」警察局，但每次坐牢，都是屢教不改。

出獄後不久，他結婚、生子，組建了家庭。然而，家庭生活依舊不能夠讓他走上正道，他依然迷戀黑道，樂此不疲。在黑道中，他認識了後來被稱為張子強集團「四大金剛」中的其他三大人物—胡濟舒、張志烽、陳樹漢。此後，「四大金剛」拿著AK-47，為所欲為，作案無數，

▲ 張子強的名字在香港幾乎家喻戶曉，據說，張子強犯罪集團曾經綁架香港首富李嘉誠長子李澤鉅，並因此獲得10.38億港幣的贖金；綁架香港第二富豪郭炳湘，勒索港幣6億元；帶槍搶劫金銀店，搶得價值700萬的首飾⋯⋯在他的犯罪過程中，AK-47曾經被他作為得意的犯罪武器。圖為張子強被捕後的照片。

震驚了東南亞。

20世紀90年代，瑞士名錶勞力士是財富和權力的象徵，所以在東南亞一帶備受歡迎，從幾萬塊到價值百萬的名錶在香港市場非常熱門。

所以，勞力士總部公司每隔一段時間便會空運一批勞力士手錶到香港，然後經由保安公司負責從機場押運到香港中環勞力士香港公司所在地。整個過程嚴格保密，戒備森嚴。可是，1990年2月22日這天，卻發生意外了。

這天中午，一輛保安公司的押運車開進機場倉庫區，停在倉庫樓前。車門打開後，一個身穿制服，手拿實彈機槍的押運員跳下車，在周邊警戒，隨後兩名押運員前去倉庫辦手續。

辦完手續後，兩名押運員便將幾十箱貨運到車旁，清點完畢後，他們將箱子搬到車上。不過，就在他們準備關上車門離開的時候，五個蒙面人出現了。其中兩個蒙面人直奔駕駛座，用槍頂住駕駛座的押運員並將押運員繳械，而另外三個人則用手槍頂住搬運手錶的兩名押運員，並將他們推上車，隨後用手銬將他們銬上，並用膠布封住押運員的嘴巴。最後，他們開著汽車，揚長而去，整個過程不到十分鐘。離開倉庫後，他們朝機場隧道駛去，到隧道口後改變方向，沿著啟福道向觀塘方向開去，不一會兒便消失在人們的視線之中。

負責押運的保安公司根據程序，發現押運車沒有與公司總部保持聯絡。他們隨即聯繫押運車，然而呼叫卻無人應答。最後，保安公司只好報警。香港警方接到報案後，隨即派出警力，最終在九龍灣的常怡道路旁，找到那輛失蹤的押運車。可惜的是，人走貨空。

後來，警方雖然找到了嫌疑人張子強等人，但是苦於沒有證據只能作罷。此次，張子強集團劫走了40箱共2500支勞力士手錶，其總價值為3000萬港幣。

此次事件之後，張子強等人沒有就此收手，反而變本加厲。他們開始搶奪運鈔車。1991年7月12日，張子強集團瞄上了香港某銀行外調資金。當時，某銀行要調一部分現金，大約1.7億元港幣到美國。銀行請香港衛安護衛公司負責押運。

這一天，衛安護衛公司的裝甲卸款車依照程序停到啟德機場倉庫。其中一名押運人員前往行政樓辦手續，另外三名押運員則持槍戒備，其中兩名在車頭戒備，而一人則在車廂裡警戒。

然而，出乎意料的是，這個時候，五個劫匪再次出現，其中四個戴面罩，一人沒戴。這個沒戴的便是張子強。他手拿AK-47，帶著兩名劫匪將押運員逼進車廂繳械，而另外兩個則用膠布粘住押運員的嘴巴，隨後其中一名匪徒跳進駕駛座，開著車疾馳而去。

等到警察趕到倉庫，張子強等人早已上了九龍宏安道，隨後他們繞著麗晶花園走了一圈，將車停在了大老山隧道的天橋邊，將車上的鈔票挪到了前來接應的白色貨車上。

就在這時，一個押運員因為汗水流進眼睛而使得蒙住他的黑布往下掉了一點，他便看見了沒有戴面罩的張子強。由於劫匪忙著搬鈔票，這個細節他們沒有發現。搬完鈔票後，他們坐上車揚長而去。

等警察發現運鈔車的時候，罪犯早已經逃之夭夭。此次，1.7億港幣被劫案震動東南亞。香港警方只好投入大量警力偵破。經過分析，他們發現，在戒備森嚴和嚴格保密之下的運鈔車被劫，唯一的可能便是內部出現「奸細」。於是警方便開始對衛安護衛公司展開偵查。

經過偵查，他們發現有一名女子居然在同一帳號存進41萬港幣。這些港幣正是運鈔車上的錢幣。警方隨即對該女子進行跟蹤調查，在調查中，他們發現，向該女子提供現金的是一個名叫羅豔芳的人。對此，警方大吃一驚，因為，羅豔芳便是衛安護衛公司運輸部職員。

得到這個訊息後，警察繼續偵查。最後，他們發現，羅豔芳的丈夫便是作案無數的張子強。此後，警察便調查張子強的收入和支出狀況，他們認為張子強和羅豔芳是劫款案的嫌疑人，便將他們逮捕。

1992年秋，香港高等法院開庭審理劫款案。在法庭上，押運員指認張子強，加上警察提供的各種證據，法庭判定張子強罪名成立，並判處他18年監禁。可是，羅豔芳卻因為證據不足而當庭釋放。

被釋放後的羅豔芳隨即召開新聞發布會，她說道：「我丈夫是被冤枉的，僅憑一個押運員的話就定罪太不公正了。該押運員聲稱在現場看到張子強，可是在現場指認時，他又認不出來，離開現場後，又回頭指認我丈夫。這樣的指認不得不令人懷疑。」

這時有個記者問她：「你還有什麼要說的？」羅豔芳則淚流滿面地說道：「警方除了製造冤案外，還刑訊逼供，大家看。」隨後，她拉起長裙，露出大腿，在場的人看到她的腿上有一道長長的傷疤。隨後，她說：「為了讓我招供，警察竟然用刀在我大腿上劃了一刀。」

現場一片驚呼。迫於壓力，香港法庭最終宣布張子強無罪釋放。然而，無罪釋放的張子強卻開著名車控訴警察，要求警方賠償各種損失，

▶ 張子強被抓後，香港市民幾乎都拍手稱快，但由於香港刑法沒有死刑，張子強最終在內地被處決，內地司法機關為香港市民除了一個大害。圖為當時報導該事件的報紙。

最後香港警方賠了800萬港幣，才將此事平息下去。

不僅如此，張子強還到內地作案，綁架、販毒無所不為。正所謂，天網恢恢，疏而不漏。1997年年底，張子強從內地非法購買800公斤烈性炸藥，2000多枚雷管，準備偷運到香港，繼續作案。不料，被深圳公安局逮個正著。

1998年11月12日，廣州市中級人民法院做出一審判決，判處張子強等5人死刑。據說，在審判期間，張子強曾以「身為香港居民，而且犯案地點在香港」為理由向香港政府提出申請，要求香港政府引渡回去審判，企圖躲避死刑，因為在香港，刑法裡面沒有死刑。不過，這個申請被香港政府拒絕。

於是，世紀大盜終於命喪黃泉。

民族鬥士：阿拉法特拿AK-47革命

在中東，有這麼一個人，他被稱為「戰爭之父」。他是一生充滿傳奇色彩的巴勒斯坦驕子，親身經歷過四次中東戰爭的洗禮，畢生致力於爭取恢復巴勒斯坦人民合法民族權力的正義事業。他就是巴勒斯坦民族英雄—阿拉法特。

阿拉法特，1929年8月27日生於聖城耶路撒冷，是一個遜尼派穆斯林。1948年他參加第一次中東戰爭，用迫擊炮擊毀了以色列的一輛坦克，小有名氣。第一次中東戰爭結束後，他舉家搬往加薩。

不久之後，他到開羅大學和埃及軍事學院進修，期間擔任巴勒斯坦學生聯合會主席。畢業後，他在埃及部隊服役，擔任尉官。蘇伊士運河戰爭爆發，他擔任工程師，前往塞得港和阿布卡爾地區清理未爆炸的炸彈，反擊英法以三國的侵略戰爭。

▶ AK-47不僅備受各國士兵的喜愛，還受到各國國家領導人的青睞。有些國家領導人，把它隨身攜帶來保護自己；有些國家領導人，用黃金打造AK-47，讓它成為世界上最昂貴的武器；有些則把AK-47作為武器，為和平事業奮鬥終生。圖為手持AK-47的阿拉法特。

　　處理未爆炸的炸彈很危險。然而，阿拉法特卻帶著一隊工兵認真處理炸彈，最終出色完成任務。第二次中東戰爭結束後，他發現巴勒斯坦民族獨立不能單單依靠阿拉伯國家，他認為巴勒斯坦應該要有自己的政治軍事組織，於是，他離開部隊，前往科威特組建巴勒斯坦阿拉伯人自己的組織。1959年，他與其他兩位戰友組建了「法塔赫」組織。在阿拉伯語中，「法塔赫」三個字分別是「巴勒斯坦」、「解放」、「運動」的字首。緊接著，他又組建了軍事組織「暴風部隊」。

　　剛開始的時候，「法塔赫」和「暴風部隊」力量非常弱小。剛成立時，「法塔赫」僅有數人而已，「暴風部隊」人數也很少，此外，他們既沒有經濟來源，也得不到阿拉伯國家的支持。總的來說，阿拉法特面臨著三大問題：資金問題，人員問題，活動區域問題。

　　首先，資金問題。現代戰爭都是金錢戰，沒有金錢，便沒有武器，沒有武器，何談革命！阿拉法特便利用工程師的身分向前來合作的公司

募捐。經過一個階段的募捐，阿拉法特獲得了許多募捐款，解了燃眉之急。

其次，人員問題。戰爭終究還是人的戰爭，沒有足夠的人員參與，革命事業就難以成功。為此，阿拉法特也想出了好辦法。他創辦了一份名為《我們的巴勒斯坦》的報紙。在這份報紙上，他大幅度宣傳流浪的巴勒斯坦人生活艱苦，揭露以色列的暴行。報紙一發行，立刻受到了巴勒斯坦阿拉伯難民的歡迎，他們紛紛加入「法塔赫」和「暴風部隊」。

隨後，阿拉法特到黎巴嫩首都貝魯特宣傳，並在這裡建立了發行基地。在這裡，他不僅得到了難民的擁護，還認識了卡里德‧哈桑和薩拉‧卡萊夫。這兩人與阿拉法特志同道合，致力於巴勒斯坦民族獨立事業。

1960年，三人重組「法塔赫」，確定該組織的目標：經濟、政治、軍事、文化和思想上消除猶太復國主義實體，在巴勒斯坦地區建立一個巴勒斯坦國。他們還在其他三個國家建立了分部，主要有三個：德國由卡里德和薩拉負責；阿爾及利亞由卡卡立爾負責；科威特由阿拉法特負責。此後，經過三人的發展和努力，「法塔赫」和「暴風部隊」由弱小的組織變成了規模較大的組織。

第三，活動區域問題。有了政治組織和軍事組織，那麼該到哪裡進行游擊戰呢？經過一番研究分析，他們最終確定在各個阿拉伯國家組建游擊根據地，發展勢力，襲擾以色列。20世紀60年代初，「法塔赫」和「暴風部隊」已經小有名氣。1964年，阿拉法特與其他組織組建巴勒斯坦解放陣線。

以色列對巴解一開始並不看好，它跟蘇聯一樣認為巴解是一個亂民組織，根本威脅不到以色列。然而，第三次、第四次中東戰爭之後，以色列發現巴解實力很強，是以色列的心腹大患。

第三次中東戰爭期間，阿拉法特帶領「法塔赫」成員參加敘利亞北部戈蘭高地作戰。他們協同敘軍與以軍作戰。他們甚至出動一些部隊到敵後作戰，襲擾以軍縱深目標，影響以軍作戰計畫。戰爭結束後，阿拉法特率領「法塔赫」部隊留在巴勒斯坦地區進行了長達四個多月的游擊戰。

第四次中東戰爭，阿拉法特則再次率領巴解組織的游擊隊參加。在作戰協調會上，阿拉法特主動請纓，深入敵後作戰。第四次中東戰爭爆發後，阿拉法特率領游擊隊進入巴勒斯坦，在以色列後方作戰，開闢了第二戰場。他們在叢林中時而出現，時而消失，時而襲擊以軍物資基地，時而攻打以軍巡邏小分隊，給以軍造成了巨大的困難。

所以，以色列便開始重視巴解。他們派出突擊隊襲擊巴解組織根

▼ 長期以來，阿拉法特在自己的祖國沒有安身立足之地，為了巴勒斯坦的民族獨立事業只好四處奔波。他是世界上空中飛行最多的領袖人物，被稱為「空中總統」。圖為加薩城一張繪有巴勒斯坦民族權力機構前主席阿拉法特的巨幅海報。

據地，派出部隊攻擊難民營，時不時出動部隊對巴勒斯坦難民營進行掃蕩，甚至藉著攻打巴解游擊隊進攻阿拉伯國家，致使許多阿拉伯國家左右為難。

為了化解這種尷尬局面，阿拉法特決定遊說埃及總統納賽爾。1967年，阿拉法特與納賽爾會談。會談之後，納賽爾大力支持巴解。埃及不僅提供武器彈藥，還呼籲阿拉伯國家給予支持與鼓勵。隨後，阿拉伯國家便紛紛支持巴解組織，甚至蘇聯都竭力支持巴解，給巴解送來了無數的AK-47、大炮等武器。

不過，約旦卻不願意支持巴解。約旦國王海珊認為巴解總是在約旦境內襲擊以色列，惹怒了以色列，現在以色列要興師問罪。因此，他下令阿拉法特的游擊隊必須撤出約旦。不過，阿拉法特和巴解骨幹不願

◀ 阿拉法特的一生都在為了自己的民族而奮鬥，他的一生猶如AK-47一樣，無論環境多麼惡劣，無論敵人多麼強大，始終頑強不屈，抵抗到底。他用他的一生譜寫了真人版的AK-47。圖為阿拉法特和他心愛的AK-47。

意，他們認為同是阿拉伯人，就應該反抗以色列，而不能被以色列的恐嚇所嚇倒。

1970年9月，雙方展開戰爭，稱為約旦危機。為了支持巴解，敘利亞則直接出兵約旦，海珊見狀，便請求美國幫忙。

美國總統尼克森立即命令美國第六艦隊由訓練狀態轉換成戰鬥狀態，開往地中海東部，同時，尼克森還命令以色列出動空軍威懾敘利亞。敘利亞只好撤軍回國。沒有援助的巴解遭受重創。巴解游擊隊陣亡4000多人，約佔總兵力的50％。9月24日，阿拉法特與約旦政府簽訂停火協議，將游擊隊撤到黎巴嫩。

來到黎巴嫩後，阿拉法特便積極宣傳建國思想，擴大勢力，很快，巴解組織在黎巴嫩站穩了腳跟。阿拉法特在貝魯特西區建立巴解總部，領導巴解組織進行游擊戰。

巴解實力的強大，引發了以色列當局的擔憂。1982年6月，以色列針對巴解發動了閃電戰，出動海陸空十多萬部隊進入黎巴嫩境內圍剿巴解游擊隊，企圖一舉殲滅巴解和阿拉法特。

面對氣勢洶洶的以軍，阿拉法特並不屈服。他說：「我們將繼續戰鬥，直到最後一個人。」隨後，雙方展開了血戰。雖然阿拉法特的部隊處於劣勢，但是他們卻發揚不怕死的革命精神，給以軍造成了巨大傷亡。

1982年8月中旬，為了保存實力，阿拉法特同意以色列的要求，撤出黎巴嫩。隨後，阿拉法特帶著總部人員撤退到突尼西亞。離開前，他說：「總有一天，我還會回來。」

此次作戰，巴解損失慘重，它在黎巴嫩的主要基地損失殆盡。不過，阿拉法特並不灰心喪志，相反，他率領巴解游擊隊繼續作戰。

1988年，他在阿爾及利亞宣布成立巴勒斯坦國，接受聯合國1947年

的分治決議。1989年，他當選為巴勒斯坦總統。巴勒斯坦國得到了許多國家的認可，但遭到了以色列的強烈反對。以色列派出摩薩德特工，企圖暗殺巴解組織英雄人物—阿拉法特。然而阿拉法特卻屢屢躲過暗殺。

當上總統後，阿拉法特在重視軍事鬥爭的同時，也重視政治和外交鬥爭。經過幾十年的鬥爭，他發現，以色列的存在是一個既定事實，想要消滅以色列是癡人說夢。

所以，他開始轉變態度，不再以消滅以色列為前提來建國，相反，他正視以色列，反對恐怖主義，尋求國際的同情，期望能夠在約旦河西岸和加薩走廊建立一個以耶路撒冷為首都的巴勒斯坦國。

阿拉法特的這一舉動贏得了世界的認可。很快，1991年，阿拉法特領導的巴解與以色列總理拉賓展開談判，邁出了艱難的一步。經過兩年的談判，阿拉法特與拉賓在華盛頓簽署了巴勒斯坦自治《原則宣言》。以色列同意在1994年4月之前將加薩走廊和西岸的部隊撤回，允許當地進行投票選舉選出巴勒斯坦自治政府。

1994年，阿拉法特結束流亡生涯，回到加薩定居。由於他的歷史貢獻，諾貝爾和平獎委員會將諾貝爾和平獎授予他和拉賓。1996年1月，巴勒斯坦舉行大選，阿拉法特成功當選為巴勒斯坦民族權力機構（自治政府）主席。然而，阿拉法特和拉賓的做法遭受到兩國部分人士的強烈反對。拉賓回國後遭到反對派的聲討，並因在1996年遭到極端猶太主義者的槍擊而去世。阿拉法特則遭到巴解內部的反對。一些不理解他做法的人脫離組織，另起爐灶。以巴和平遙遙無期。

2000年9月，雙方發生了大規模衝突，以色列認為是阿拉法特指使巴解部隊發動了戰爭。於是，以色列便將阿拉法特軟禁。從2001年開始，以色列便在阿拉法特官邸四周布置炸彈，監視阿拉法特，並且斷水斷電，企圖圍困阿拉法特，阿拉法特人身受到嚴重威脅。

2003年，巴解開始改革，試圖與以色列談判。然而，雙方依舊衝突不斷。對此，以色列又將衝突歸結於阿拉法特，說他是「和平絆腳石」，想要將他趕出巴勒斯坦，甚至有些以色列官員認為，殺死阿拉法特是最好的方式。不過，阿拉法特則聲稱：「沒有人可以把我趕走。」

2004年，阿拉法特身體出現了問題。由於長期遭受軟禁，阿拉法特健康狀況每況愈下。當年10月，阿拉法特健康狀況嚴重惡化。在以色列的允許下，阿拉法特才得以前往巴黎治療，然而，一個月後，即2004年11月11日，阿拉法特因「病」去世。

塔利班頭目：馬哈蘇德高舉AK-47戰鬥

在阿富汗有一個特別的組織，該組織成員人人都拿AK-47系列作戰。20世紀70年代末，它因為抵抗蘇聯入侵而深獲世界各國的讚許，被稱作是解放阿富汗的救星，然而從20世紀80年代末開始，它便成了人人詬病的恐怖組織。

哈基穆拉·馬哈蘇德是世界上最大的非法武裝組織「巴基斯坦塔利班運動」的首領，是貝圖拉·馬哈蘇德的親信。最初，馬哈蘇德領導的武裝不過是阿富汗塔利班的一個分支，歸屬阿富汗塔利班。

事實上，塔利班並非一個恐怖的詞語，在伊斯蘭教語中，它是「伊斯蘭教的學生」，也是「神學士」的意思。它的大部分成員是來自阿富汗難民營中伊斯蘭學校的學生，因此，塔利班也叫伊斯蘭學生軍。該組織的領導人是穆爾維·歐瑪。

成立之初，該組織僅有800人，實力弱小。因此，很多人根本不看好它。可是它卻憑藉鏟除軍閥、重建國家的口號以及紀律嚴明和作戰勇敢而深得阿富汗中下層的支持。經過幾年的發展，塔利班實力大增，發

▲ 哈基穆拉‧馬哈蘇德就是手拿AK-47系列實施恐怖襲擊的典型代表。圖為手持AK-47的塔利班成員及其首領哈基穆拉‧馬哈蘇德。

展成了一支擁有近3萬人，數百輛坦克和幾十架飛機的部隊，成為了阿富汗國內最富戰鬥力的部隊。

1995年夏，塔利班實施代號為「進軍喀布爾」的戰役，即進攻阿富汗首都喀布爾。由於塔利班實力雄厚，作戰勇敢，很快就控制了阿富汗近40％的地區，並包圍了喀布爾。這年9月，他們攻入喀布爾，攻佔了電台與總統府，成功控制了首都。隨後，塔利班兵分數路，四處圍剿，經過一年的努力，他們控制了阿富汗90％的土地，而反對派馬哈蘇德僅僅佔有10％的領土。

1996年，塔利班建立全國性政權，由地方武裝轉而成為執政黨。上台之後，塔利班將阿富汗國名改為阿富汗伊斯蘭大公國，進而實行獨裁專制和政教合一的政策，對外宣稱要建立世界上最為純潔的伊斯蘭國家。

不過，塔利班建國不僅沒有得到外界的認可，僅有巴基斯坦、阿拉伯聯合大公國和沙烏地阿拉伯承認它是阿富汗合法政府，也沒有得到國內強有力的支持。

　　雖然塔利班聲稱要建立伊斯蘭特色國家，但是塔利班政府執政後卻因為各種問題而無所建樹，國家經濟每況愈下，社會問題叢生，加上疾病肆虐，使得塔利班政府的支持率逐年下降。此外，塔利班政府推行伊斯蘭法，實行極端宗教統治。他們禁止百姓觀看電視、電影，頒發男人必須蓄鬍，女人必須蒙面、不得接受教育等規定。2001年，塔利班政府不顧聯合國教科文組織及外國非政府組織的反對，下令部隊轟炸巴米揚大佛雕像，引起了世界各國的譴責。

　　當然，塔利班遭受許多國家聲討的焦點在於塔利班庇護賓・拉登。不過，2001年，隨著美軍圍剿賓・拉登行動的展開，塔利班也隨之倒台，塔利班殘餘部隊逃往山區繼續作戰。而貝圖拉・馬哈蘇德則只好回到巴基斯坦繼續「革命」，他聲稱自己效忠阿富汗塔利班，並且招兵買馬，襲擊政府。

　　沒過多久，馬哈蘇德勢力壯大，對政府產生了嚴重的威脅。2005年，馬哈蘇德與巴基斯坦政府談判。在這次談判中，他以表面上答應不再庇護「基地」成員和塔利班份子，換來了管理南瓦濟里斯坦地區的權力，背地裡卻四處發展武裝力量。

　　2006年，阿富汗塔利班藉著鴉片東山再起，他們從北約手中奪回阿富汗南部地區，佔領了阿富汗70%的領土。

　　與此同時，巴基斯坦的馬哈蘇德也憑藉著強大的實力自立門戶，建立了「巴基斯坦塔利班運動」，該組織人員高達10000人，活躍在部落直轄區的南北瓦濟里斯坦地區。

　　在此過程中，1981年出生的哈基穆拉・馬哈蘇德鞍前馬後效力，終

於成為貝圖拉・馬哈蘇德的心腹，充當貝圖拉的新聞發言人。不過，巴基斯坦塔利班運動與阿富汗塔利班目的不一樣。阿富汗塔利班目的是建立伊斯蘭國家，可是，巴基斯坦塔利班則不同，他們的目的是將「美國人趕出去」。

隨後，他們四處出擊，襲擊美軍和北約部隊，給美軍帶來了巨大的麻煩。其中，哈基穆拉・馬哈蘇德功勞最大。基地成立後，他便帶著基地成員到處進行製造襲擊活動，主要在古勒姆、開伯爾和奧勒格宰三處部族展開活動，他率領大約8000名塔利班份子作戰，是當地塔利班出了名的機動指揮官。在短短三年時間內，便製造無數次襲擊，這些襲擊造成了3400人喪生。可以說，哈基穆拉・馬哈蘇德劣跡斑斑，是可怕的恐怖主義者。

▼ 2009年10月17日，巴基斯坦軍人在該國西北部本努鎮街頭巡邏。當日，巴軍方開始對巴基斯坦南瓦濟里斯坦的塔利班據點進行地面清剿行動。圖為當時進行圍剿的情景。

對此，巴基斯坦政府懸賞23.4萬美元捉拿他，可是，始終未能如願。而美國也屢屢出動無人機對塔利班經常出沒的區域進行襲擊，可是效果並不理想，每一次，哈基穆拉·馬哈蘇德都能僥倖逃脫。

2009年8月，「巴基斯坦塔利班運動」創始人貝圖拉·馬哈蘇德在美軍無人機空襲中身亡。此人「功勞巨大」，他被指控在2007年策劃暗殺巴勒斯坦前總理貝·布托，又被美國政府列入黑名單，美國還曾懸賞500萬美元捉拿他。他死後，身為組織二號頭目的哈基穆拉·馬哈蘇德隨即成為該組織新首領。巴基斯坦塔利班相關負責人聲稱，42名塔利班頭目組成的最高委員會任命哈基穆拉為新的領導人，任命阿札姆·塔里克為新的發言人。

隨後，哈基穆拉便帶領塔利班成員繼續襲擊政府和美軍。巴基斯坦

▼ 最近幾年來，阿富汗塔利班不斷向駐阿富汗的外國軍人發起攻勢。不過，絕大多數情況下，塔利班武裝份子不會和美軍進行面對面的戰鬥，而是依靠路邊炸彈進行偷襲行動。圖為正在積極備戰的塔利班組織成員。

當局則認定他與多起威脅襲擊伊斯蘭堡外國使館的活動有關，認定他涉嫌襲擊美國和北大西洋公約組織的急需物資供應隊。

對此，哈基穆拉公然承認。他承認2009年6月9日在白沙瓦的珍珠大陸酒店製造爆炸，承認在拉合爾襲擊斯里蘭卡板球隊。2008年，他則出現在媒體面前，向記者展示他的戰利品—從美軍物資供應隊手中奪得的悍馬軍車。

哈基穆拉的高調引來了麻煩。巴基斯坦政府和美國隨即加大對哈基穆拉等塔利班的圍剿。2009年，在美國無人機的轟炸和巴基斯坦政府軍的強力圍剿之下，哈基穆拉被迫帶著隊伍從南瓦濟里斯坦的據點中撤退。巴基斯坦軍方隨即宣布，巴基斯坦國內南瓦濟里斯坦地區和斯瓦特山谷的塔利班武裝已經被政府軍消滅。

然而，事實上，等到美軍與巴基斯坦政府軍一走，手拿AK-47的塔利班武裝立刻回到「失地」，繼續作戰。從2006年到2009年，巴基斯坦已有2000名士兵在與塔利班的交戰中陣亡。可以說，美軍和巴基斯坦政府對塔利班幾乎無計可施。

2010年，美軍發怒了。他們加大無人戰機的襲擊力度。截至2010年1月14日，美軍已經發動了8次空襲。最後一次空襲地點是巴基斯坦西北部靠近阿富汗邊境的北瓦濟里斯坦地區，據報導，此次空襲造成10人死亡。不過，躲在這一區域的哈基穆拉·馬哈蘇德卻躲過了轟炸。

2010年7月5日，巴基斯坦軍方宣布，哈基穆拉·馬哈蘇德於本月4日在經過一個位於北瓦濟里斯坦的檢查站時與巴軍人員發生衝突而被擊斃。巴基斯坦政府和美國政府的眼中釘從此消失了。

「反美英雄」：賓・拉登繳獲的戰利品——AK-47

2011年5月2日11時35分，美國總統歐巴馬通過電視講話宣布賓・拉登在巴基斯坦阿巴塔巴德市被美國海豹特種部隊擊斃，並已證實死者是賓・拉登本人。此消息一出，舉世皆驚。

當日，巴基斯坦情報官員證實，賓・拉登的確已在巴基斯坦被打死，而美國則動用航母將賓・拉登屍體「葬」於北阿拉伯海。

2011年5月6日，「基地組織」發表聲明，正式確認其頭目賓・拉登已經身亡，並揚言報復美國。

▼ AKS-74U短突擊步槍是賓・拉登的貼身武器，無論賓・拉登走到哪裡，這支步槍幾乎如影隨形，這支步槍似乎彰顯著他無盡的戰鬥力。即使在逃亡的過程中，賓・拉登也不曾和他的親密夥伴AKS-74U分離，這支AKS-74U短突擊步槍一直陪伴他走到了生命的最後一刻。圖為與AKS-74U短突擊步槍形影不離的賓・拉登。

提起賓‧拉登，所有人都知道他是基地的重要人物，歐美人認為他是世界上頭號恐怖份子，是世間的撒旦，但對於基地組織來說，他卻是一個「反美英雄」。

對於賓‧拉登，印象深刻的莫過於他身邊的AKS-74U及其容彈量為45發的RPK-74機槍彈匣。許多人會很詫異，為何每次基地組織公布錄像，這枝槍總是靠在賓‧拉登身後。事實上，這裡面是有原因的。

這枝槍是賓‧拉登在阿富汗戰爭中繳獲的，它是賓‧拉登從超級大國蘇聯軍隊手中奪過來的，是勝利的象徵。而45發超大彈匣則說明賓‧拉登好戰的決心。此外，該槍還可能暗示著賓‧拉登將與他的成員發動聖戰，進行游擊戰爭。當然，縱觀賓‧拉登的一生，他的確做到了，正如同他手中的槍械一樣，儘管他已經「陣亡」，但是這在他自己看來卻是「光榮」的。

賓‧拉登，1957年3月10日出生於沙烏地阿拉伯首都利雅德的一個建築業富商之家，這個家族的主要業務是建築和工程。由於他的家族與沙烏地皇室核心成員有著密切的關係，因此，賓‧拉登家族是一個富裕家族。而出生於該家族的賓‧拉登是一個富二代，錦衣玉食，生活無憂。

不過，這個家族龐大，成員眾多，賓‧拉登僅僅是其中的一份子，在52個兄弟姐妹中，他排行第十七。小時候，賓‧拉登接受了中小學教育，隨後在KAU大學學習，主修經濟和工商管理。

畢業後，他回到家族企業工作，不過，由於他是穆斯林理想主義者，與他哥哥理念不同，最後分道揚鑣。但是在家族企業這幾年，他憑藉所學知識以及與王室的特殊關係，拿到了許多訂單，賺取了數十億美元的利潤。據美軍官方估計，拉登個人資產至少有5億美元。這筆錢是他日後進行恐怖活動的主要資金來源。毫無疑問，在這階段，他年輕有

為，是富甲一方的商人。

既是一個富二代，又是有為青年，賓‧拉登如何會走上恐怖之路呢？是賓‧拉登好戰，還是他像世界金融寡頭一樣貪得無厭？

接觸過拉登的人都會覺得他是一個文弱書生，而不是恐怖份子。美國著名記者約翰‧米勒寫道：他身材瘦削，身高在193～198公分之間，留絡腮鬍，說話輕聲細語。平時身穿白色阿拉伯長袍，慈祥溫和。美國媒體也曾報導，年輕時的拉登是一個積極向上的人，他既遵守宗教信條，又慷慨助人。

美國的報導的確不假。據拉登親戚介紹，拉登是一個阿拉伯理想主義者，他從來不談論名車、珠寶，而是將金錢用來服務社會。小時候，拉登只要見到乞討者肯定會央求大人施捨。

這樣一個溫文爾雅的商人走上恐怖之路難道是為了金錢？對此，記者約翰‧米勒回憶說，拉登不是一個講求享受的人，房屋內陳設簡單，猶如苦行僧一般。當米勒問他，是不是不喜歡金錢。拉登則答道：「我的事業需要金錢，但我不需要。」既不好戰，又不為錢，年輕有為的拉登為何會走上「恐怖主義」之路呢？

這還得從他的人生轉折點說起。在賓‧拉登一生中，有三個極為關鍵的轉折點：父親墜機身亡、阿富汗戰爭、波斯灣戰爭中政府的軟弱。

首先，父親墜機。賓‧拉登的父親叫奧薩瑪。他是家族事業的繼承者，然而1967年，即拉登10歲那年，他因為坐飛機意外墜機而死。這件事情對賓‧拉登觸動很大。拉登年老的舅舅曾透露，儘管奧薩瑪並沒有特別關注拉登，但是拉登從小卻很崇拜奧薩瑪。奧薩瑪去世後，拉登不知所措，拉登認為奧薩瑪是家族的支柱。對此，西方媒體猜測，拉登生存於大家族中缺乏父愛肯定生活不開心，他們甚至認為「911」事件與拉登小時候親情淡漠有關。不管「911」事件是否與拉登父親突然去世

有關，可以肯定的是，奧薩瑪的去世對拉登的人生造成了影響。

其次，阿富汗戰爭。1979年，蘇聯軍隊大舉入侵阿富汗，引起了阿拉伯世界的抗議。作為阿拉伯一份子，拉登也強烈抗議蘇聯的入侵行徑，然而蘇軍並沒有因為阿拉伯世界的抗議而撤退。於是，拉登便做出一個致使他人生發生重大轉變的決定：到阿富汗抗蘇。

隨後，他和一同有著抗蘇信仰的阿拉伯朋友不遠千里前去阿富汗，加入「伊斯蘭聖戰組織」抗蘇。而他一戰便是10年。在這10年裡，他建立「服務營」組織，招募阿拉伯志願者前來抵抗蘇軍入侵。不過，幾乎沒有人會想到，10年後該組織卻變成了「基地」組織。

10年後，蘇聯從阿富汗撤軍，阿富汗和拉登贏得了勝利。但是，這場戰爭卻改變了拉登的人生。米勒說，阿富汗戰爭使拉登認識到了「西

方世界是霸權主義」，並且使拉登結識了與他「情投意合」的塔利班組織領導人。

不過，戰爭結束後，拉登並沒有戀戰，而是帶著追隨者回到沙烏地阿拉伯，繼續自己的人生。沒過多久，一場戰爭發生了，它徹底將拉登推上了戰爭的浪尖。

1991年，波斯灣戰爭爆發。拉登主動請纓要求沙烏地王室任用「基地」組織保護國家。然而沙烏地王室不僅一口回絕，還同意美軍在沙烏地創立軍事基地。這一舉動激怒了拉登，拉登認為沙烏地此舉不但背叛伊斯蘭教義，而且是引狼入室。對此，沙烏地反對派領導人阿勒法基說：「這是他生命中的一個轉折點。當時他的想法是，這是對伊斯蘭使命的重大背叛，是沙烏地政權的一個歷史性的重大背叛。」

的確，拉登認為，蘇聯雖然解體了，但是美國是繼蘇聯之後對阿拉伯世界最危險的敵人。所以，阿拉伯世界要對抗這個「最大惡魔」。隨後，拉登前往蘇丹，透過財務和補給網支持穆斯林戰士。他的付出有了回報，他建立了一個從葉門到阿爾巴尼亞的系統。沙烏地政府得知後勃然大怒，取消了拉登國籍。拉登沒有辦法便只好流亡蘇丹等國。

1996年，蘇丹因為各種原因要求拉登離境。拉登沒有辦法，便輾轉來到阿富汗避難。在這裡，他的地下網勢力迅速擴張，調查賓‧拉登勢力的作家福登說，該組織成員高達5000人，分布於25個國家。拉登透過這個網指示成員實施「恐怖」活動。也是在這個時候，拉登才決定將「基地」建設成有組織、有規劃的集團。

由於他的這一舉動，美國將他列入了主要通緝犯名單，懸賞2500萬捉拿他。此外，美國還在1998年發動了一次反恐活動。美國所謂的反恐行動徹底激怒了拉登。他隨即做出了反應。

當年夏天，美國駐肯亞大使館和美國駐坦尚尼亞大使館先後發生爆

炸，造成兩千多人死亡，數千人受傷，其中有不少是美國人。不久後，身著迷彩服，包著頭巾，背後靠著一枝AKS-74U步槍的拉登便出現在網路上，他宣布「聖戰開始」。

柯林頓總統隨即動用巡航導彈對蘇丹的希法制藥廠和賓·拉登穴居的阿富汗山區進行轟炸。不過，拉登早已逃離。拉登與美國之間的決戰正式開始。

2000年，基地組織在葉門襲擊了美國「柯爾」號驅逐艦，射殺17名美國士兵。

面對拉登的強勢，美國媒體猛批政府說：「這個曾在阿富汗反對蘇聯的大個子阿拉伯人，為什麼在拿過我們的援助後，又來襲擊我們？」

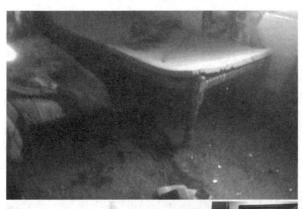

◀ 圖為美國電視媒體播出拉登被擊斃後的畫面，該畫面顯示了賓·拉登被擊斃時其藏身住所內部的情況，圖中可見，其住所內血跡遍地。

◀ 拉登死後，美國總統歐巴馬、副總統喬·拜登、國務卿希拉蕊·柯林頓及其他安全官員觀看了刺殺拉登行動的即時影像。圖為當時觀看影像時的情景。

美國政府沒有辦法，便只好加大對拉登的圍剿力度，並開出5000萬美元賞金要拉登人頭。同時，他們要求阿富汗當局交出賓·拉登。然而，阿富汗塔利班當局早就表示，絕不將賓·拉登交給美國或交由第三國審判。

眼見要求沒效果，美國便對塔利班實施制裁。不過，阿富汗並不屈服。2001年，震驚世界的「911」事件爆發。此次事件造成2998人死亡，世貿中心雙塔垮塌、五角大樓嚴重受損。

此次事件後，美國將矛頭對準了賓·拉登，開始大規模進軍阿富汗，實施反恐行動。從此以後，拉登開始了東躲西藏的生活，雙方玩起了「貓捉老鼠」的遊戲。而這一遊戲非常殘酷，只有一個結局：除非拉登被擊斃，否則遊戲不會結束。2012年，聖戰了22年，逃亡了10年的拉登被美軍擊斃。

反美信徒：薩達姆最鍾愛的武器——AK-47

在中東，阿拉伯國家反美的呼聲一直很高。但是，其中敢拿著AK-47炫耀武力的阿拉伯國家總統卻只有薩達姆一人。終其一生，薩達姆都跟AK-47一般，猛烈無比，讓周邊國家乃至於美國頭疼不已。

薩達姆·海珊，1937年4月28日出生於伊拉克提克里特一個貧民家庭。在出生前，他的父親去世，他便成為遺腹子，出生後，他與母親艱難生活。可是，9歲那年，母親去世，他成為孤兒。他靠著叔父的撫養，才長大成人。

長大後，他積極參與政治事務，19歲那年便加入了社會復興黨。兩年後，他因為殺害自己的姐夫而被判處6個月監禁。出獄後，他回到復興黨組織工作。1959年10月7日，他與其他四位戰友奉命襲擊伊拉克獨

裁領導者卡薩姆總理。然而行動失敗，他左腿中彈受傷。

為了躲避卡薩姆的報復，他選擇逃跑。據說，他用匕首挑開傷口，挖出彈頭，然後拿著身上僅有的23個第納爾逃出了巴格達。具體的做法是：他拿出10個第納爾讓貝都因牧人幫忙，逃到巴格達以北150公里的薩馬拉。隨後，他便輾轉來到阿拉伯社會復興黨發源地敘利亞，最後前往開羅。在開羅，他進入開羅大學法學院就學，並參加復興黨各項活動，由於表現出色，他成功擔任支委一職。

這個時候，伊拉克國內發生了變化。由於卡薩姆與伊拉克共產黨眉來眼去威脅到美國在中東的利益，因此，美國便轉而支持社會復興黨。社會復興黨有了美國的援助，實力迅速增強。

1963年，復興黨幫助阿里夫發動政變，取得了政權。薩達姆則回國

▼ 冷戰時期，AK-47成為東、西方陣營對峙的標誌，並被賦予了更多意識形態方面的含義。不少反美的軍事大老都酷愛這款武器，伊拉克前總統薩達姆就是其中之一。圖為1987年，伊拉克前總統薩達姆‧海珊正在用AK-47進行射擊。

管理黨內事務。

　　不過，阿里夫害怕復興黨奪權，便大肆搜捕復興黨人。薩達姆被捕入獄。在獄中，薩達姆被選為復興黨副總書記，並於1967年越獄。出獄後，他與復興黨骨幹臥薪嘗膽，積蓄力量。1968年，他們發動政變，推翻了阿里夫政權，建立新政權。薩達姆成為該指揮部的副主席以及宣傳部長和安全部長，很顯然，薩達姆成為新政權中的二號人物，地位僅次於伊拉克新總統貝克爾。

　　隨後，薩達姆便協助貝克爾總統鞏固新政權、治理國家。而這一做就是11年。在這11年裡，他兢兢業業，殫精竭慮，想盡一切辦法維穩政權，維護伊拉克統一。比如，1975年，他與伊朗國王簽訂協議，鎮壓了伊拉克庫爾德人的叛亂；比如，他利用石油經濟，大力發展國防力量，

▶ 所謂位居高位者應該如履薄冰，但是薩達姆似乎天生就是一個鬥士，一個好戰的鬥士。於是，他開始步入征戰的歧途，讓他自己與伊拉克人民都陷入了危機之中。圖為持AK-47步槍的薩達姆。

比如疏遠美國，適度傾向蘇聯。經過努力，伊拉克一改國內政局動盪，經濟萎靡不振的局面，伊拉克開始走向新階段。

1979年，伊拉克總統貝克爾宣稱自己由於身體原因，將國家大權交給薩達姆。為期11年的貝克爾時代結束，伊拉克迎來了薩達姆時代。薩達姆上台之後，以建立「一個強大的伊拉克」為信條，積極治國。一方面，他採取暴力措施鎮壓國內地方反叛勢力，維持國家的統一；另一方面，他特別重視經濟和民生，比如頒布取消低工資收入者的所得稅，石油工業國有化，全面掃盲，加強國防，整頓吏治等一系列命令。

經過多年的發展，伊拉克國勢鼎盛。人口從1932年的330萬猛增到1600萬，百姓生活福利大大提高；石油儲量1000億桶，位居世界第二，石油出口量為8％，位居世界第三；國防力量大為增強，伊拉克不僅擁有百萬大軍，還研發核武器。可以說，伊拉克成為了中東經濟實力和軍事實力一流的國家。

由於薩達姆的優秀政績，他的頭像紛紛出現在伊拉克各個角落。他的聲望達到了最高點。

但由於受到「伊拉克文明優越論」和「泛阿拉伯主義」的影響，薩達姆欲望開始膨脹。他開始了阿拉伯統一夢，即建立以伊拉克為首的統一的阿拉伯國家。從此，伊拉克便像他所說的：「要麼矗立於高山之巔，要麼陷於深谷之底，但從來不是坦坦平川。」

伊朗與伊拉克一直存在著領土糾紛、民族矛盾、教派矛盾等爭端，不過，由於伊朗王朝和伊拉克保持克制，雙方關係還能勉強維持。可是，1979年，何梅尼發動政變，建立伊朗共和國後，採取強烈的反伊拉克策略，尤其是何梅尼想要推翻薩達姆政權，導致雙方關係惡化。

1980年9月22日，薩達姆下令部隊進攻伊朗，兩伊戰爭爆發。戰爭前一階段，伊拉克部隊因為突擊戰而佔領了伊朗兩萬多平方公里的領

▲ 黃金AK-47是伊拉克人送給伊拉克總統薩達姆‧海珊的，據說這把昂貴的珍品也是俘獲薩達姆後在伊拉克民兵家搜查出來的。圖為2003年4月12日，在伊拉克首都巴格達，一名美軍士兵正在把玩薩達姆‧海珊收藏的黃金槍。

土，處在優勢地位。然而，兩年後，何梅尼採取「人海戰術」發動反攻，收復了大部分領土。

薩達姆認為再戰沒有必要，便將部隊撤回邊境，宣布停火。可是，何梅尼不願意停火，他發動部隊進攻伊拉克部隊，將戰火燒到了伊拉克境內。然而，由於伊朗部隊作戰能力有限，進展不順，此後，雙方進入對峙階段。在這階段，雙方展開了「油輪戰」和「襲城戰」，襲擊世界他國船隻，引發了世界的強烈抗議。

1987年，安理會通過第598號決議，要求兩伊立即停火。經過一年多的努力，雙方於1988年宣布停火，兩伊戰爭結束。

兩伊戰爭，損失慘重。據保守估計，兩國損失9000億美元，人員死亡高達100萬，傷150萬。可以說，此次戰爭，薩達姆損失慘重。此次戰

爭不僅消耗了他積蓄多年的外匯、軍隊，還損害了他好不容易樹立起來的威信。此戰後，伊拉克「第一中東大國」的地位轟然倒塌，繼之而來的是經濟低迷，通貨膨脹，政權動盪。

不過，薩達姆還是靠著自己獨特的政治才能，維持了國內的穩定，爭取了國際社會的同情，保住了中東大國的位置。可是，不久之後，薩達姆又做出了一個錯誤決定，使伊拉克遭受了更為嚴重的災難。

兩伊戰爭，薩達姆不僅將儲備的幾百億外匯花得一分不剩，還欠下了近千億的外債。為此，他便向科威特下手。科威特與伊拉克是鄰國。在歷史上，它是伊拉克的一部分，但是20世紀60年代，它獨立建國。對此，伊拉克歷屆政府都耿耿於懷。於是，薩達姆便藉著這個理由攻打科威特。

1990年8月2日，薩達姆下令部隊進攻科威特，科威特由於人少、兵少很快亡國。隨後，薩達姆宣稱吞併科威特。然而，以美國為首的多國部隊則在1991年1月16日發動對伊拉克的戰爭，史稱波斯灣戰爭。在這次戰爭中，伊拉克節節敗退，損兵折將，最後不得不接受聯合國第660號決議，並從科威特撤軍。

此次戰爭，伊拉克遭受到巨大的災難。首先，軍隊遭受重創。數十萬軍隊一路潰敗，死傷累累，海軍和空軍幾乎喪失戰鬥力。其次，民眾傷亡慘重。在戰爭中，美國與其他國家發動空襲，導致伊拉克大量建築被毀，民眾傷亡無數。再次，薩達姆的核武器研究遭到嚴格管控，核武器研究前功盡棄。最後，美國藉機加強與中東國家的關係，並強化在當地的軍事力量，這為伊拉克戰爭埋下了隱患。

戰敗之後，中東雄獅薩達姆雖然面臨著內憂外患等問題，但是他卻採取各種手段，克服一個個困難挺了過來。從戰爭中慢慢恢復的薩達姆又開始大肆進行反美行動。這下子，美國人憤怒了。

▲ 薩達姆政權倒台後，美軍本來想用現代化的M16步槍武裝伊拉克部隊，卻遭到伊拉克陸軍和警察的公然拒絕。他們更願使用老式的蘇製卡拉什尼科夫步槍AK-47。無奈，美軍只好從約旦採購卡拉什尼科夫步槍，配備伊拉克陸軍和警察。圖為伊拉克北部手持AK-47保衛國家的女孩。

　　2003年3月20日，美國聯合英國在沒有安理會授權的情況下發動了侵略伊拉克的戰爭。2003年4月9日，美軍攻入巴格達，薩達姆的兒子庫塞、烏代和14歲的孫子穆斯塔法在抵抗中被殺，薩達姆則不得不四處躲藏。當年5月1日，美國總統布希宣稱對伊戰爭結束。

　　該年年底，薩達姆在其家鄉提克里特附近被美軍抓獲。美軍隨後將他交給伊拉克臨時政府審判。在審判過程中，薩達姆始終不屈服，他說「你們是誰？這個法庭想怎樣？」幾度迫使法庭休庭。

　　不過，3年以後，薩達姆還是以謀殺和反人類罪被判處絞刑。對這個結果，薩達姆說道：「我很高興在我的敵人手上死去，成為一名烈士，而不是在監獄裡度日如年。」

　　對此，世界各界也紛紛發表看法。美國總統布希說，薩達姆被處決是伊拉克發展民主的里程碑。但多數國家則反對處決。英國說，歡迎

薩達姆被法律制裁，尊重伊拉克人的決定，但表明不支持死刑。俄羅斯說，對這項處決表示遺憾。而人權監察組織則說道：海珊是踐踏人權的怪獸，但處決他反而將他的惡劣紀錄顛覆了。

不管怎麼樣，「巴比倫雄獅」薩達姆已經遠去。他的一生如同AK-47一般，戰鬥到底。

反美鬥士：查維茲不滅的信仰——AK-47

哪裡有壓迫，哪裡就有反抗，哪裡有反抗，哪裡就有AK-47。在中東，美國的霸權主義招來了手持AK-47的賓·拉登和薩達姆的反抗，在美洲則引起了「政壇不死鳥」查維茲的反抗。

烏戈·查維茲，全名烏戈·拉斐爾·查維茲·弗里亞斯，1954年7月28日出生於委內瑞拉巴里納斯州的薩瓦內塔。他的家境雖然不富裕，但也並不貧困。其父母都是學校老師，在五個孩子之中，排行老二。

小時候，他便與哥哥被送到祖母居住的薩巴內塔讀小學。小學畢業後，他便被送到巴里納斯州奧利里高級中學學習。17歲那年，他應征入伍，進入委內瑞拉軍事學院服役，成為巴里納斯州反暴動部隊的成員。在這裡，他一待就是17年。

在此期間，他擔任各種職務，最後由於聰慧能幹而被晉升為中校。當然，在這一階段，他最突出的成就不是晉升中校職位，而是擔任教師所取得的成就。他用熱情的授課方式批評時政，贏得滿堂喝彩，同時成立了「玻利瓦爾革命運動—200」組織。這個組織是他日後在政壇風生水起的根本。

當上中校後，查維茲在兢兢業業工作的同時也關注時政，呼籲政府改革。然而，政府對他的建議不加理睬，查維茲便決定發動政變。當

▲ 查維茲是一個強大的領導人，也是一個激烈的言論家。如同AK-47一樣有猛烈的衝擊力，他言辭鋒銳，發出了諸如：「喬治·華克·布希是白癡」、「賴斯是胡說八道的小妹妹」等一類激烈的言辭，這些言辭就像AK-47射出的子彈一般，威力猛烈，讓人不得不正視一些問題。圖為手持AK-47的查維茲。

時，委內瑞拉總統是卡洛斯·安德烈斯·佩雷斯。

　　此人對外採取了親美政策，對內則採取了暴政。他的這種政策導致了國內經濟低迷，人民怨聲載道。查維茲認為時機已到，便準備發動軍事政變。他私底下與其他軍官制定計畫，計畫內容是，他率領5個營的部隊於1991年12月突襲卡拉卡斯市區，佔領市內的主要軍事和通信設施，包括總統官邸、國防總部、軍事機場、歷史博物館等，最終俘虜現任總統佩雷斯。

　　然而，由於各方面原因，計畫推遲到1992年2月4日的早晨才發動。可能時機已經錯過，他們的政變沒有成功。政府軍比他們想像中的還要強大。眼見政變失利，部隊損失殆盡，查維茲只好向政府自首。政府便

讓他在國家電視廣播上呼籲其餘叛亂部隊停止抵抗。在電視上，查維茲說，他不過是「暫時性」失敗了。隨後，查維茲被關進監獄。

這次政變雖然失敗了，但它卻對委內瑞拉政局產生了深遠的影響。首先，查維茲雖然被關進監獄，但是總統佩雷斯也於1993年遭到了彈劾。其次，查維茲因為政變而名聲大噪，成為全國的知名人物，中下層人民將他當作是掃除政府貪汙和腐敗的英雄人物。

1994年，總統拉斐爾・卡爾德拉赦免了查維茲。查維茲獲得了自由，這對他來說無疑是一件大喜事。然而遺憾的是，在監獄裡，他的眼睛長出了贅肉，贅肉後來還滋長至虹膜，以至於他的視力大為減弱。

出獄後，查維茲繼續從事政治運動。他重新組織了「第五共和運動」，招兵買馬，要求政府進行改革。經過幾年的發展，查維茲實力大增。1988年，他以玻利瓦爾主義作為政治綱領，提出了「鋪設一個新共和國的根基」的治國理念，參與總統競選。

在競選期間，他以出色的演說，贏得了國內最大的兩家外國銀行—西班牙對外銀行和西班牙國家銀行的強力支持，他務實的政治態度贏得了大量貧窮人口和工人階級的支持，支持率上升到56％，最後成功贏得了大選，成為委內瑞拉第53任總統。

擔任總統後，查維茲沒有食言，他以玻利瓦爾主義為根本綱領，進行了廣泛的制度改革。政治上，他推行新憲法，將國名更改為「委內瑞拉玻利瓦爾共和國」；將兩院制國會改為一院制的「國會議會」；將總統任期由5年延至6年，允許連選連任；增設副總統一職並規定總統有權解散「國民議會」。在新的一院制的國民大會選舉中，查維茲主動提出重新選舉總統。他的這一舉動贏得了全國上下的認可，進而贏得了60％的選票。政治改革使得新政府面貌煥然一新。

經濟上，他重視社會主義經濟，將舊政府採取的自由市場經濟和新

自由主義原則轉變為準社會主義的收入重新分配和社會福利援助。在任期間，他推行了一系列民生項目，轉變了國家經濟狀況。比如，他將企業國有化，收回了許多外國參與經營的石油企業；限制石油開採量，提高石油價格；推行了《魯賓遜計畫》、《瓜依凱布洛計畫》、《蘇克雷計畫》、《里巴斯計畫》等，增加民眾福利，改善民眾生活，提高民眾知識文化水準。

　　經過一番努力，查維茲大獲成功。上任第三年，他便成功打擊了地主所有制，改善了社會福利，降低了嬰兒死亡率，施行從小學到大學免費的教育制度。而國內經濟明顯好轉，通貨膨脹已從原來的40％下降至12％，經濟發展數據則維持在兩位數上增長，失業率下降了6.4％，貧窮

▼　查維茲17歲進入了委內瑞拉軍事學院，1975年獲得軍事學和工程學的碩士學位，接著被批准前往卡拉卡斯的西蒙·玻利瓦爾大學研讀政治學，但最後並沒有獲得文憑。2000年7月，在根據委內瑞拉新憲法重新舉行的大選中，查維茲再次當選總統。圖為2000年8月4日，委內瑞拉加拉加斯，總統查維茲攜妻子向支持者們致意。

人口比率則下降了6%。

然而，查維茲的改革也遭到了國內反對派的強烈批評。社會中上層階級指責他實施政治壓迫和人權侵犯，並引發了一場短暫的政變和罷免投票。2002年，社會中上層聯合政府官員秘密發動政變，然而查維茲躲過了。2004年，反對派又醞釀了罷免選舉，查維茲則依靠廣泛的民眾支持度過了危機。

對於反對派和批評者，查維茲說道：「我不在意他們（私營媒體）如何稱呼我……如同唐・吉訶德說的如果有狗在叫，那是因為人們都在工作。」

任期到後，查維茲參加競選，憑藉出色的治國才能，他再度連任。對內，查維茲一如既往實行改革，他沒有因為是改革受益者而停滯不前。他表示，國家將實行「集體所有制」，將大型農場收歸國有及重新分配閒置土地給窮人，並鼓勵國內人民效仿他將不用、多餘的東西捐獻給困難的民眾。對外，查維茲一改原來的傳統外交政策。他實行非主流的外交路線，斷絕與美國和歐洲的戰略利益關係，成為南半球世界發展和整合的範例。

2004年和2005年，查維茲採取新的雙邊和多邊的協議，與阿根廷的內斯托爾・基什內爾、古巴的菲德爾・卡斯楚和伊朗的馬哈茂德・艾哈邁迪內賈德建立了密切關係。

與此同時，他強烈指責美國。他宣稱美國主導的美洲自由貿易區已經死了，不適用於拉美各國，拉美各國則應該重新建立新的經濟合作模式。在聯合國世界高峰會上，他說，自由化、移除貿易障礙和私營化等是造成發展中國家貧窮的原因。在美洲國家首腦會議上，他說，「今天最大的輸家就是喬治・華克・布希」。與此同時，他則與伊朗、越南、古巴建立合作關係。

經濟上批評美國，政治、軍事上，他也對美國大加撻伐。查維茲身體力行，減少與美國的聯繫。他下令國防部從世界不同國家購買武器，而結束與美國的軍事合作關係，並要求在委內瑞拉的美軍離開。此外，為了防止美國報復，他建立了一支150萬民兵組成的「後備軍人部隊」。

他還宣布對美國有線電視新聞網提起訴訟，原因是該新聞網將查維茲與賓·拉登並列於屏幕上，同時起訴環球電視台，理由是它煽動民眾刺殺查維茲。的確，查維茲上任後，曾屢屢遭受國內反對派和國外反對組織的刺殺、襲擊。幸運的是，查維茲都順利地躲過去了。

自1999年就任總統以來，查維茲憑藉驚人之舉成為世界各大媒體的焦點。從這些言辭中可以看出，他將矛頭指向了美國。在拉美，他是

▼ 2013年3月6日，在委內瑞拉首都卡拉卡斯，民眾跟隨查維茲的送葬隊伍，互相攙扶，眼含淚水，齊唱查維茲赴古巴手術前最後一次歌唱的《親愛的祖國》：「祖國，我親愛的祖國，我的靈魂是你的，我的愛也都是你的……」

委內瑞拉的偉大總統，是拉丁美洲勇敢的反美英雄。也許正是因為這一點，他再次獲得了連任。2012年10月7日，查維茲以54.42％的得票率獲勝，再次擔任委內瑞拉總統。他將執掌委內瑞拉政權到2019年。不過，不幸的是，查維茲患了癌症。從2011年6月起，查維茲便開始接受癌症治療。對此，查維茲聲稱，拉美多位左翼領導人身患癌症，很可能是美國利用高科技手段下毒所致。隨後，委內瑞拉政府便專門組織調查組，調查查維茲癌症原因。然而，未等結果出來，查維茲便於2013年3月6日去世。

2013年，總統查維茲的國葬儀式在卡拉卡斯的委內瑞拉軍事學院舉行，來自世界各地的55位國家政要出席了葬禮。這位年僅58歲、執掌委內瑞拉政權14年，建立了「查維茲時代」的總統猝然離世，不得不說是一種遺憾。

對於他的離世，俄羅斯常駐聯合國代表邱爾金說道：「這是一個悲劇，他是一位偉大的政治家。」而中美洲的薩爾瓦多總統富內斯說道：「作為拉美最強大且最受歡迎的一位領導人，他的離世毫無疑問會引發政治真空，但更重要的是，讓所有委內瑞拉人民失去依靠。」

第九章

AK-47：文化之槍

AK-47雖然是一件殺人武器，但它也是一件藝術品。它猶如一杯伏特加，值得我們品嘗，猶如一首音樂，值得我們聆聽，猶如一座博物館，值得我們去參觀⋯⋯經過六十多年的發展，AK-47儼然衍化出自己獨特的文化。

別樣美酒：AK-47伏特加

AK-47伏特加是俄羅斯第一釀酒廠，為了紀念反法西斯勝利60周年而特別釀造的酒。為何要取名為AK-47？從它的名字便可以看出，它是以卡拉什尼科夫設計的馳名天下的AK-47步槍命名，是俄羅斯文化的代表。它充分展現了俄羅斯軍人及民族野性、陽剛、豪邁的特點。

為何要選取伏特加呢？在俄羅斯，除了伏特加，威士忌、葡萄酒、白蘭地等都是極為有名且深受俄羅斯人民喜愛的酒，為何偏偏選擇伏特加呢？事實上，對俄羅斯人來說，伏特加意義非凡。

第一，伏特加最早源於俄羅斯，是全球銷量最大的烈酒。由於環境的影響，俄羅斯人發明了烈性酒伏特加。伏特加是一種經過蒸餾處理的

▼ AK-47伏特加作為一個品牌，被廣泛地傳播和使用。英國道格拉斯公司出產的AK-47伏特加在洋酒市場上迅速掀起了一場「AK-47伏特加熱」。圖為英國道格拉斯公司出產的AK-47伏特加。

酒精飲料。它以穀物或馬鈴薯為原料，經過多道工序釀造而成。首先，經過蒸餾製成高達95°的酒精，然後再用蒸餾水淡化至40°至60°，此後還需經過活性炭過濾。這樣製造出來的伏特加酒質晶瑩澄澈、清淡爽口，使人感到不甜、不苦、不澀，只有烈焰般的刺激，形成了別具一格的酒文化。如今，伏特加遠銷國內外，除了俄羅斯本國有生產基地外，世界許多國家也都建有生產基地。而AK-47伏特加生產製造則更加精緻。俄羅斯第一釀酒廠採用七塔蒸餾和獨特的後期過濾技術，使得AK-47伏特加成為伏特加中的經典。據說，AK-47伏特加在進入歐洲市場，接受質量檢測的時候引起了轟動。因為質檢官發現，AK-47伏特加純淨程度達到了不導電的程度。純淨度如此之高，是史無前例的。

第二，伏特加的發展史見證了俄羅斯民族的發展史。幾百年前，俄羅斯建立了自己的國家，此後，他們一邊喝著濃烈的伏特加，一邊與惡劣的環境和強勁的對手對抗，終於開疆擴土，由一個小國變成了舉世矚目的大國。時至今日，俄羅斯對人類歷史發展依然發揮著重要的作用。「二戰」中，朱可夫元帥帶著喝著伏特加的蘇聯將士橫掃柏林，埋葬了德國法西斯；科索沃普里什蒂那國際機場上，成功著陸的俄羅斯傘兵部隊打開伏特加狂飲；國際比賽上，俄羅斯運動員奪得冠軍後，便拿伏特加來慶祝勝利……

第三，伏特加是俄羅斯人必不可少的生活必需品，也是精神寄託。縱觀世界，沒有一個國家像俄羅斯這樣，全國上下，不管是高官還是平民都離不開伏特加。俄羅斯平均每人每年消費15公升白酒，其中至少一半是伏特加。

軍隊中，俄羅斯士兵訓練離不開伏特加。在惡劣的環境中，他們便是靠著伏特加完成一次次艱難的訓練。伏特加對他們來說，是抵禦嚴寒克服困難的「利器」。

「二戰」中，許多人死於德國納粹的鐵蹄之下，但是也有許多人死於伏特加酒瓶之下。它帶給俄羅斯人的傷害也是巨大的，無數的俄羅斯人因為猛喝伏特加出現酒精中毒而死，許多家庭因此支離破碎。蘇軍侵佔阿富汗的十年裡，蘇軍陣亡將士人數為14000人，但是每年卻有30000將士因為喝伏特加酒精中毒而死。對此，蘇聯高層也想戒酒，但是毫無效果。

　　20世紀70年代，前蘇聯外長安德烈·葛羅米柯與蘇共總書記列昂尼德·勃列日涅夫談起伏特加這個沉重的話題。葛羅米柯說道：「列昂尼德·伊里奇，我們是不是該管管伏特加了。你看外面，所有人都在喝伏特加，人民要變成酒瘋子了。」

　　幾分鐘後，勃列日涅夫回答道：「俄羅斯人民離開了伏特加就什麼

▼ 喜愛喝伏特加的俄國人為自己的國家有如此聞名世界的AK-47步槍感到無比自豪，有人別出心裁，把伏特加酒瓶做成AK-47的樣子，以此來表達對AK-47還有伏特加的無限喜愛。圖為裝在AK-47酒瓶裡的烈酒伏特加。

也做不了了。」

1972年，蘇聯政治局將伏特加問題提上議程，然而沒有做出決議。戈巴契夫說，伏特加的問題根本沒有辦法解決，因為國家的財政收入也「喝醉」。

伏特加每年給國家的貢獻數額巨大，勃列日涅夫時期，伏特加貢獻的數額達到了1700億盧布。

2012年，俄羅斯國家統計局的業務報告顯示，2012年1月至9月期間，伏特加產量同比增長12.3％。可以說，伏特加是俄羅斯人的神，它能決定俄羅斯人的生與死，它是俄羅斯的過去，是俄羅斯的現在，也是俄羅斯的未來。所以，選擇伏特加作為AK-47的搭檔實在是恰如其分。

如今，AK-47伏特加遠銷歐、非、美、亞、澳等洲，深受市場的追捧。

除了AK-47伏特加之外，還有一個品牌惹人注目，那便是卡拉什尼科夫伏特加。在俄羅斯乃至全世界，卡拉什尼科夫都是一個品牌，甚至是俄羅斯非官方的代表人物。他不僅代表了AK-47系列步槍，還代表了伏特加酒。

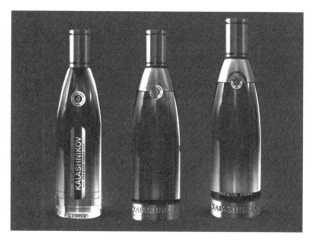

▶ AK-47作為一種軍事武器，無論是發揮了正義的力量還是發揮了邪惡的力量，都伴隨著無數的流血和犧牲事件。他的設計者卡拉什尼科夫，為了改變人們對AK-47的印象，特別推出了相關品牌的伏特加來為突擊步槍AK-47正名。這些伏特加有些以AK-47命名，有些以他的設計者卡拉什尼科夫的名字命名。圖為瓶裝的卡拉什尼科夫牌伏特加。

1995年，俄羅斯的格拉佐夫市伏特加酒廠出廠了第一批「卡拉什尼科夫伏特加」。投入市場後，深受市場歡迎，銷量極高。

2002年，卡拉什尼科夫與德國慕尼黑國際博覽集團公司簽署協議，將「卡拉什尼科夫」授權給公司作為商品商標。

為何卡拉什尼科夫會參與商業活動呢？這裡面還有一段故事。原來，AK-47系列步槍入世後，影響巨大。雖然，它成為許多國家民族獨立的利器，但是每年有幾十萬人死於AK-47系列步槍槍口之下。為此，人們給AK-47系列取了個名字—「殺人魔王」。

對此，卡拉什尼科夫非常後悔。他說：「對於AK-47系列，我感到自豪，但也很難過，因為恐怖份子也在使用這種武器。我寧願發明一種能幫農民工作的工具，比如剪草機什麼的。」

為了彌補自己所「犯下」的罪過，他決定做一些努力，發揚俄羅斯文化中積極的一面，改變自己的世界形象，於是，他便參與到商業中來。他希望以後人們提到他的名字的時候，不要首先想到殺人武器AK-47系列，而是聞名遐邇的伏特加。

如今，AK-47不再是殺人武器，而是美酒，是一種文化。事實上，AK-47除了有美酒文化之外，還衍生出了其他文化：遊戲文化、電影文化等等。

遊戲玩家：AK-47是公認的神器

在現實中，AK-47是炙手可熱的殺人武器，不管是恐怖組織成員還是正規部隊都對它情有獨鍾，它出現在世界各個角落。現實中如此，虛擬世界中，它受歡迎的程度絲毫不減。在遊戲中AK-47隨處可見，不管是單機版的遊戲，還是網遊，幾乎跟戰爭有關的遊戲都有AK-47的身

影。

在單機版遊戲中，AK-47是最為常見，卻又是極為重要的武器。比如《反恐精英》系列、決勝時刻系列、戰地系列以及、俠盜飛車等。

在網路遊戲中，AK-47更是司空見慣的武器。只要涉及槍戰，則必然就有AK-47的身影。比如比較著名的網路遊戲：《戰地之王》（AVA）、《突擊風暴》（SA）、《全球使命》（LOGO）、《戰地風雲online》（戰地OL、BFOL、戰地風雲OL）、《反恐精英OL》（CSOL）、《穿越火線》（簡稱CF）、《逆戰》等。

從遊戲中的槍具看，AK-47是「必不可少」的武器。從玩家反應來看，AK-47則是獨一無二的武器，是遊戲中的神器。自從遊戲《反恐精英》流行以來，玩家們都會給遊戲中各種槍械起外號，比如將M4突擊步槍叫作B43，將MP5衝鋒槍叫作B31，將AWP狙擊步槍稱為「大狙」，幾乎每一款武器都有外號，但是唯獨AK-47沒有外號。沒有一個遊戲玩家給AK-47取外號，相反他們都是直呼其名，或者簡稱為AK。由此可見，AK-47在遊戲玩家心目中的地位。

此外，在《決勝時刻》等射擊遊戲裡，扮演英國或美國精銳特種兵的遊戲玩家，通常會學越戰中美軍那般，一見到蘇製AK-47系列，便毫不猶疑扔掉享有盛譽的M16突擊槍，改用敵人的AK-47奮勇殺敵。或許在他們看來，AK-47是寶槍，是英雄人物該配備的槍，只要拿著AK-47才有英雄架勢。

的確，AK-47在遊戲中的重要性非同小可。比如在《反恐精英》中，AK-47是遊戲玩家必練的武器，AK-47點射和掃射成為玩家關注的重點，AK-47用得好壞便決定了遊戲結果。

《反恐精英》是由Valve開發的射擊遊戲系列。該遊戲一共有五部，2001年發行第一部，便受到玩家的追捧而大受歡迎，它是2006年以前世

界上玩家最多的射擊遊戲。

　　《反恐精英》是團隊作戰的遊戲，用創始人傑西・克利夫的話來說便是「它是基於團隊發揮主要作用的遊戲，一隊扮演恐怖份子的角色，另一隊扮演反恐精英的角色。每一邊能夠使用不同的槍枝、裝備，這些槍枝和裝備具有不同的作用。地圖有不同的目標：援救人質，暗殺，除雷，土匪逃亡，等等」。

　　此外，為了豐富遊戲內容，該遊戲設有五種模式：「爆破模式」、「人質救援模式」、「刺殺模式」、「逃亡模式」、「軍火庫模式」。

　　《反恐精英》憑藉武器種類豐富、任務多樣而贏得了市場的青睞。毫無疑問，《反恐精英》這款遊戲是成功的，但Valve是否能將《反恐精

▼ 在遊戲中，AK-47也是玩家的最愛。圖為《決勝時刻4》聯機模式中的黃金AK-47。《決勝時刻》是由Activision Blizzard公司在2003年製作發行的FPS遊戲系列，從發行以來一直深受世界各國遊戲玩家的喜愛，是FPS中的經典遊戲之一。

英：全球攻勢》打造成為新一代的經典呢，我們則拭目以待。

在《全球使命》中，AK-47則是遊戲玩家必備的武器，是眾多武器中的佼佼者，它子彈殺傷力巨大，射程好，點射精度高，能夠適應各種作戰地圖的需求。在與敵人的肉搏戰中，AK-47刺刀則大展神威，能夠給敵人最大殺傷。當然，它也有缺點，後座力大，不易操控。不過，遊戲玩家則可以透過商店金幣購買和升級性能，比如裝佩刺刀和增加彈夾量等來克服缺點。

《全球使命》是上海臻遊網絡科技有限公司與英佩遊戲共同研發的遊戲，於2010年秋正式啟動運營，該款遊戲是國內3D TPS（第三人稱射擊）。這代表著國內射擊遊戲市場開始進入「完美擬真時代」，《全球使命》必將掀起射擊遊戲的劃時代變革。

該款遊戲背景是「安盟」與「國聯」的成員國間發生的軍事衝突。遊戲玩家可以根據興趣愛好選擇其中一方加入戰鬥。這款遊戲一進入市場，便受到遊戲玩家的追捧。經過分析調查發現，吸引遊戲玩家的原因有這麼幾個：

首先，虛幻引擎3定義網遊畫面新標準。眾所皆知，虛幻引擎3是全球最先進的3D遊戲引擎之一，也深受遊戲廠家青睞，《戰爭機器》、《虛幻競技場》等作品便是基於此而研製的。《全球使命》藉助這個優秀引擎將遊戲畫面提升到新水準，自然深受遊戲玩家的喜歡。

其次，TPS即第三人稱射擊遊戲是未來射擊網遊發展的方向。《全球使命》捕捉到網遊未來趨勢，提前研製並運營，符合玩家的愛好，容易得到玩家的青睞。

再次，獨特的掩體系統。《全球使命》還原真實戰場掩體系統，增加遊戲點。玩家可利用掩體進行偵察，利用掩體進行戰術配合，更能吸引玩家。

又次，人物更具真實性。《全球使命》對人物動作進行了革新，他們依靠全新的真人動作捕捉技術，使得遊戲中的任務動作更具真實性。

最後，兩種模式六個場景。《全球使命》研發了PVP模式和PVE模式，並研製了團隊競技模式、團隊複生模式、爆破模式、佔領模式、槍林彈雨、生化侵襲六個場景。

從第三人稱特性、掩體系統、回血設計、拯救系統等方面上看，《全球使命》是成功的，它得到了國內外一致好評。隨著《全球使命》的出現，國內傳統的CS類射擊遊戲一統天下的局面將不複存在。《全球使命》將引領國內射擊遊戲走向新階段。

除了《反恐精英》和《全球使命》之外，AK-47在其他遊戲中也佔據著不可忽視的地位，無論是在《逆戰》還是《穿越火線》中都有AK-47的身影，它儼然成為槍戰遊戲文化中的一個代表。

影視盛宴：英雄與惡棍的最愛

在電視劇和電影中，很少有武器能像AK-47這樣，黑白兩道通吃，深得正派反派喜歡。

如今，不管是戰爭片還是科幻片，只要有槍戰，則必然有AK-47。可以說，AK-47已然成為電視電影中不可或缺的道具，比如《軍火之王》、《第一滴血3》、《瘋狗強尼》、《前進高棉》、《魔鬼司令》、《第9連》等。

雖然美國主流電影中的英雄人物都是扛著機槍和火箭筒作戰，但是在許多電影中，英雄人物往往也拿著AK-47大顯神威，比如尼可拉斯‧凱吉、史瓦辛格和史特龍。正義英雄喜歡AK-47，反派邪惡之人也酷愛AK-47。如今，諜戰片、警匪片、反恐片中，幾乎沒有一部電影中的反

▲ AK-47幾乎在所有的槍戰影片中都備受青睞，在《魔鬼司令》裡扮演退役特種兵上校約翰‧梅屈克的阿諾‧史瓦辛格為救出自己的女兒，手拿AK-47，獨闖龍潭，經過一番激烈的槍戰與肉搏，最終取得了勝利。圖為《魔鬼司令》中手拿AK-47的阿諾‧史瓦辛格。

派人物不是人手一把AK-47。

　　《軍火之王》中，尼可拉斯‧凱吉就是拿著AK-47執行艱鉅任務。電影根據真實故事改編，是一部講述關於戰爭、金錢和個人良知的動作大片。主角尤里奧洛夫從小跟隨家人從歐洲移居美國。長大後，主角覺得生活非常單調，便四處閒逛。有一次，偶然之間他目睹了黑幫間的槍戰。經過這次事件，主角認為，殺人也是生活中的必需品，於是他便做起了地下黑槍生意。

　　由於他細心謹慎，生意風生水起。有一次，他到烏克蘭「辦事」，遇上了艾娃，他對她一見鐘情。不過由於自己身分特殊，他並沒有立即追求艾娃。回國後，他便勸說弟弟威特里與他一起販賣軍火。經過短暫思考後，威特里便與他一起做軍火生意。

　　然而，就在主角生意越做越大的時候，他遇見了兩大威脅：生意

上的死對頭時刻盯著他；國際警察傑克也對他緊追不捨。更為不幸的是他的親弟弟威特里吸毒上癮。每次見到弟弟因毒癮發作而痛苦萬分的樣子，主角尤為痛心，但是他無能無力。

事業上有煩惱，生活上也有煩惱。主角對艾娃念念不忘，於是，他便設法製造偶遇機會與其見面。經過一番努力，他終於獲得了艾娃的芳心。主角告訴艾娃，他從事的是國際運輸的生意，獲利頗豐。艾娃信以為真。隨後，兩人結婚，並且生下一個孩子。

主角雖然是販賣軍火的「壞人」，但是他在家庭裡卻是一個完美的好男人。他竭盡全力照顧妻兒，創造了一個溫馨幸福的家園。可是，主角依舊放不下軍火生意，於是，他又回到烏克蘭，開始販賣軍火。

然而，在販賣軍火過程中，國際警察組織逮捕了他。不過，由於證據不足，主角很快被釋放。妻子艾娃則對他所說的生意產生懷疑並且質

▼ 圖為《軍火之王》中的主角用AK-47換取非洲鑽石的場景。在很多非洲人看來，能夠保命的AK-47比璀璨的鑽石珍貴得多。簡單好用的AK-47在戰場上不僅操作起來方便，還無比堅實，即使埋在茫茫非洲的沙漠裡，拿出來照樣可以使用。

問他。主角沒有辦法便承認自己是個軍火商。

為了挽回家庭，他決定改行做正當生意。可是，經多次嘗試，他一敗塗地。在賴比瑞亞軍閥安德烈的慫恿下，主角禁不住誘惑，又開始偷偷地重起販賣軍火的勾當。

這一次，他們要到非洲做生意。

主角覺得人手不足，便說服弟弟與他前往非洲。然而，在半途中發生了意外。威特里雖然也是軍火商，但是當他得知這批軍火會禍害非洲百姓後，他那顆熱愛和平的心被激發了。他襲擊了安德烈並炸毀了一車軍火。非洲人則認為他是敵對份子，便將他亂槍打死了。主角見狀，只能趁機逃走，躲過一劫。

弟弟慘死，主角備受打擊。他開始反思自己的所作所為。與此同時，他偷偷回到事發地點將弟弟的屍體運回，不幸的是，在海關安檢中，由於威特里屍體中的彈頭沒有處理乾淨，被海關發現，主角被捕。得知主角被捕，其父母不原諒他，而艾娃也帶著孩子離開他，主角又一次陷入了絕境。

就在主角面臨著牢獄之災的時候，國際警察釋放了他。原來，主角走私軍火都是在為美國高層工作。因為，為了維持霸權，美國需要世界各地衝突不斷。只有各地衝突不斷，美國才能夠插手干涉，從中牟利。於是，在美國官方大人物的干涉下，主角被無罪釋放。

從警局出來後，主角無可奈何地繼續做軍火生意。有人說，主角是軍火之王，然而真正的軍火之王是坐在聯合國裡最有權勢的五個人。而那五個人，一半多是美國人。整部影片中，AK-47貫穿其中。它是威力無比的武器，是保家衛國的利器，可是在權勢人物的操縱下，它變成了殺人凶器，變成了製造地區衝突的邪惡武器。

在《軍火之王》中，AK-47大放異彩，在《第一滴血3》中，AK-47

也盡顯神威。體驗了戰爭的殘酷後，史特龍飾演的藍波心灰意冷，決心退出戰爭。他離開部隊，前往泰國曼谷城郊一佛教寺廟隱居，過著簡單平凡的生活。可是有一天，特勞特曼上校找到他，要他跟隨自己前往阿富汗執行秘密任務。特勞特曼是美國軍方人員，他為人正直、敢作敢為，深受藍波尊敬。面對這位上司，藍波卻依舊表示戰爭很殘酷，他不想再回到戰場。眼見藍波心意已決，特勞特曼便只好帶著隨從悄悄前往阿富汗。然而，他們剛進入阿富汗便進入了蘇軍的埋伏圈，許多隨從被打死，而特勞特曼則被俘虜。

　　藍波得知後決定前往阿富汗營救特勞特曼。就這樣，不願意上戰場的藍波再次被迫重返戰場。來到阿富汗後，藍波發現，阿富汗游擊隊實力有限，但是能吃苦且非常勇敢。經過一番磨合和訓練之後，藍波便前

▼　《第一滴血》系列是史特龍經典代表作之一，影片中史特龍扮演的藍波手拿AK-47，幾乎無人能敵。他以最原始的方式，捍衛尊嚴與正義，用鮮血祭奠了自己的青春與信仰。圖為《第一滴血3》中手持AK-47的史特龍。

往蘇軍基地解救特勞特曼。面對蘇軍重重防守，他九死一生，最終救出特勞特曼。任務完成後，他還重返基地，徹底摧毀了虐殺平民的蘇軍集中營，殲滅了全部敵人。

此戰中，AK-47是蘇軍和游擊隊作戰的主要武器，就連美國英雄藍波也使用它來與蘇軍作戰，他憑藉AK-47猛烈的火力在數十倍於己的蘇軍中縱橫馳騁，建立不朽功勳。

毋庸置疑，AK-47儼然是英雄人物和反派人物都使用的熱門武器。

籃球名人：AK-47瞄上了美國球隊

在俄羅斯人心目中，AK-47有著多種的含義，它既是最負盛名的武器，又是籃球巨星安德烈・基里連科。此人素有「AK-47」之稱。

安德烈・基里連科1981年出生於俄羅斯聯邦烏德穆爾特自治共和國首府伊熱夫斯克市，是個典型的80後。

基里連科在聖彼得堡長大，從小喜歡籃球，於是，他的父母便送他去學習職業籃球。由於他天資聰慧，加上勤奮訓練，他的籃球技術特別突出。不滿16歲，他便被選為當地球隊聖彼得堡斯巴達隊代表參加俄羅斯聯賽。這在俄羅聯賽史上是第一次，他因此也成為聯賽有史以來最年輕的球員。兩年後，他離開聖彼得堡球隊，進入莫斯科中央陸軍CSKA隊。進入隊伍後，他便以高超的球技深獲教練和隊友的認可，隨後他率領CSKA隊參加聯賽，奪得了聯賽冠軍，並且進入當年俄羅斯聯賽的全明星陣容，聲名大噪。1999年年初，他參加歐洲籃球比賽，被評為歐洲最佳新人。當年年底，他參加了享有盛譽的歐洲全明星賽。

在比賽成員中，他是最年輕的球員。在賽場上，他為東部隊搶下10分8個籃板，為東部隊取勝立下大功。透過這場比賽，他成功被猶他爵

▲ 安德烈・基里連科的爆發力超強，體能很好，在攻守兩端都能源源不斷給對手施壓，這正與AK-47的瘋狂掃射異曲同工。圖為身穿47號隊服的安德烈・基里連科。

士隊選中，這年他僅有18歲零4個月，是NBA選秀有史以來，最年輕的外籍球員。比賽結束後，他回到CSKA球隊，繼續訓練。此後兩年，他帶領CSKA隊屢創佳績，在歐洲聯賽中，他出色的球技讓人歎為觀止，13分，11個籃板，10次抄截，成為歐洲聯賽中第一個拿下大三元的球員。

　　2000年，基里連科作為俄羅斯13號主力大前鋒參加雪梨奧運會。在此次奧運會上，他初次體驗奧運會籃球比賽，最終俄羅斯獲得第八名。2001年，他參加NBA新秀比賽，再次成功加入陣容強大的猶他爵士隊。

　　來到球隊後，基里連科沒有上場機會，坐了2年的冷板凳，成為名副其實的「候補」球員，可是，他並不灰心，而是認真學習。正所謂天道酬勤，2003年，他成為爵士隊主力之一。在2003至2004賽季中，基里

▶ 很多人認為，雖然安德烈・基里連科不是那種一個人能帶領球隊成為NBA冠軍的球員，但是在防守方面，他絕對是全聯盟每個教練夢寐以求的那種球員。圖為在球場上盡情揮灑的安德烈・基里連科。

連科表現出色，抄截（steals）次數位列全聯盟第四位，蓋火鍋（block shots）列第五位，成為NBA有史以來第一位在這兩項技術統計中都進入前五名的球員。2005年賽季，他榮膺火鍋王桂冠。

與此同時，在這一年，他以NBA頂薪與猶他爵士隊簽約六年。由於他的俄羅斯名字是Andrei Kirilenko，簡稱「AK」，因此，在選球衣號碼的時候，他的隊友昆西・路易斯建議他選47號，於是，AK-47便誕生了。

2006年，在與湖人隊比賽中，AK-47大展雄風。整場比賽，他貢獻出6次抄截、7個火鍋、8個籃板、9次助攻和14分，成為NBA歷史上繼「大夢」歐拉朱萬、大衛・羅賓森之後第三位一人在單場比賽中貢獻出「5×5」數據的球員。

2007年，歐洲錦標賽中，AK-47再次成為媒體關注的焦點。他率領俄羅斯國家隊殺進決賽，擊敗了蓋索率領的西班牙隊奪得冠軍。對此，國際籃聯歐洲總裁喬治·瓦希拉科波羅斯說道：「很少人看好俄羅斯，但是他們最終贏得比賽，AK-47限制了大部分球星的發揮，他是歐洲最優秀的球員之一。」

2011年夏天，AK-47返回俄羅斯，參加莫斯科中央陸軍籃球隊。在當年比賽中，他率領球隊奪得歐洲籃球冠軍聯賽亞軍。2012年7月26日，明尼蘇達森林狼隊向AK-47發出邀請。AK-47欣然接受，雙方簽訂了一份為期2年，價值2000萬美元的合同。進入明尼蘇達森林狼隊後，AK-47擔任前鋒職位。2013年2月7日，森林狼前鋒AK-47擊敗了德克·諾威斯基與保羅·蓋索，當選為歐洲年度最佳球員。

◀ 安德烈·基里連科雖然是俄羅斯人，不過他在美國卻有很好的人緣。他是恐怖的補防球員、火鍋高手，無論正面、側面，他總能在最高點把球攔截。圖為安德烈·基里連科在球場上凶悍防守的經典火鍋動作。

基里連科球技高超，猶如AK-47一般讓人難以招架。他結合了歐洲球員那種穩定性和美國球員的強悍，在球場上屢立戰功。雖然他身材比較瘦弱，但是打球時那種硬朗的作風卻讓人刮目相看。

進攻上，他經常融合歐式進攻和美式進攻，形成侵略性打法。在NBA，AK-47是最好的跑動球員之一，他經常會利用跑動和掩護來擺脫盯防他的球員。要是有機會持球突破，他便迅速突破，沒有過多動作，是一個整體作戰的球員。一般而言，他持球時間很短，一看沒有機會進攻，他便會傳球給隊友。可以說，他基本功札實，富有威脅性，是對方球員不得不重視的勁敵。不過，在進攻方面，他的進取心並不是很強，到現在為止，他職業生涯的最高分是31分。

防守上，他是恐怖的補防球員。由於他身材高，手臂長，經常成為蓋火鍋高手。在球場上，人們經常可以看到，他總是出現在球的運行路線中，利用其長臂搶奪籃球。防守的時候，常常乾淨利落，對方很少有機會製造犯規。此外，他還會利用隊友的防守，從隊友後方跳起將球搧掉。可以說，防守方面，他補防到位，抄截堅決。

從其進攻和防守上來看，基里連科都像其外號「AK-47」一樣，進攻猛烈，威脅對方。

留名青史：俄羅斯建AK博物館

2004年，AK-47博物館正式對外開放。此消息一傳出，立刻引起了世界的關注。一般而言，單款武器是沒有資格也沒有必要單獨建立博物館的，但是AK-47卻享有殊榮。為什麼要建立博物館呢？為一款武器建立博物館的確有點不可思議。然而，這裡面卻大有文章。

首先，AK-47對俄羅斯人而言，意義重大。它是為了保衛祖國而

發明的，是保衛祖國的象徵。從誕生到現在，AK-47發揮著不可替代的作用，它參與了無數次戰爭，見證了俄羅斯的發展歷程。前蘇聯國防部長曾經說道：「卡拉什尼科夫設計的AK-47系列對蘇聯有著重要的貢獻。」其次，AK-47成了殺人凶器。自AK-47問世以來，很快就享譽世界。現在，AK-47系列不僅數量已超過了1億支，還是世界上很多國家裝備得最多的武器。從它誕生之日到現在，它參加過「二戰」後全世界局部戰爭中90％的戰爭。

　　據統計，死於AK-47系列槍口下的人數比美國投放到日本的原子彈所造成的死亡人數還多。在西方人看來，AK-47系列給人類帶來了災難，是不可饒恕的殺人凶器。然而，俄羅人卻不這麼認為，在他們心目中AK-47系列是一種真正的超級產品。所以，俄羅斯必須要為AK-47正名。

▼　儘管在許多西方人眼中，AK-47帶來了災禍，但在俄羅斯人看來，那是一種真正的超級產品。AK-47博物館的建立表現了俄羅斯人們對歷史的敬意。圖為AK-47博物館內的場景。

AK-47博物館位於俄羅斯烏拉山區伊熱夫斯克市。伊熱夫斯克市位於俄羅斯中西部，是俄羅斯聯邦烏德穆爾特共和國的首府和經濟、文化中心，人口70萬左右，是俄羅斯人口排行第20位左右的城市。從這些數字看起來，伊熱夫斯克市似乎並沒有什麼特別的地方，為何AK-47博物館會建立在這裡呢？

其實，伊熱夫斯克市是一個非常特別的地方。在過去，伊熱夫斯克是一個工業城市，各式各樣的金屬製造工業雲集，其中機械和武器工業最為突出。雖然伊熱夫斯克是個小地方，但是它卻是俄羅斯最著名的步槍製造點之一。蘇聯時期，該地區是保密的行政區域，地位極高，一般外國人是被禁止進入該城市的。該地生產的步槍舉世聞名。AK-47系列之父卡拉什尼科夫就是在這裡設計了AK系列步槍，後來，卡拉什尼科夫長時期生活在這裡。此外，伊熱夫斯克市還是NBA猶他爵士隊的球星

▼ 由於設計了AK-47自動步槍，卡拉什尼科夫獲得蘇聯國家獎和列寧勳章，兩次榮獲蘇聯社會主義勞動英雄稱號。圖為AK-47博物館展出的1949年卡拉什尼科夫獲得的史達林獎章證書。

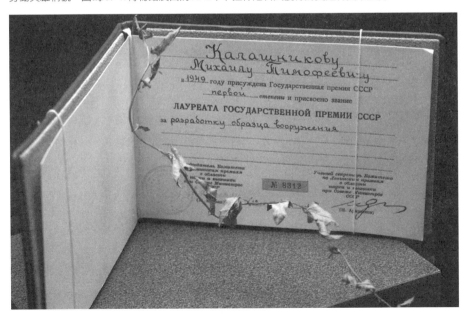

安德烈・基里連科的出生地，他的暱稱是「AK-47」。所以，將博物館建在這裡是最合適不過的了。

AK-47博物館全名叫「米哈伊爾・卡拉什尼科夫輕武器博物館」。博物館始建於1996年，直到2004年11月4日，即卡拉什尼科夫85歲生日前1周才正式開館。其實，建立AK-47博物館的過程有一些波折。早在1996年，俄羅斯政府就有建造AK-47博物館的計畫，但是由於當時經費不足不得不將計畫擱置。而這一擱置便是7年。2003年，俄羅斯統一電力公司的首席執行官阿納托利・鮑里索維奇・丘拜斯前往伊熱夫斯克市拜訪卡拉什尼科夫。經過一番交流，阿納托利決定出資建立博物館。於是，建立AK-47博物館的計畫開始實施。經過一年多的努力，2004年11月4日，這座耗資800萬美元建立起來的博物館正式對外開放。

開館當日，館長娜德日達・維克托莫娃說：「我們強調的是AK-47故事的和平一面，我們試圖將這種武器的殺人屬性與生產它的人的個性區別開。」很顯然，該博物館是為了給AK-47正名。

這座步槍博物館是專為AK-47系列建立的，因此，展品自然都是跟AK-47系列有關。在該博物館，你可以看到最早一批生產的AK-47；你可以看到獎勵蘇聯前線紅軍優秀士兵的特制AK步槍；你可以看到，近60多年來，AK-47各種系列步槍和狙擊步槍甚至是AK-47之父卡拉什尼科夫後來設計的通用機槍和民用割草機。

該博物館除了展覽這些武器之外，還配有17套放像和多媒體設備。博物館通過多媒體向世界各地的遊客介紹卡拉什尼科夫生平和AK系列步槍發展史及其卡拉什尼科夫所獲得的各種獎項，包括蘇聯國家獎、列寧勳章、蘇聯社會主義英雄稱號、葉爾欽授予的勳章等等。

此外，2013年之前，如果你夠幸運，你還可以親眼見到AK槍族的發明人卡拉什尼科夫。雖然米哈伊爾・卡拉什尼科夫已經90多歲了，但

▶ 對於自己生產的AK-47，卡拉什尼科夫說：「我創造它，是為了保衛祖國。」圖為1998年卡拉什尼科夫獲得俄羅斯政府頒布的聖安德魯獎章。

是卻在博物館裡擔任講解員，他在博物館裡有一間辦公室。如果幸運的話，遊客便可以看見這位精神矍鑠的老頭。《紐約時報》記者很幸運地見到了卡拉什尼科夫並且采訪了他，這位武器專家卻笑呵呵地說道：「自從博物館開業以來，我那寧靜的生活就已經結束了。」

博物館對外開放後，便招來了許多遊客。據說，現在這座博物館每月吸引10000名外來遊客前來參觀。這個數量，對這座僅有70萬人口的城市來說，實在是不小的數目。當然，前來參觀的遊客多數是俄羅斯人。面對這座博物館，俄羅斯人表現出強烈的懷舊和愛國主義情緒。有人說，AK-47步槍非常好用，沒有任何一種武器比得上它。

有些參觀者甚至帶著膜拜的情緒前來參觀。瓦連京・雅科夫列夫就是一個例子。雅科夫列夫是列寧格勒人，現在已經是古稀之年。年輕

時，他經歷了「二戰」。他親眼目睹了列寧格勒戰役，在這場戰役中，德國納粹圍困列寧格勒900天，整座城市淪為一片廢墟，而他卻存活下來。在參觀博物館展品和說明時，他嚴肅且真誠，整個神情近乎膜拜。

如今，該博物館已然成了俄羅斯人的象徵。它將與俄羅斯人共存亡，它將永垂不朽。

時尚潮流：水晶AK-47步槍

據報導，2011年4月25日，義大利雕塑家波拉利用施華洛世奇的水晶做出了一枝非常特別的殺人武器AK-47，並在米蘭設計週展出。

義大利雕塑家波拉的這一充滿創意的設計立即引起了轟動，在米蘭設計展上，該水晶AK-47脫穎而出，引人目光，獲得了無數的讚許。儘管在現實中，AK-47是可怕的殺人武器，但在米蘭時裝週上，它卻是高貴典雅的水晶藝術品。當然，水晶AK-47步槍的成功很大程度上依賴於施華洛世奇的水晶。施華洛世奇水晶在水晶行業中遙遙領先。

施華洛世奇是世界上首屈一指的水晶製造商。它依靠秘密、獨特的水晶製作工藝，每年為時裝、首飾及水晶燈等工業提供大量的優質切割水晶石，獨攬了無數與水晶切割相關的專利和獎項。此外，它還以設計、製作優質，璀璨奪目的水晶產品而享譽世界，在業內，施華洛世奇是當之無愧的龍頭老大。

施華洛世奇的成功要歸功於創始人丹尼爾·施華洛世奇。丹尼爾，1962年出生於捷克波西米亞伊斯山一個小村莊。這個村莊比較特殊，是小有名氣的水晶玻璃加工要地之一。丹尼爾的父親是一名水晶切割作坊工人。從小開始，丹尼爾就跟隨父親學習水晶切割相關技術。21歲那年，丹尼爾前往維也納參觀了第一屆電氣博覽會。在這裡，西門子和愛

迪生的新產品讓他大受啟發，他決定發明一台自動水晶切割機。

回到村莊後，他便開始夜以繼日地實驗。9年之後，他終於發明了水晶切割機。該機器能夠巧妙地將水晶切割、打磨成耀眼奪目的水晶製品。看著自己的傑作，丹尼爾露出了笑容，這一年他30歲。

為了保證自己的產品技術不被同行竊取，丹尼爾做出了他一生中最正確的決定。他前往專利局申請了專利。隨後，他四處尋找製作水晶的天然產地，開始了他偉大的事業。最終，他選定了奧地利的瓦騰斯。該地自然條件優越，地處阿爾卑斯山腹地，又有萊茵河流經，水力資源豐富，足以為水晶切割機提供動力。此外，該地距離時尚天堂巴黎不遠。

1895年，丹尼爾便與弗朗茲‧魏斯、阿曼德‧考斯曼共同創建了施華洛世奇公司。於是，一個名不見經傳的水晶公司成立了。公司成立

▼ 施華洛世奇水晶世界是世界上最大、最著名的水晶博物館，也是著名的水晶製造商施華洛世奇公司的總部。由世界級媒體藝術家安德烈‧海勒於1995年為慶祝施華洛世奇公司成立100週年設計建造而成，被譽為是光線和音樂完美結合的「現實中的童話世界」，展有全球種類最全的各類水晶石、最華貴的水晶牆、最美麗的水晶藝術品。圖為水晶世界的入口。大堂入口處有一塊高11公尺、寬42公尺是世界上現存最大的水晶牆，一共用了12噸的水晶石做成。

後，丹尼爾便面臨著一個困境。當時整個世界陷入了一片戰亂之中，水晶製造業深受影響，生意時好時壞，許多水晶公司關門大吉。但是，丹尼爾卻決定尋找出路。他憑藉水晶切割機和高力度的宣傳，終於成功地打開了市場，施華洛世奇生意蒸蒸日上。

後來，丹尼爾的三個兒子威廉、弗里德里希和阿爾弗雷德也先後參與公司的營運。有了幫手之後，丹尼爾便開始研究人造水晶。

1908年，他建立了一個實驗室，研究製作人造水晶需要的熔化爐。1913年，實驗成功。此後，施華洛世奇便開始大規模製造無瑕疵人造水晶石。這些人造水晶以質地優良、閃耀四射而受到了市場的歡迎，施華洛世奇聲名鵲起。然而，沒過多久，施華洛世奇陷入了危機。「一戰」爆發，施華洛世奇面臨著設備和原材料不足的困境。在這個時候，丹尼爾便潛心研製自動打磨機。1917年，丹尼爾成功研製出自動打磨機，並於1919年申請了專利。「一戰」後，歐美流行起裝飾著珍珠和水晶的裙裝。丹尼爾捕捉到這一訊息後，便開始研究石帶，並於1931年投入市場。該石帶上面裝飾滿無數碎水晶，可以直接縫在衣服或者鞋子上，達到點綴的效果。很快，施華洛世奇的石帶便銷售一空，而施華洛世奇也躋身時尚界。

此後，施華洛世奇便生產各類水晶，涉及各個行業，如時裝、鞋帽、手錶、首飾、吊燈，甚至望遠鏡。如今，紐約大都會劇院、巴黎凡爾賽宮都是施華洛世奇的傑作。

1976年，施華洛世奇實現了新的飛躍。這年冬季奧運會上，施華洛世奇獨佔鰲頭。施華洛世奇設計師Max Schreck利用水晶碎材料拼湊了一隻老鼠，結果該產品立即成為了冬奧會的暢銷紀念品。

看到水晶鼠如此受寵，施華洛世奇便乘勝追擊，推出了一系列以小動物、花草等為主題的「銀水晶」產品。1987年，施華洛世奇成立「收

▲ 對於施華洛世奇來說，每一件藝術品，每一項專利和獎項，都凝聚著每一位設計師的心血。所以，每一件施華洛世奇的產品，都具有它獨特的意義，施華洛世奇水晶版的AK-47是剛與柔的完美結合。圖為最華麗的槍——施華洛世奇水晶版的AK-47。

藏者俱樂部」。如今，該俱樂部已經擁有了來自30多個國家的45萬會員，「銀水晶」系列讓施華洛世奇閃耀世界。

　　經過兩百多年的發展，施華洛世奇秉承了美好、聖潔和高雅的宗旨，創造了一系列高貴、優雅、美麗的產品，成為時尚界的代言人。時至今日，施華洛世奇集團擁有14200多人，400多家水晶分店，其中，僅在中國上海就有30多家。

　　不過，擺在施華洛世奇面前的問題也很多，它不僅要面對同行的競爭，還要面對家族之爭。相比於同行競爭，家族之爭對施華洛世奇發展影響更大。1956年，丹尼爾去世，留下了龐大家業。截至2010年，施華洛世奇家族成員超過150人，其中五分之一在施華洛世奇擔任高管工作，並有六人構成了公司最高決策層和管理層。

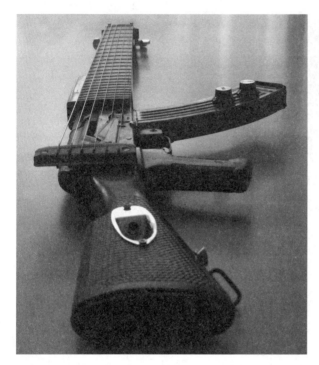

▲ AK-47具有的文化意義已經遠遠超過了它具有的戰爭意義的範疇，我們生活的各個領域，幾乎都能找到AK-47的身影。圖為AK-47電吉他。

2002年，施華洛世奇完成了第四代和第五代權力交接。然而，由於成員在地域和經營理念上有分歧，施華洛世奇前景出現了問題。比如，在重新定位施華洛世奇的品牌這一問題上，擔任國際交流部負責人的娜佳認為水晶產品應該是高級的奢侈品，於是，她在紐約設立創意服務中心，走高級路線，結果大獲成功。

可是，施華洛世奇北美分公司負責人科恩和品牌管理負責人馬可斯卻認為，公司收益的主要來源是日產工藝品不是奢侈品。1986年，馬可斯父親曾收購名為Zale的高級珠寶專賣店，結果虧了10億美元。他們認為，走奢侈路線風險太大。雙方爭得面紅耳赤，卻毫無結果。據說，馬可斯與娜佳之間的關係已經到了互不交談的地步。

施華洛世奇遇到的問題，是每一個家族企業必然要面對的問題。我們不知道施華洛世奇未來會如何，但從設計師設計的水晶AK-47步槍

來看，施華洛世奇似乎想像AK-47那樣，在水晶行業獨佔鰲頭，銷量第一。

雖然我們不知道它是否能夠真正實現目標，但是我們能夠肯定的是至少現在及其未來幾十年時間，施華洛世奇在水晶行業中依舊擁有不可忽視的地位。

除了水晶AK-47步槍之外，如今市面上還有流傳著青花瓷AK-47步槍和AK-47電吉他。很顯然，AK-47已經成為藝術文化中的一部分。或許在不久的將來，我們會看到更多與AK-47有關的文化品牌。

第十章

AK-47：時代之槍

軍事歷史學家伊澤爾・柯林頓曾說：「AK-47突擊步槍的歷史顯示，卡拉什尼科夫突擊步槍在21世紀仍將保持領先地位，它對射擊武器設計思想的影響還將持續很長時間。」

AK-47與M16的較量

　　AK-47出產後,雖然小有名氣,但是還沒有達到享譽世界的程度。它真正譽滿天下還要歸功於越南戰爭。因為,在越南戰爭中,AK-47打敗M16,聲名遠揚。

　　在越戰中,經常可以看到,美軍士兵扔掉M16而改用AK-47。這究竟是什麼原因呢?「二戰」後,以蘇聯為首的陣營裝備AK-47系列,使用7.62毫米×39毫米中間型威力彈,而以美國為首的陣營則裝備M16式自動步槍,使用7.62毫米×51毫米大威力步槍彈。

　　M16式自動步槍的歷史要比AK-47晚很多年,由美國柯爾特公司著名設計師斯通納設計。它是小口徑步槍,是透過導氣管由高壓氣體直接推動槍機框操作啟動的回轉式槍機。

　　它由鋁合金、鋼、塑膠製作而成。其中,槍管、槍栓和機框是鋼製造的,護木、握把和後托是由塑膠製作的,而機匣則由鋁合金製作而成。由於材料簡單,因此,它的重量要比AK-47輕許多,僅為2.7公斤。

　　M16共有三代。第一代是M16和M16A1。使用美製M193/M196

▼　在1991年的波斯灣戰爭打響前,一位英國將軍在視察部隊時曾經向官兵們說:「當你的武器出現故障時,標準處理程序的第一個步驟,就是撿起繳獲的AK繼續戰鬥……」在槍械界,AK-47是一個傳奇,它被稱為槍王之王,當之無愧。圖為加了榴彈發射器的AK-47。

子彈，可半自動或者全自動射擊，1960年開始裝備部隊。第二代是M16A2，使用比利時製造的SS109子彈，可單擊也可連發，1980年開始裝備部隊，取代第一代M16。第三代是M16A4，增加了四個皮可汀尼滑軌，能夠增加附件以提高單兵作戰能力，如今，M16依舊是美軍海軍陸戰隊的制式裝備，也是世界上許多國家部隊的重要武器。據統計，M16在全球近100個國家使用，產量高達800萬支。

事實上，M16的原型是AR-15。1960年，柯爾特公司在改進AR-15後向軍方遊說。最後，空軍訂製了8500支，一年之後，陸軍也購買了1000支用於越戰。經過1962、1963年實驗，陸軍和空軍則加大了AR-15的訂購量。1964年，空軍將其命名為美國5.56毫米口徑M16步槍。至此，M16誕生。當然，空軍M16與陸軍M16還是有些差別的。

此後，M16大規模裝備美軍部隊，跟隨美軍部隊進入越南戰場。而此時，越南共產黨和游擊隊則使用朝鮮58式突擊槍和AK-47突擊槍。於是，一場決鬥開始。

1965年11月，美軍與越南共產黨游擊隊在德浪河谷展開激戰。在這場戰爭中，M16表現優異，美軍獲勝。對此，哈羅德・G・摩爾中校說道：「此次勝利是勇敢的士兵和M16帶來的。」

的確，M16性能優越，殺傷力強。它使用的是5.56毫米槍彈。該槍彈重量輕，射擊時候產生的後座力小，容易控制，士兵可以在不增加負荷的情況下多帶一些子彈。

此外，由於它重量輕、速度快，所以，子彈在中遠距離擊中目標後便不會直穿過去，而是會在目標體內翻滾，對目標造成更大的損害。在戰場，經常可以看到被M16擊中的目標往往是入口小而出口大。為此，越南戰場上，M16獲得了一個不太好聽的外號「黑槍」，意思是「小黑槍能打大孔」。越南游擊隊常說，寧可挨AK-47一槍，也不想挨M16一

槍。

此外，M16火力也比較猛烈，堪與AK-47相媲美。

據越戰中美軍第一騎兵師的一位指揮官回憶說，他們師一個班曾被越南游擊隊三面合圍在高山上。為了請求戰機支援，他們發了信號彈。越南游擊隊以為美軍要撤退，便加快進攻速度，然而卻受到M16猛烈掃射，傷亡慘重。

不過，沒過多久，M16就出現了問題，它由美軍制敵利器變成了「自殘」凶器。1967年5月，海軍陸戰隊隊員寫道：「不管你信不信，你知道是什麼殺死我們大部分的人嗎？是M16。在我們離開沖繩島前，我們人人一把M16。可是，一到戰場，我們才發現，幾乎所有人死的時候都是在維修M16。因為，它一直故障。」

▼ 即使跟美國的M16相比，AK-47也毫不遜色，在某些特殊的環境中，它對士兵發揮的保護作用遠遠要高於M16。因為即使它已經被摔過無數次，已經進了水和沙子，它依舊能夠照常使用，這是M16遠遠做不到的。圖為1973年，美國南達科他州傷膝谷「美國印第安人運動」成員在「傷膝谷之圍」中揮舞AK-47。

這個消息反饋到柯爾特公司後，柯爾特公司隨即派出武器專家小組前往越南調查。經過調查，他們發現M16主要的問題是：彈膛容易產生汙垢、卡殼、容易拉斷彈殼、彈匣容易損壞、槍膛與彈膛鏽蝕嚴重、沒有合適的擦拭工具。

調查完後，公司便將訊息公布出來。這個訊息傳開後，美國一片譁然。民眾紛紛要求部隊禁止使用M16。事實上，M16之所以出現這麼多問題是多方面原因造成的。

首先，氣候問題。越南屬於亞熱帶氣候，天氣潮濕，溫度高，M16水土不服，容易生鏽，容易卡殼。而在戰場上，步槍卡殼則是致命的，它會造成士兵的傷亡。

其次，使用步槍彈發射藥。M16發生故障的主要原因是改用了步槍彈發射藥。M16原本該使用M193原裝IMR4475發射藥。此藥燃速快、壓力曲線升得快、殘渣少。

不過，生產該槍彈的公司說，他們沒有辦法供應大規模的此類發射藥。1964年，陸軍只好使用WC846雙基球形藥。雖然這種藥價格便宜，成本低，但是它問題也多。藥燃燒後會留下許多殘渣，步槍難以恢復正常狀態，進而導致卡殼和斷殼問題。

不過，不管怎麼樣，M16在越南戰場上還是出了問題。面對越南特殊的氣候環境，AK-47卻絲毫沒有問題，不管是在高溫、潮濕的環境裡，還是在汙水裡浸泡，AK-47都能夠正常使用。

有人說，越南游擊隊經常採用偷襲方式，越南游擊隊經常化裝成平民，等到美軍從身邊經過，他們才從水田裡拿出一把木托都已腐朽的AK-47，然後對準美軍掃射。的確，這種事情時常有之，這也證明了AK-47能夠適應惡劣的環境。

所以，在越南戰場上，人們經常可以看到，美軍在繳獲AK-47後，

便趕緊扔掉M16而使用AK-47與敵軍交戰。後來，在阿富汗戰爭、波斯灣戰爭、伊拉克戰爭中，美軍再次感受到了AK-47系列的優越性，不少美軍扔掉M16系列，而改用AK-47系列，將越南戰爭中的經典畫面再次顯現。

蘇聯解體後，美國曾經邀請卡拉什尼科夫到美國做交流。在交流會上，卡拉什尼科夫與M16設計師尤金・斯通納交換使用對方的突擊槍，結果兩槍不分上下。

不過，就在這個時候，一位美國海軍陸戰隊少將插話了，他開始讚賞AK-47，講起他在越南戰爭中的種種情況，搞得身處一旁的尤金・斯通納很是尷尬。

後來，美國一個軍事節目曾經報導過美英軍事專家和武器專家的調查報告。該調查報告對全球出名的輕武器進行評估，主要從射擊精度、戰鬥效能、設計獨特性、維護方便和使用期限等方面進行。經過一番比較之後，AK-47居於優勢，而M16再次屈居亞軍。

為何AK-47如此知名呢？

首先，它具備了極高的可靠性。它的基本原理和德國陸軍突擊步槍一樣採用的是中等口徑子彈，利用衝壓零件製成，容易製造，而且相對廉價的AK-47看起來雖然笨重，但在測試中卻表現出極高的可靠性，對士兵而言，可靠性確實很重要。

的確如此，不管溫度條件如何，不管處於風沙還是汙水中，AK-47都能夠良好地發射，不會發生問題，即使有灰塵等進入槍內，AK-47也能夠繼續工作。

這一點，對於戰場上的士兵來說，尤為重要。

經驗豐富的士兵還說道：「你怎麼樣才能讓一支AK-47無法開火呢？辦法可不多，用坦克也不一定成功。你可以把它埋進沙子裡，把它

▲ AK-47還是男女老少都能使用操作的一種步槍,因此它被廣泛使用,裝備了世界上幾十個國家的軍隊。圖為2009年3月13日,德國武器展上,一名女性正在試用改進款的AK-47步槍。

埋進淤泥裡,你可以肆意虐待它,讓它全身都是鏽,但是它還是能用,這種武器能夠幫你保住性命。」

其次,操作簡單,保養便捷。AK-47結構簡單,士兵訓練起來非常方便。對此,有軍事專家說道:「如果你給我派來一個美國大兵,那麼我只要用四個小時就能夠讓他學會拆卸、保養、清潔和維護AK-47步槍。可是如果你要讓我教美國大兵使用M16,那麼,我至少要用一個星期才能教會他使用M16。」操作簡單這一點,也是AK-47擁有使用人數最多的原因之一。

此外,AK-47清潔保養簡單。只要你將它的機械頂蓋拿掉,AK-47整體架構就在裡面。你根本用不著棉棒或者手指,而只需要用一塊乾淨的布就可以輕鬆地清潔它。

對此,阿富汗人擦拭AK-47最有意思。他們擦拭AK-47的方法很簡

單，就是將鞋帶綁出好幾個結來，然後將鞋帶在機油裡面沾一下，隨後將其順著槍管拉過去。如此便捷的保養方式使得AK-47深受士兵和非專業軍事玩家的喜歡。

再次，戰鬥力非凡。一把槍是否優秀從其戰鬥力便可以看出來。雖然AK-47的精準度稍微差了一些，但是它發射出去的「彈雨」彌補了這點不足，即猛烈的火力足以對目標造成多方位的傷害。在業界，AK-47是牢不可摧、全球通用的殺人利器。

最後，AK-47製作簡便。如果我們將AK-47拆卸開來，便可以發現，它的架構簡單，是由許多常見、便宜的元件組合起來的，製作非常方便容易。就是這個特點使它突破了地理、政治、意識形態的局限，流傳到世界各地。

如今，許多國家和地區都能夠製造AK-47。比如巴基斯坦達拉村。村民們除了需要訂購槍管和扳機之外，其他零件完全可以自己製作出來。在這裡，一個不超過3人的小作坊便能生產AK-47。除了農活外，他們可以利用業餘時間生產AK-47。據說，在這個僅有2600戶的村子中，一年可以生產5萬支仿冒版AK-47。

印度：恐怖份子與政府都用AK-47

20世紀60～70年代，AK-47系列裝備了世界上近百個國家的部隊。如今，AK-47依舊是50多個國家部隊裝備的武器，此外，它也是恐怖份子的主要武器。恐怖份子經常拿著AK-47實行恐怖襲擊，而政府軍也常常手持AK-47進行反恐行動。

在亞洲，印度就是一個典型的例子。

2005年12月28日，印度「矽谷」發生了恐怖襲擊事件，震驚了整個

世界。眾所皆知，印度的科技水準位居世界前列，其中地處南部卡納塔克邦的首府班加羅爾更是有「矽谷」之美譽。

　　2005年12月28日晚上7點30分，數名身分不明的武裝份子乘坐轎車直奔班加羅爾的印度科學院。進入校園後，他們在塔塔會堂外停了下來。不久之後，從車上下來兩名手拿AK-47的武裝份子。他們掃視了周圍一眼，隨後便從口袋裡掏出兩枚手榴彈扔向會堂，其中一枚在會堂門口爆炸，另外一枚則在會堂門口的大樹下爆炸。緊跟著，兩名武裝份子手持AK-47對準備逃離會堂的科學家掃射。

　　在這次襲擊事件中，共有6名科學家受重傷。其中，印度重要科學家布里中彈身亡，而其餘5位科學家則住院緊急治療。

　　事件發生後，當地警方隨即展開調查。在現場，印度警方發現了1

▶ 印度曾經從俄羅斯和其他東歐國家大量採購AK-47自動步槍，即使到現在，印度依舊需要進口大批的AK-47。對印度軍隊來說，AK-47幾乎是一種必需品。圖為印度部隊裝備的AK系列步槍。

把AK-47衝鋒槍、3個彈夾、11個彈藥筒等，很顯然這是一起恐怖襲擊。印度媒體紛紛發表看法。

為什麼恐怖份子要選擇印度科學院實施恐怖襲擊呢？原來，事情是有原因的。就在案發當天，在印度家喻戶曉的恐怖份子阿布‧薩勒姆剛被政府引渡到班加羅爾。薩勒姆曾經製造了1993年孟買大爆炸案件，致使250人死亡，1000多人受傷，是一個「殺人魔頭」。印度警方經過多方努力才將他逮捕。現在，他們將他送到班加羅爾讓科學家對他進行了腦電波、測謊儀等測試。

恐怖份子得知後，便採取了報復手段。

恐怖襲擊當天，班加羅爾正舉行印度科學界年會。此次年會意義重大，是科學界的盛會。這次會議，既有來自全世界各地的科學家和研究人員，又有印度本國科研人員，參會人數高達285人。恐怖份子選擇這一天下手，可謂是「用心良苦」。

印度恐怖份子多數是極端的宗教份子。他們利用AK-47等武器，四處襲擊印度政府，攪得印度政府頭疼不已。不過，印度政府也使用AK-47對付恐怖份子。

「二戰」後，印度依據分治決議成立了印度共和國。隨後，在美蘇爭霸中，它選擇了不結盟運動，一方面從美國那裡獲得利益，另一方面則從蘇聯那裡撈到無數好處。其中，它從蘇聯那裡獲得了價值不菲的經濟和軍事援助，如可購買蘇製AK-47系列並進行仿製。

當時，印度部隊裝備的是伊莎波爾7.62毫米半自動步槍和IAI 9毫米衝鋒槍。這兩種步槍都是仿製西方國家的武器。20世紀80年代，輕武器研究進入新階段，印度部隊要與時俱進，於是它藉著與蘇聯「友好合作」的身分，向當時東德訂購了大批量的STG突擊步槍。

STG是東德以AK-74為基礎研製的新步槍，其性能先進，勤務性

強。可惜的是，不久之後，東德、西德合併，合併後的德國將生產STG的兵工廠關閉，致使印度僅僅拿到了7500支STG突擊步槍。

眼見武器沒有著落，印度便著手自己仿製AK-47。

印度國防部指令伊莎波爾兵工廠進行研製。經過多年努力，20世紀90年代，印度終於研製成功。它將其命名為INSAS（意思是「印度輕武器系統」）。如今，它有標準型（固定槍托和折疊槍托）、卡賓槍和輕機槍（重槍管型步槍）。

從其構造上看，INSAS借鑑了當時突擊步槍，如加利爾步槍和AK-74。其中，導氣系統和閉鎖原理都是借鑑加利爾步槍，而快慢機、機匣、握把、彈匣、卡榫等則統統模仿AK-74。它槍長990毫米，初速為885公尺／秒，重達6.4公斤，使用5.56毫米SS109北約標準彈，可單發、3發點放。簡而言之，INSAS是AK-47系列的仿製品。

INSAS仿製成功後，便投入到部分部隊裡使用。經過一階段使用，士兵們對該款武器非常滿意，認為它可靠性強，且射擊準度高。為此，陸軍計畫裝備27.5萬枝該種型號的步槍和輕機槍。

不過，不幸的是1999年，印巴發生了克什米爾衝突。衝突過後，印度陸軍提交報告，報告指出INSAS在高海拔使用容易出現部件損壞或破裂，不適應戰場的需求。伊莎波爾兵工廠隨即派出專家進行調查研究，然而問題始終得不到解決。

除了品質有問題，交付時間也有問題。陸軍官員說，INSAS生產速度過慢。陸軍於1993年訂購了4.8萬枝步槍，可是INSAS僅僅交付了7000支，1995年到2000年間，印度軍方訂購了5.28萬枝步槍，可是伊莎波爾兵工廠只交付了一半。

此外，彈藥供應不足。印度急缺5.56毫米北約標準彈，它曾向以色列購買了5千萬發，但因為美國插手，最終只得到了訂購總數的一半。

▲ 現在印軍裝備的很多武器都是AK-47系列步槍，為擺脫對進口商的依賴，印度現在準備裝備一種自主研製的國產新型自動步槍，以便更適合本國的需要。圖為印度民兵正在用AK系列步槍進行射擊訓練。

隨後，印度開始研發5.56毫米北約標準彈，可是生產量極少。1997年印度陸軍訂購4.346億發子彈，而工廠卻只提供了2.6億發左右。印度陸軍沒有辦法，只好花費8.5億盧布直接從羅馬尼亞購買了10萬支AKM和配用的彈藥，裝備到特種部隊。所以，印度許多特種部隊直接使用AKM而不用INSAS。如今，印度特種部隊就在使用AKM對付克什米爾的武裝叛亂和執行反恐任務。

現在，印度部隊已經大量使用AK-47系列。2010年到2013年期間，印度輕武器使用清單顯示：印度一共購買了29260支AK系列槍枝，裝備到中央後備警察部隊、邊防軍、國家安全衛隊等部隊。其購買數量遠遠超過了其他突擊型尖端武器。其中，負責打擊納薩爾派份子的中央後備警察部隊擁有1.8萬枝AK-47步槍；負責機場安保工作的中央機構治安部隊擁有7921枝AK-47步槍；而負責印藏邊境的邊防軍則有600多枝AK系

列步槍。

印度之所以大量使用AK-47，是因為AK-47的綜合能力強。印度高級官員說道：「對印度士兵來說，AK系列步槍的實用性與適應性依舊是全世界最優秀的。不管是執行反恐任務還是維安任務，AK-47系列都取得了良好的效果。」

很顯然，雖然AK-47生產公司已經宣布破產，但是印度在將來的一段時間內，還會大量採購AK-47系列。

巴基斯坦特種部隊：裝備AK-47

在亞洲，許多國家除了用AK-47裝備普通部隊之外，還將AK-47裝備到特種部隊。烏克蘭、朝鮮、柬埔寨等十幾個國家的特種部隊就裝備了AK-47及其仿製品。近年來，巴基斯坦特種部隊特別引人注目。

2009年，巴基斯坦特種部隊突襲地處拉瓦爾品第的陸軍司令部，成功解救42名人質，抓獲武裝份子重要頭目「鄂圖曼博士」阿基爾。在反恐行動中，巴基斯坦特種部隊戰功累累。

「二戰」後，巴基斯坦和印度按照聯合國分治決議，分別建立國家。巴基斯坦建國後，採取了親美的態度，從美國那裡獲得了大量的軍事援助和經濟援助。在美國的幫助下，巴基斯坦建立了海、陸、空三軍。其中，美國還幫助巴基斯坦建立特種部隊。

20世紀50年代初，巴基斯坦第一支特種部隊開始組建，特種部隊隊員從美國那裡獲得了武器裝備、技術設備甚至是制服。為了掩飾真實身分，它一開始不叫特種部隊，而是叫「俾路支團第19營」。但是，該營建立後，卻不在俾路支團中心接受訓練，相反，他們在巴基斯坦西北邊境切拉特建立營地，接受美國軍事顧問的訓練。其首任營長是米特哈中

▲ 塔利班領導人默罕默德‧歐瑪曾經向美國總統布希和英國首相布萊爾發出挑戰，要用AK-47跟他們單挑。圖為2008年在巴基斯坦，一名巴基斯坦塔利班戰士手持AK-47從卡車上跳下來。

校。

　　20世紀60年代初，美國從本土選舉特種部隊隊員組成機動教練到巴基斯坦訓練巴基斯坦特種部隊。1964年，他們幫助巴軍建立了1所空降兵學校，專門訓練該營。不久之後，該營改名為「傘兵營」。截至1965年印巴戰爭爆發前，該營人數高達700人，分為7個連。

　　經過特別訓練後，這700人個個身懷絕技，他們擅長在沙漠、山區、水下、兩棲作戰。其中，有一個專門在沙漠作戰的連隊，與美軍特種部隊進行作戰演習；有一個蛙人連隊，專門在水下作戰。訓練結束後，該營正式改名為「特勤大隊」，此名沿用至今。

　　1965年，印巴戰爭爆發，特勤大隊奉命參戰。當年9月，特勤大隊奉命前往破壞印度3個空軍機場跑道，摧毀印軍飛機。隨後，特勤大隊派出100名隊員，前往印度烏哈姆布爾、帕特漢科特、哈爾瓦爾空軍基

地執行任務。然而由於偵察不充分、計畫不周密，這支分隊在空降後就被印軍包圍。雙方展開了激戰，最終不僅沒有摧毀一架印度飛機，反而大部分被俘，僅有少部分人突圍返回基地。

可以說，特勤大隊出師不利。然而，特勤大隊很快就在戰場上洗刷恥辱。其中一支小分隊，突襲了一個有1000多印軍把守的要塞，成功佔領要塞，阻止了印軍進攻巴基斯坦重鎮拉合爾。

1966年，特勤大隊進行擴編，增加了2個營。經過訓練後，這三個營奉命輪流到東巴基斯坦（今孟加拉國）戰鬥巡邏，逮捕反對派、鎮壓東巴基斯坦武裝份子。

1971年3月，第3營在東巴基斯坦巡邏中，逮捕了反對派領導人拉赫曼，然而巴基斯坦第3營的這一舉動卻引發了東巴基斯坦地區的民眾抗議。隨後的8月裡，第2營和第3營陸續參加戰鬥，維持東巴基斯坦的治安問題。

當年12月，印巴戰爭再次爆發，特勤大隊都參與了戰爭。其中，第1營和第3營主力留在西巴基斯坦作戰。他們襲擊了印陸軍炮兵團，摧毀了印軍數門大炮。第2營和第3營支隊留在東巴基斯坦戰鬥。其中第2營作戰勇敢，戰果顯赫，然而死傷很慘重，戰爭結束後，該營士兵所剩無幾。第3營支隊是蛙人排，他們在攻擊印度海軍運輸艦「法拉卡」號之時，立下了戰功。1973年第四次中東戰爭爆發後，巴基斯坦政府派出了一個特種營參戰，幫助阿拉伯兄弟對付以色列。

20世紀80年代後，巴特種部隊主要任務是反恐、反劫機、解救人質等活動。戰爭爆發後，他們的主要任務是深入敵後，襲擾敵軍目標，如機場、油井、通信設施、雷達等。

經過多年發展，巴基斯坦特種部隊訓練有素，裝備精良。它的總部設在切拉特市，設有大隊長。大隊長掌管特種部隊。大隊長下有5名高

▲ 據說，美國政府曾經向阿富汗軍隊輸送大批仿製的卡拉什尼科夫衝鋒槍，要對付基地組織和塔利班。塔利班的戰士也毫不示弱，同樣積極的用AK-47武裝自己。圖為印度正在使用於2002年花費2000萬美元採購的3070支TAR-21突擊步槍的特種部隊士兵。

級軍官，負責人員招募、培訓、偵察、財政等內容。

　　目前，巴基斯坦特種部隊有4個特種作戰營，4個獨立連。第1營主要負責印度南部查謨和克什米爾邦地區、第2營負責拉賈斯坦邦沙漠地區、第3營負責克什米爾谷底、第21營負責查謨附近的錫亞爾科特市。獨立蛙人連負責水下行動；獨立反恐連負責反劫機、解救人質任務；獨立通信連負責為特種營提供無線電服務；獨立戰勤連負責特種部隊行動計畫和實施任務。不過，這4個特種營和4個特種連沒有固定駐地，他們經常輪換駐地，執行任務。

　　在巴基斯坦，特種部隊聲譽極高。它跟美國不同，美國海陸空都有獨立的特種部隊，但是巴基斯坦沒有，它僅有陸戰特種部隊。所以，它的地位極高。加入特種部隊，是許多巴基斯坦軍人的夢想與榮譽。

然而，加入巴基斯坦特種部隊並不容易。雖然它是在自願基礎上選拔人才組建而成，人員都來自各兵種部隊。但是經過層層考核後，大部分候選者會被淘汰，僅有少數的人員能夠加入特種部隊。

　　通過初選後，學員要到空降兵學校、軍事學校、蛙人學校、沙漠作戰學校參與訓練。各科目訓練時間不同，具體訓練時間是保密的，期限不詳。在訓練中，還有大部分會被淘汰，而少數人留下來繼續訓練。訓練合格後才得以成為特種部隊的一員。

　　有最優秀的兵，那麼必然需要最先進的武器。最開始，巴基斯坦特種部隊的武器大多來源於美國。但是蘇聯解體後，巴美關係因為核武器競賽、反恐問題而迅速惡化。巴基斯坦不再單純依靠美國，而是尋求其他國家合作，採購武器。

　　如今，特種部隊有一個兵械庫，裡面有世界各國的先進武器，如德製MP5式衝鋒槍、蘇製AK-47、芬製Tikka步槍等。其中蘇製AK-47已成為巴基斯坦特種部隊隊員最喜愛的武器之一。

美海豹特種兵走私AK-47

　　AK-47以其性能優越、構造簡單、操作方便、造價低廉、勤務性強而被稱為步槍之王，這點毋庸置疑。然而其產量和銷量高達1億，位居各類武器之首，除了仿製、合法購買之外，AK-47暢行全球還有一個重要的原因，那便是走私。

　　自從AK-47進入市場之日起，它便贏得了市場的青睞，與此同時，它也是犯罪集團走私中不可或缺的武器，比如東南亞、拉美、中東、歐洲、非洲，是其走私最為猖獗的地區。在非洲，走私的AK-47價格低廉，一袋玉米即可換一支AK-47，由此可見其走私猖獗程度。然而，近

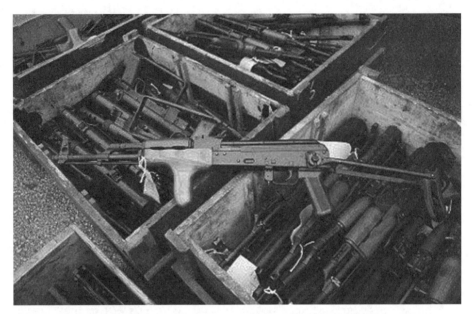

▲ AK-47一度是匪徒或恐怖份子愛用的槍枝，美國的毒品犯罪份子也經常使用，以致AK-47給公眾造成了不好的心理影響，導致1989年美國立法禁止進口AK-47，但針對AK-47的走私行為依舊存在。圖為美軍「海豹突擊隊」走私的AK-47突擊步槍。

年來，除了犯罪集團走私AK-47之外，據說美國反恐特種部隊「海豹突擊隊」隊員也走私AK-47。

據報導，2010年11月4日，美國特種部隊「海豹突擊隊」隊員尼可拉斯·比克勒因為走私AK-47在加州被聯邦調查局逮捕並被聯邦警察局上訴。與此同時，尼可拉斯的另外兩名同夥也被聯邦調查局逮捕。

尼可拉斯，時年33歲，美軍「海豹突擊隊」成員。由於作戰勇敢，能力突出，2005年8月被選入「海豹突擊隊」。服役後，曾多次奉命前往伊拉克執行任務。

伊拉克戰爭結束之後，伊拉克派系林立，內戰不已，他們四處走私軍火，購買軍火。也許是見到走私軍火能夠獲得高額利潤，尼可拉斯心動了。他便找來36歲的安德魯·考夫曼和34歲的理查·保羅，一起販賣

軍火。

　　2010年6月，尼可拉斯藉助其是「海豹突擊隊」成員的特殊身分，從伊拉克秘密走私武器，將伊拉克的武器帶入美國。眾所皆知，美國「海豹突擊隊」平時攜帶武器出入美國是常見的，是合法的，根本無須接受出入境安檢，因此，他攜帶大量的武器也就沒有受到機場安檢人員的檢查。

　　成功將武器帶回美國後，尼可拉斯便將武器交給安德魯・考夫曼與理查・保羅。這兩人便將這些槍枝彈藥出售給墨西哥毒品走私販和黑市。這些武器彈藥包括AK-47自動步槍、C4烈性炸藥、手榴彈以及夜視儀等軍事裝備。由於這些武器都比較先進，所以，受到了買家的歡迎。

▶　海豹突擊隊，又稱美軍三棲突擊隊，團級編制，總人數約6000人，2000多名後勤人員和3000多名特種兵。海豹突擊隊第六分隊人員總計300人，其中特種兵120人，其餘人為通信、後勤等支援兵種。圖為訓練中的美軍海豹突擊隊。

第一次走私，尼可拉斯、安德魯·考夫曼與理查·保羅三人不僅成功賣出武器，還大賺一筆，因此他們又繼續走私軍火。

不過，他們沒有想到的是，他們被美國聯邦調查局盯上了。在黑市裡，走私武器並不是什麼驚天動地的大事，但是走私先進的武器，甚至是海軍陸戰隊使用的武器則引起了美國聯邦調查局的注意。美國政府派出調查局探員對其進行偵查。

調查局探員假裝買家向安德魯·考夫曼與理查·保羅買武器。在調查局探員問及萬一買到的武器，被美國警方追查到而後果不堪設想的問題時，尼可拉斯的這兩個同夥則放言道：「你放心，這些武器都是從中東軍隊中弄來的，美國警方就是有天大的本事也根本查不到。」

隨後，調查局探員便要求軍火交易。一開始，尼可拉斯的兩個同夥害怕出問題，沒有答應。後來，探員提出以每件1300美元到2400美元的高價購買後，利慾薰心的兩人同意了。

兩人隨即將訊息告訴尼可拉斯說，他們接到了一個單子，售價是每件1300美元到2400美元不等。尼可拉斯興奮異常，他便開始從伊拉克秘密走私軍火。軍火進入美國後，尼可拉斯將其交給同夥去與探員交易。在交易過程中，三人同時被捕。

美國檢方對他們提出了控告，控告尼可拉斯在伊拉克執行任務過程中藉著特殊身分進行軍火走私。經過調查，截至案發前，尼可拉斯集團已經出售80支AK-47和其他十幾件輕武器，此外，檢方還在理查·保羅家裡搜出大量的武器彈藥。

負責此案的檢察官德羅·史密斯說：「他們昧著良心賺錢，根本不管這些武器會落入什麼人之手，不管這些武器會對美國安全構成什麼樣的威脅。一旦罪名成立，尼可拉斯等三人將分別面臨5年有期徒刑和25萬美元的罰金。」

此次事件對美軍「海豹突擊隊」來說，無疑是一大恥辱。對此，美軍發言人說：「這種走私不是海豹突擊隊的普遍情況。」

事實上，即使深究一下，也不易辨別真相。尼可拉斯2005年進入「海豹突擊隊」服役後，表現特別優秀，還多次被派遣到伊拉克執行任務，案發前，他在西海岸的「海豹突擊隊」小組中服役。此外，尼可拉斯還參演了好萊塢大片《變形金剛3》中的一個重要角色，據說，他還是該片的軍事顧問。

「海豹突擊隊」，全名是美國海軍特種部隊，隸屬於美國海軍。它起源於「二戰」。「二戰」中，為了應付特殊情況，美軍成立了「海軍戰鬥爆破隊」，主要負責海灘偵察和清除障礙，協助主力部隊登陸等工

▼ 美國人喜歡AK-47，這讓AK-47的製造商深感自豪，但仿冒貨大量湧現，有些售價僅為正品的四分之一，導致他們的利潤大大下降，也讓他們十分憤怒。圖為2004年4月20日，義大利南部雷焦卡拉布里亞附近的一個港口，查獲到一貨櫃的AK-47，這批武器原本計畫經由義大利送往紐約。

作。

1962年，美軍成立軍事支持部隊，它開始逐漸參與攻擊作戰內容。1967年，軍事支持部隊改名為海軍特種部隊。它主要的任務是非常規戰爭、境外內部防衛、直接行動、反恐行動、特殊偵察等。每次出動都是一兩個人為一組，作戰人數最多不超過16人，一般是8人以下。經過多年的發展，它已經擁有兩個戰鬥群，共有7個中隊，人數約1600人。

如今，它是美國實行低強度戰爭、應付突發事件的殺手，堪稱世界上十大特種部隊之首。

從成立至今，它戰功顯赫。「二戰」後，它幾乎參加了每場與美國有關的戰爭，印度支那戰爭、巴拿馬戰爭、波斯灣戰爭、伊拉克戰爭、反恐戰爭。其中在反恐戰爭中，海豹突擊隊功勞卓著。在2011年5月1日，一支24人「海豹突擊隊」（海豹第六分隊）射殺了基地組織領導人賓·拉登。

不過，沒過多久，乘坐「奇努克」直升機的特種隊員在阿富汗遭到襲擊，機毀人亡。其中海豹突擊隊第六分隊成員全部陣亡。案發後，阿富汗塔利班聲稱對此事承擔。

AK100系列

20世紀90年代，世界各國輕武器研製進入新階段。

蘇聯解體後，俄羅斯伊茲馬什公司繼續研製新步槍，先後研製出AK100系列，即AK-101至AK-108。

AK-100系列是伊茲馬什公司推出的產品，是新一代的卡拉什尼科夫突擊步槍。雖然從結構到命名都呈現了其沿承AK步槍的精髓，但是AK-100系列並不是卡拉什尼科夫設計的，它是由伊茲馬什公司其他著名設

▲ AK-101是AK-74的現代化版本，是AK槍族成員之一。AK-101是為出口市場而設計，因此改用北約標準的5.56毫米×45毫米彈藥，由於AK-47在各地的良好聲譽，使得AK-101在世界各國都有訂單。圖為AK-101。

計師在AK-74M的基礎上研製的。之所以稱為AK-100系列，是因為AK已然是一個品牌，而100則是伊茲馬什公司的產品編號。

冷戰結束後，北約標準的5.56毫米×45毫米彈藥逐漸成為世界輕武器的標準彈藥。為了提高AK系列的出口銷售量，俄羅斯的伊茲馬什公司也開始適應潮流研究使用5.56毫米×45毫米彈藥的步槍。

1994年，伊茲馬什公司成功研製出使用5.56毫米×45毫米彈藥的步槍並將其命名為AK-101。

AK-101與AK-74M非常相似。它採用複合工程塑膠技術製作而成，槍管長415毫米，重量為3.4公斤，槍托由塑膠製成，裝備AK-74式槍口制退器，其機匣左側還裝有瞄準鏡座，能夠增加附件，比如裝瞄準鏡和榴彈發射器，彈匣容量為30發，發射5.56毫米×45毫米彈藥。它與AK-74M有一個明顯差別是在其彈匣上印有「5.56 NATO」的識別標記。

研製成功後，AK-101沒有大量裝備俄羅斯部隊，反而大量出口到世界各地。究其原因，就在於俄羅斯研製5.56毫米的AK-101其主要目的是出口而不是內銷。

▲ AK-102是AK-74M突擊步槍的縮短版本，是來自AK-47及其後繼的衍生型的AK-74的設計，是AK槍族成員之一。AK-102和AK-104、AK-105在設計上都非常相似，唯一的區別是口徑和相應的彈匣類型。圖為AK-102。

　　不久之後，伊茲馬什公司推出了AK-102。該槍是AK-101突擊步槍的縮短版本，類似於AK-74系列的短突擊步槍型AKS-74U。整體上看，它與AK-100沒有多大差別，都是用5.56毫米×45毫米槍彈，唯一的差別是它的槍管長度短了些，只有314毫米。

　　緊隨AK-102之後，AK-103誕生了。它的設計者也不是卡拉什尼科夫，但是卻借鑑了AK-47，是現代版的AK-47。它集AK-74和AK-101步槍的優點於一身。它採用塑膠製造，槍管長415毫米，全槍重量輕，僅為3.4公斤，口徑為7.62毫米×39毫米，使用M43彈，彈匣容量為30發。此外，該槍可以增加附件，如戰術燈、激光瞄具、瞄準鏡、消聲器及GP-30榴彈發射器等，大大提高了步槍性能。

　　總體而言，AK-103各方面的性能都比AK-47、AK-74優秀。它重量輕，後座力小，精準高，且子彈可以與AK-47和AKM共用。其中，它的

後座力要遠比俄羅斯特種部隊專用的AN94的後座力還要小。可以說，AK-103是AK槍族中的佼佼者。然而，它也有缺點。其最大的缺點便是射速慢，一分鐘僅能發射600多發。

研究成功後，該槍迅速裝備到俄羅斯部分陸軍部隊，投入使用。此外，它還大量出口，如今委內瑞拉、巴基斯坦等國都大規模使用AK-103。不久之後，伊茲馬什公司對AK-103進行改造，研製出了AK-104。事實上，該槍是AK-103的短突擊步槍型，只不過它只能適用7.62毫米×39毫米（M43）步槍子彈。

1950年前後，俄羅斯部隊要撤換部隊中的AKS-74U。因此，伊茲馬什公司承擔研製新武器任務，研製出替代AKS-74U的武器—AK-105。

AK-105與AK-100系列的其他步槍不同，它是專門為替代AKS-74U而研製的。它結合了AK-102、AK-104和AKS-74U的優點，採用現代化複合工程塑膠技術研製而成，槍托由塑膠製作而成，槍管長314毫米，裝有AKS-74U式槍口制退器，可加裝瞄準鏡，使用5.45毫米×

39毫米（M74）彈藥，彈匣容量為30發。此外，槍托內還可以裝附件盒，能夠提高單兵作戰能力。研製成功後，開始進入俄羅斯部隊，2006年，該槍正式服役。

伊茲馬什公司推出AK-100系列，很顯然是有原因的。它是想重新在國際輕武器市場一展雄風，並向世界宣布，卡拉什尼科夫後繼有人。然而，它僅僅衝擊了輕武器市場，並不能夠真正取代AK-74槍族的地位，原因很簡單。

首先，AK-100系列本身就是在AK-74M的基礎上設計的，不管是從外形還是內部構造上，它與AK-74M幾乎沒有差別。所以，談不上AK-100系列取代AK-74槍族。

其次，AK-100系列並不針對俄羅斯陸軍生產，即並不將俄羅斯陸

軍作為目標客戶。該系列僅僅是使用3種不同口徑（傳統的7.62毫米×39毫米、俄羅斯軍方的5.45毫米×39毫米和5.56毫米×45毫米的北約口徑）而已，伊茲馬什公司之所以猛推AK-100系列，根本原因是它吸收了AK-74槍族在出口方面的教訓。

早在20世紀70年代，就在蘇聯大規模生產5.45毫米×39毫米槍彈的自動步槍，來代替老式的7.62毫米×39毫米槍彈的AK-47步槍之際，國際上許多買家疑慮重重。他們對新武器沒有信心，而只對老AK感興趣。所以，為了打開國際市場，伊茲馬什公司只好研發三種口徑步槍，推出AK-100系列。

在AK-100系列中，有一個現象值得關注，那便是使用北約口徑彈藥的AK-101和AK-102的彈道性能比發射5.45毫米×39毫米槍彈的AK-104和AK-105優秀。

其原因有二：其一，藥筒上，5.56毫米槍彈要比5.45毫米長了6毫米，如此一來，它便能夠容納更多的推進藥，提高20％的推力；其二，子彈品質上，5.56毫米北約彈遠比5.45毫米槍彈好，其彈頭與彈體的公差要遠比5.45毫米槍彈小，其命中率比AK-74M高出22％至23％。

▼ AK-105是俄羅斯生產的卡賓槍，是AK-74M突擊步槍的縮短版本，是AK槍族成員之一。相比AK-74M、AK-101和AK-103這些類似設計的全尺寸型步槍，AK-102、AK-104和AK-105的特色是縮短的槍管，這使它們成為一種全尺寸型步槍和更緊湊的AKS-74U卡賓槍之間的一種混合型態。圖為AK-105。

雖然AK-100系列進入了國際輕武器市場，然而，它由於內外種種原因並沒有給伊茲馬什公司帶來多少利潤。

2007年8月，伊茲馬什公司又公開了一款新武器—AK-9。它是卡拉什尼科夫系列步槍的新型號。實質上，它是AKS-74U的一個變種，它與AKS-74U相差無幾，只是口徑有些變化，它的口徑被改為9毫米×39毫米亞音速彈。

2006年，俄羅斯當局想要伊茲馬什公司設計一種能夠採用AK步槍原理的特種作戰突擊步槍。伊茲馬什公司便將AKS-74U改成9毫米×39毫米口徑的突擊步槍，以滿足俄羅斯當局的需求。

該槍有兩種型號，一種是展開槍托型突擊步槍，其槍長為730毫米；另外一種是折疊型突擊步槍，其槍長為490毫米。

簡而言之，該槍槍管長200毫米，重量為2.5公斤，彈匣容量為30發。在外形上，它與AK-100相差無幾，只是在槍上安裝了消音器。

該槍研製成功後，面臨著兩個問題。其一，產量問題。由於該槍的定位是特種部隊執行特殊任務，它不可能大規模裝備部隊，所以，產量自然小。其二，該槍還要面臨來自AS Val、9A-91、OC-11的競爭，它能否被俄羅斯當局接受還未可知。

後記　未來的槍王：AK-12？

如今，雖然許多美國人嘲笑AK-47是「過時武器」，但是這款「過時武器」卻別有韻味。

雖然，現在科技遠比20世紀50年代發達，材料技術與加工工藝都比上個世紀先進很多。單從材料和加工上看，AK-47的確「不堪入目」，它製造粗糙、結構簡單、材料低廉，根本沒有「美感」。可是，它依舊是士兵心目中最喜歡的武器。它能夠在極端環境中充分發揮其性能，不卡殼，不啞火，能夠保住士兵的生命。縱觀世界輕武器市場，幾乎沒有一款武器能夠與AK-47相媲美，AK-47儼然締造了單兵武器的傳奇。

不過，AK-47也有弱點。其致命弱點便是射擊精準度太低。AK-47的表尺射程僅為800公尺，有效射程為400公尺，然而實戰中，AK-47精準度都在300公尺內，300公尺之外，AK-47很難擊中目標。所以，如果按照現代軍隊的裝備要求來看，AK-47顯然是不合格的。

進入21世紀後，世界各國都馬不停蹄地研發新武器，企圖替代AK-47。如，奧地利的MP169衝鋒槍，澳大利亞的F1X3，德國的MP18衝鋒槍，美國的M1928A1等等。這些高端突擊步槍衝擊著國際輕武器市場，企圖代替AK-47。然而，俄羅斯也在研製新武器。2012年11月底，俄羅斯國防部宣稱將不再採購AK-74系列突擊步槍。

這個消息對申請破產的伊茲馬什公司來說，無疑是雪上加霜。不過，伊熱夫斯克機器製造廠一直致力於武器研究。因此，就在俄羅斯國防部宣稱不再採購AK-74系列突擊步槍後，伊熱夫斯克機器製造廠則宣稱，他們已經研發出新一代自動步槍，能夠取代俄羅斯部隊的AK-74系

列。

　　據報導，伊熱夫斯克機器製造廠製造的新一代步槍名字暫定為AK-12。伊熱夫斯克機器製造廠設計人員解釋道：「AK-12突擊步槍最顯著的特點是使用者可單手操作步槍。在戰場上，即使士兵受傷或者另一隻手騰不出來，他依舊能操作步槍，開關保險，拉動機槍，甚至是換彈匣。」

　　聽起來，有點兒像電影中的英雄人物一樣，兩隻手各拿一把機槍，威武無比。不過，俄羅斯國防部透露，2012年年底他們尚未見到真實版的AK-12，僅僅看到了AK-12設計圖紙。據AK-12設計師透露，AK-12目前正處於研製組裝當中，測試樣品將於12月份生產出來，將在2013年年初進行測試評估。目前，AK-12正在測試階段，伊熱夫斯克機器製造廠僅完成了80%的測試工作。

　　從設計圖紙上看，AK-12與目前在俄羅斯部隊中服役的AK-74系列沒有根本的差別。相關設計人員也說，AK-12的外形與AK-74相差無幾。AK-12總設計師弗拉基米爾・茲洛賓也說道：「在射擊過程中，我們保留了卡拉什尼科夫系列自動步槍所具備的可靠性。雖然AK-12採用了同樣的導氣式系統，但我們對AK-12的部分零件做了改進，使得AK-12導氣裝置運用起來更加柔和。」

　　此外，弗拉基米爾・茲洛賓也對AK-12的外形做了一些改進。比如，重新設計彈匣，經過重新設計的彈匣，容量高達60發子彈。比如，槍托、把手等，弗拉基米爾・茲洛賓都進行了重新設計，讓使用者使用起來更加舒服。據說，弗拉基米爾・茲洛賓還對AK-12的射擊精確性和射程進行了改進。

　　簡單地講，AK-12基本保留了AK-74系列的結構布局和性能，採用先進技術對其進行改造。它配有折疊式槍托、高度可調的槍托底板和皮

卡汀尼滑軌。該導軌能夠裝載其他附件，提高單兵作戰能力。此外，該槍還裝備光電瞄準具、榴彈發射器、目標指示器等。槍托上，它裝有瞄準鏡的固定裝置。它使用現如今常見的5.45毫米、5.56毫米、7.62毫米及其一種當前處於保密狀態的子彈，重量大約為3.3公斤。

弗拉基米爾・茲洛賓透露，他們將會以AK-12為基礎研發新一代自動步槍族，如AK-12U卡賓槍、PPK-12衝鋒槍、SVK-12狙擊步槍、RPK-12輕機槍以及其他若干出口型。

很顯然，伊熱夫斯克機器製造廠試圖延續AK系列的經典。我們不知道它能否成功，但是我們知道AK系列，尤其是AK-47，已成為一種獨特的文化因素風靡全球。

汲古閣 18

AK-47
槍王之王

作者　　　　沈劍鋒
美術構成　　騾賴耙工作室
封面設計　　九角文化/設計
發行人　　　羅清維
企劃執行　　張緯倫、林義傑
責任行政　　陳淑貞

企劃出版　　海鷹文化
出版登記　　行政院新聞局局版北市業字第780號
發行部　　　台北市信義區林口街54-4號1樓
電話　　　　02-2727-3008
傳真　　　　02-2727-0603
E-mail　　　seadove.book@msa.hinet.net

總經銷　　　知遠文化事業有限公司
地址　　　　新北市深坑區北深路三段155巷25號5樓
電話　　　　02-2664-8800
傳真　　　　02-2664-8801

香港總經銷　和平圖書有限公司
地址　　　　香港柴灣嘉業街12號百樂門大廈17樓
電話　　　　（852）2804-6687
傳真　　　　（852）2804-6409

CVS總代理　美璟文化有限公司
電話　　　　02-2723-9968
E-mail　　　net@uth.com.tw

出版日期　　2015年07月01日　一版一刷
　　　　　　2023年04月01日　二版一刷
定價　　　　380元
郵政劃撥　　18989626　戶名：海鴿文化出版圖書有限公司

國家圖書館出版品預行編目（CIP）資料

AK-47 槍王之王 ／ 沈劍鋒作.
-- 二版. -- 臺北市 ： 海鴿文化，2023.04
面 ； 公分. --（汲古閣；18）
ISBN 978-986-392-484-5（平裝）

1. 槍械

595.92　　　　　　　　　　　　112002907